ICT 建设与运维岗位能力培养丛书

锐捷 RCNA 路由与交换技术实战

主　编　黄君羡　罗定福　汪双顶

副主编　陈志涛　林嘉燕　欧阳绪彬

组　编　正月十六工作室

電子工業出版社

Publishing House of Electronics Industry

北京 · BEIJING

内 容 简 介

本书主要基于锐捷网络及其 IT 服务商在企业网、医疗、交通等场景中的网络建设与运维案例，以及工作过程系统化的项目体例，由国家教学名师、锐捷金牌讲师、RCIE 认证讲师和企业工程师共同编撰而成。

本书主要由 5 个内容模块组成，分别为局域网组建、局域网互联、出口与安全部署、高可用技术、扩展项目，共涉及 22 个实战项目，内容全面、实用，全面融入了 RCNA-Routing and Switching 认证标准，使读者可以在业务场景中沉浸式学习，从而快速掌握网络技术的相关知识和实用技能。

本书有机地融入了党的二十大精神、职业规范、职业素质拓展、科技创新等思政育人和素质拓展要素，可以作为网络技术相关专业课程的教材，也可以作为网络系统从业人员学习与实践的指导用书。

图书在版编目（CIP）数据

锐捷 RCNA 路由与交换技术实战 / 黄君羡，罗定福，汪双顶主编. -- 北京 : 电子工业出版社，2025. 1.
ISBN 978-7-121-49558-8

Ⅰ. TN915.05

中国国家版本馆 CIP 数据核字第 2025L2X420 号

责任编辑：李　静
印　　刷：大厂回族自治县聚鑫印刷有限责任公司
装　　订：大厂回族自治县聚鑫印刷有限责任公司
出版发行：电子工业出版社
　　　　　北京市海淀区万寿路 173 信箱　　　邮编 100036
开　　本：787×1092　1/16　印张：19.5　字数：468 千字
版　　次：2025 年 1 月第 1 版
印　　次：2025 年 3 月第 2 次印刷
定　　价：59.80 元

凡所购买电子工业出版社图书有缺损问题，请向购买书店调换。若书店售缺，请与本社发行部联系，联系及邮购电话：（010）88254888，88258888。

质量投诉请发邮件至 zlts@phei.com.cn，盗版侵权举报请发邮件至 dbqq@phei.com.cn。

本书咨询联系方式：（010）88254604，lijing@phei.com.cn。

前　言

在这个数字化时代，网络已经成为我们生活中不可或缺的一部分。锐捷作为中国领先的信息与通信解决方案供应商，一直致力于为客户提供高质量的网络产品和服务。本书将深入讲解锐捷 RCNA-Routing and Switching 的相关知识和实战应用，帮助读者掌握中小型企业网络的建设与运维技能。

本书由 5 个内容模块组成，分别为局域网组建、局域网互联、出口与安全部署、高可用技术、扩展项目，共涉及 22 个网络建设项目，可以帮助读者全面学习中小型企业网络建设与运维的业务实施技能。

本书采用场景化的项目案例，将理论知识与技术应用密切结合，让技术应用更具实用性；基于典型的业务实施流程，使读者逐步形成网络工程素养；通过项目拓展训练切换不同行业的网络部署场景，培养读者跨行业、跨场景的网络工程实施技能。读者在阅读本书的过程中，可以逐步掌握基于锐捷设备的网络建设与运维技能，为成为一名网络工程师打下坚实的基础。

本书极具职业特征，具有以下特色。

1. 课证融通、校企双元开发

本书由国家教学名师、锐捷金牌讲师、RCIE 认证讲师和企业工程师共同编撰而成，全面融入了 RCNA-Routing and Switching 认证标准的相关技术和知识点；在项目中导入了 ICT 服务商的典型项目案例和业务实施流程；高校教师团队根据职教学生的认知特点，按照职业教育专业的人才培养要求和教学标准，对企业资源进行教学化改造，形成工作过程系统化教材，内容符合网络工程师的岗位技能培养要求。

2. 项目贯穿、课产融合

（1）递进式场景化项目重构课程序列。本书围绕网络工程师岗位对中小型企业网络建设与运维的要求，基于工作过程系统化的方法，按照企业网络建设的实施规律，设计了 22 个进阶式项目案例，并且将相关知识融入各个项目，使知识和应用场景紧密结合，让读者学以致用。

（2）用业务流程驱动学习过程。本书共有 22 个项目，每个项目都包含 6 部分，分别为“项目描述”、“相关知识”、“项目规划”、“项目实施”、“项目验证”和“项目拓展”。通过学习这 22 个项目，读者可以逐步熟悉网络建设与运维岗位的典型工作任务，熟练掌握相关的业务实施流程，形成良好的网络工程素养。

本书的课程学习导图如图 1 所示，项目结构示意图如图 2 所示。

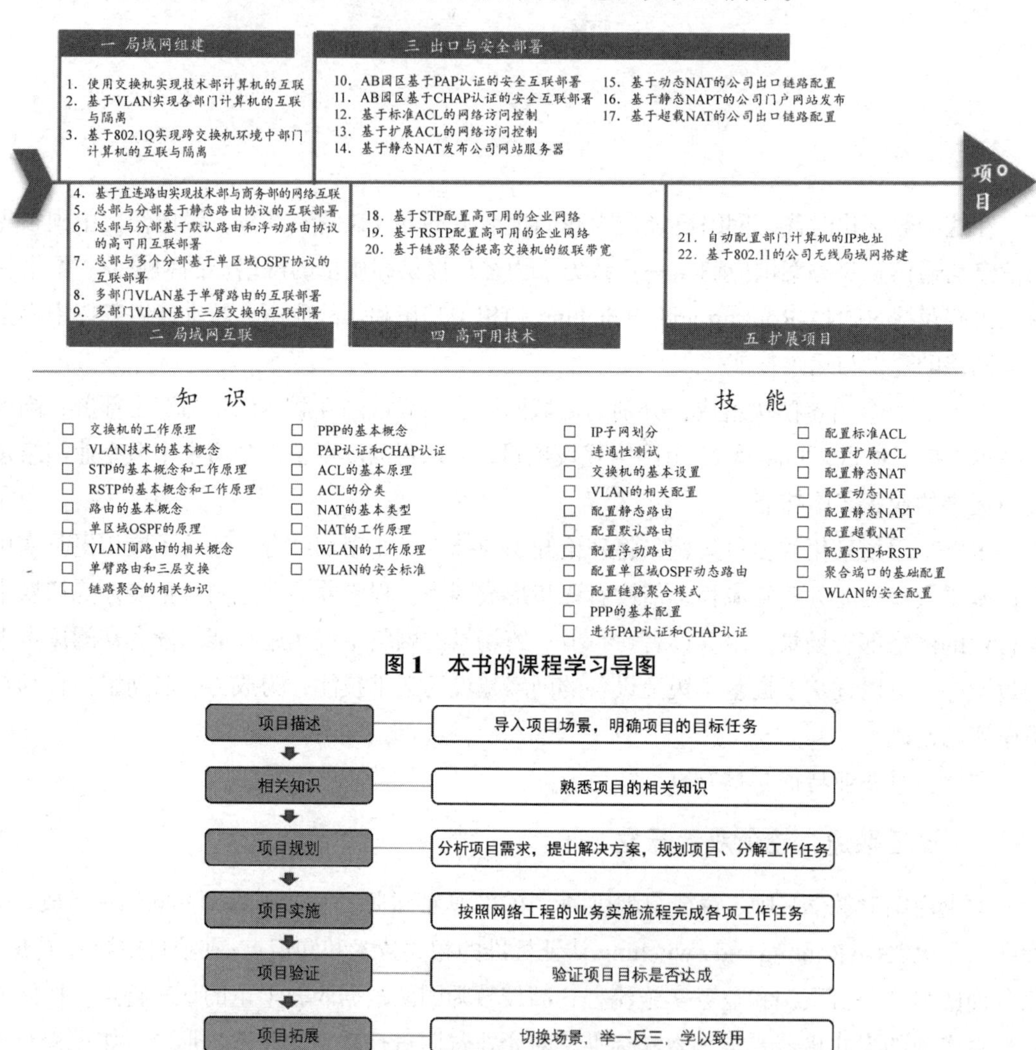

图 1　本书的课程学习导图

图 2　本书的项目结构示意图

如果将本书作为教学用书，那么本书的学时分配表如表 1 所示。

表 1　本书的学时分配表

内容模块	课程内容	参考学时
局域网组建	项目 1　使用交换机实现技术部计算机的互联	2 学时
	项目 2　基于 VLAN 实现各部门计算机的互联与隔离	2 学时
	项目 3　基于 802.1Q 实现跨交换机环境中部门计算机的互联与隔离	2 学时
局域网互联	项目 4　基于直连路由实现技术部与商务部的网络互联	2 学时
	项目 5　总部与分部基于静态路由协议的互联部署	2 学时
	项目 6　总部与分部基于默认路由和浮动路由协议的高可用互联部署	2 学时

续表

内容模块	课程内容	参考学时
局域网互联	项目 7　总部与多个分部基于单区域 OSPF 协议的互联部署	4 学时
	项目 8　多部门 VLAN 基于单臂路由的互联部署	2 学时
	项目 9　多部门 VLAN 基于三层交换的互联部署	2 学时
出口与安全部署	项目 10　AB 园区基于 PAP 认证的安全互联部署	2 学时
	项目 11　AB 园区基于 CHAP 认证的安全互联部署	2 学时
	项目 12　基于标准 ACL 的网络访问控制	4 学时
	项目 13　基于扩展 ACL 的网络访问控制	4 学时
	项目 14　基于静态 NAT 发布公司网站服务器	4 学时
	项目 15　基于动态 NAT 的公司出口链路配置	4 学时
	项目 16　基于静态 NAPT 的公司门户网站发布	4 学时
	项目 17　基于超载 NAT 的公司出口链路配置	4 学时
高可用技术	项目 18　基于 STP 配置高可用的企业网络	2 学时
	项目 19　基于 RSTP 配置高可用的企业网络	2 学时
	项目 20　基于链路聚合提高交换机的级联带宽	2 学时
扩展项目	项目 21　自动配置部门计算机的 IP 地址	2 学时
	项目 22　基于 802.11 的公司无线局域网搭建	4 学时
课程考核	综合项目实训/课程考评	4 学时
课时总计		64 学时

本书由正月十六工作室组编，主编为黄君羡、罗定福、汪双顶，相关的编者信息如表 2 所示。

表 2　本书的编者信息

参编单位	编者
广东交通职业技术学院	黄君羡、许兴鹍
广东松山职业技术学院	罗定福
顺德职业技术学院	陈志涛
福建信息职业技术学院	林嘉燕
锐捷网络股份有限公司	汪双顶、黎明
正月十六工作室	欧阳绪彬、卢金莲

本书提供了丰富的 PPT、教学大纲、教学计划、实训项目、课程工具包等基本教学资源，并且包含项目拓展等特色资源，可以满足项目化教学、职业资格认证培训、岗位技能培训等不同类型的教学需求。读者可以登录华信教育资源网获取这些资源。此外，对于本书正文中的接口或端口，使用 G 表示 GigabitEthernet，使用 S 表示 Serial。例如，G 0/1 接口表示 GigabitEthernet 0/1 接口，S 0/2 接口表示 Serial 0/2 接口。

在本书的编写过程中，我们得到了众多锐捷技术专家的支持与帮助，他们为我们提供了宝贵的意见和建议。在此，我们对他们表示衷心的感谢。同时，我们希望本书能够为广大读者带来启迪和帮助。

由于时间仓促，编者水平有限，书中难免存在疏漏和不足之处，敬请广大读者给予批评和指正，我们将在后续加以改正。

正月十六工作室

目　录

局域网组建篇

局域网互联篇

出口与安全部署篇

高可用技术篇

扩展项目篇

局域网组建篇

项目 1　使用交换机实现技术部计算机的互联

项目描述

Jan16 公司新购置了一台网管交换机，网络管理员小蔡负责将公司中的计算机连接到交换机上，实现计算机的互联。因此，小蔡需要了解交换机的基础配置。

本项目的网络拓扑图如图 1-1 所示。

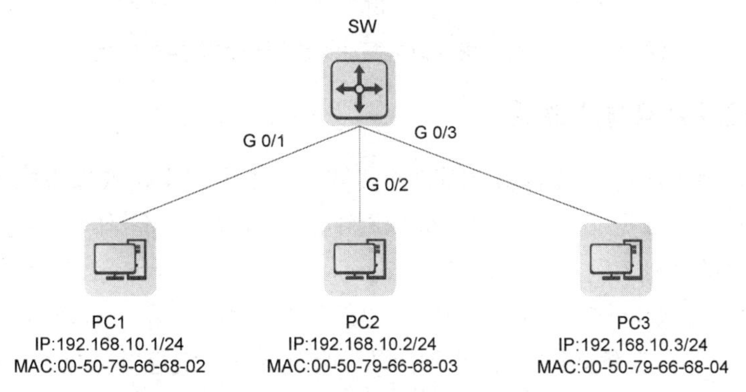

图 1-1　本项目的网络拓扑图

本项目的具体要求如下。

（1）为技术部的所有计算机配置 IP 地址。

（2）将技术部的计算机接入交换机，实现互相通信。

（3）使用 show 命令查看交换机的 MAC 地址表。

相关知识

1.1　交换机简介

共享式以太网的扩展性能很差，并且设备数量越多，发生冲突的概率越高。因此，共享式以太网不适用于大型网络。交换机正是基于这个背景被设计出来的。

交换机工作在数据链路层，它可以识别以太网数据帧的源 MAC 地址和目标 MAC 地址，并且将数据帧从连接目标设备的端口转发出去，而不会像集线器那样向不需要这个数据帧的端口发送数据帧。交换机使用端口隔离冲突域形成的交换式以太网如图 1-2 所示。在图 1-2 中，交换机在收到 PC1 发送给 PC2 的数据帧后，只会通过 E2 端口将其发送出去，而不会发送给其他端口。因此，交换机的每个端口都是一个独立的冲突域，它们互不影响，并且每个端口都可以实现全双工通信，这为大型网络的组建提供了良好的扩展性和较高的传输带宽。

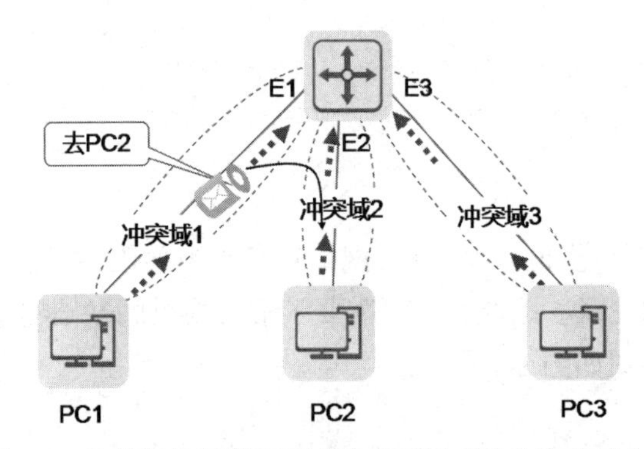

图 1-2　交换机使用端口隔离冲突域形成的交换式以太网

1. 交换式以太网与广播域

交换机可以使用通过自己的端口隔离冲突域，并不表示交换式以太网中连接的设备之间只能实现一对一的数据交互，有时，局域网中的一台终端设备确实需要向该局域网中的其他终端设备发送消息。例如，在 ARP（Address Resolution Protocol，地址解析协议）请求通信中，一台设备需要向同一个网络中的其他设备发送消息，用于获取目标 IP 地址对应的 MAC 地址。这种一台设备向同一个网络中的其他设备发送消息的数据发送方式称为广播。在这种数据发送方式中，网络层或数据链路层广播地址封装的数据称为广播数据包或广播帧，广播帧可达的区域称为广播域。由于广播帧可达的区域传统上就是一个局域网的范围，因此一个局域网通常就是一个广播域。

交换机中广播域和冲突域之间的关系如图 1-3 所示。

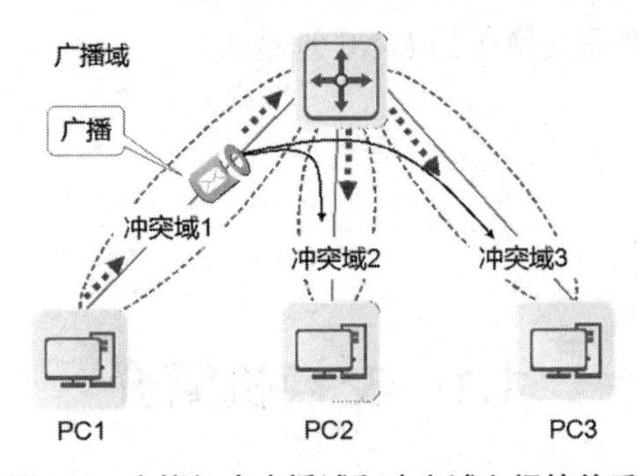

图 1-3　交换机中广播域和冲突域之间的关系

2. 交换机数据帧的转发方式

交换机通过查看收到的每个数据帧的源 MAC 地址，可以学习每个端口连接设备的 MAC 地址，并且将 MAC 地址与端口的映射信息存储于被称为“MAC 地址表”的数据库中。

在初始状态下，交换机的 MAC 地址表是空的，其中不包含任何条目。交换机在通过自己的某个端口接收到一个数据帧时，会将这个数据帧的源 MAC 地址和接收到这个数据帧的端口号作为一个条目存储于自己的 MAC 地址表中，并且重置老化计时器的时间。这就是交换机为自己的 MAC 地址表动态添加条目的方式。

交换机将入站数据帧的源 MAC 地址存储于自己的 MAC 地址表中，其过程示例如图 1-4 所示。

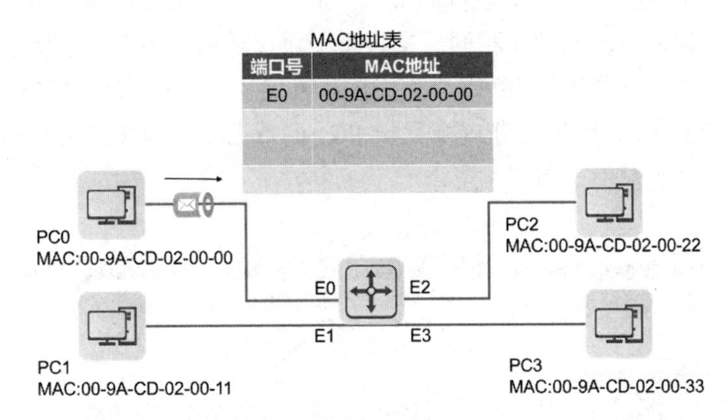

图 1-4　交换机将入站数据帧的源 MAC 地址存储于自己的 MAC 地址表中的过程示例

在记录了一个 MAC 地址后，如果交换机再次通过同一个端口接收到以相同 MAC 地址为源 MAC 地址的数据帧，那么它会用新的时间更新这个 MAC 地址，确保这个目前仍然活跃的 MAC 地址不会老化。但如果交换机在默认的老化时间（300s）内没有通过这个端口再次接收到这个 MAC 地址发来的数据帧，那么它会将这个老化的 MAC 地址从自己的 MAC 地址表中删除。

网络管理员也可以手动在交换机的 MAC 地址表中添加 MAC 地址。对于网络管理员手动添加的 MAC 地址，其优先级高于交换机通过自己的端口动态学习到的 MAC 地址的优先级，并且不受老化时间的影响，会一直存储于交换机的 MAC 地址表中。

那么，交换机是如何使用 MAC 地址表将数据帧转发出去的呢？当一台交换机通过自己的某个端口接收到一个单播数据帧时，它首先会查看这个数据帧的二层头部信息，获取该数据帧的目标 MAC 地址，然后在自己的 MAC 地址表中查找该目标 MAC 地址，最后根据查找结果处理该数据帧。查找结果有 3 种，其处理方式分别如下。

- 在 MAC 地址表中找到了该目标 MAC 地址，并且该数据帧的源 MAC 地址和目标 MAC 地址对应的端口不同。交换机会将该数据帧从目标 MAC 地址对应的端口转发出去，示例如图 1-5 所示。在图 1-5 中，交换机会将 PC0 发送给 PC2 的数据帧从 E2 端口转发出去。

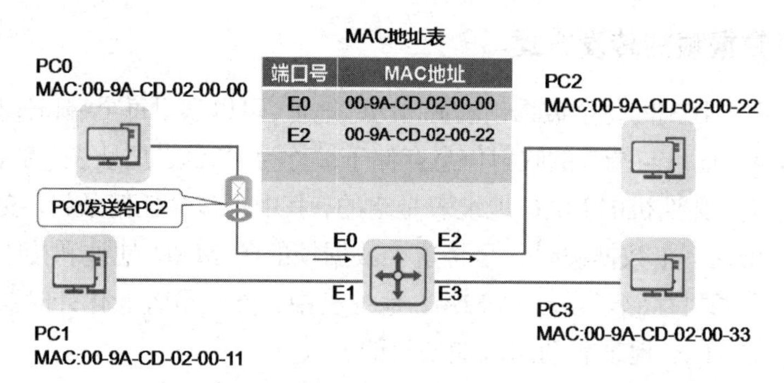

图 **1-5**　交换机将数据帧从目标 **MAC** 地址对应的端口转发出去的示例

- 在 MAC 地址表中找到了该目标 MAC 地址，并且该数据帧的源 MAC 地址和目标 MAC 地址对应的端口相同。交换机会将该数据帧丢弃，示例如图 1-6 所示。在图 1-6 中，交换机的 E0 端口为一个冲突域，PC0 和 PC1 在一个冲突域中，所以交换机和 PC1 都会收到 PC0 发给 PC1 的数据帧，而交换机并不需要处理该数据帧，因此会将其丢弃。

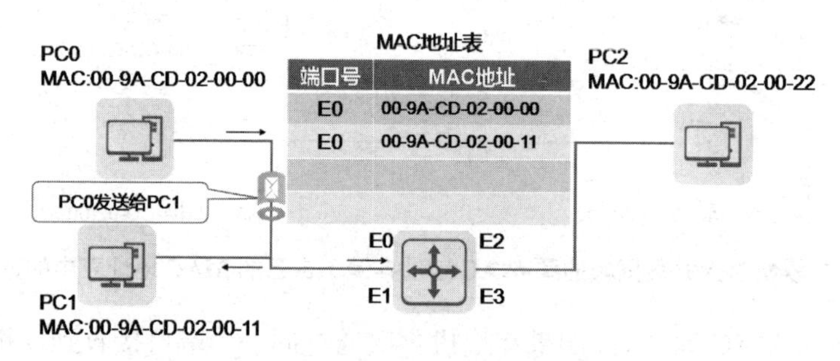

图 **1-6**　交换机丢弃数据帧示例

- 在 MAC 地址表中没有找到该目标 MAC 地址。由于交换机的 MAC 地址表中没有记录该数据帧的目标 MAC 地址，因此，它无法处理该数据帧。于是，交换机只能将该数据帧从其他端口（除了接收该数据帧的端口）发送出去，这个过程称为泛洪或广播，示例如图 1-7 所示。在如图 1-7 所示的通信中，交换机在 E0 端口接收到 PC0 发给 PC3 的数据帧，因为交换机的 MAC 地址表中未找到 PC3 的 MAC 地址，因此，交换机将该数据帧从 E1、E2 和 E3 端口转发出去。

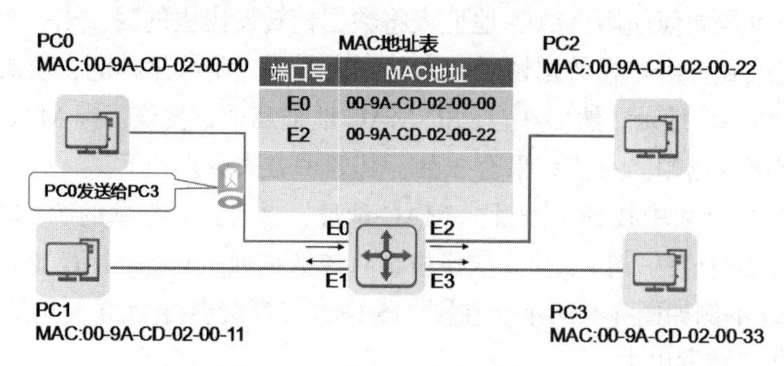

图 **1-7**　交换机泛洪或广播示例

3. 交换机系统的启动流程

早期的锐捷交换机系统映像以 RGOS.bin 文件的形式存储于交换机的闪存中。为了避免因误删系统文件而导致交换机无法开机，现在的锐捷交换机系统映像会在安装时被隐藏起来。交换机在上电时，会将系统映像加载到内存中运行。所有的锐捷网络设备在出厂时都已经预装了特定版本的系统映像，用户可以通过更新这些系统映像，将设备版本升级到最新。执行命令“show version”，可以了解当前交换机的系统映像版本信息。

在交换机上使用 write 命令，可以将当前交换机的配置信息以 config.text 文件的形式存储于交换机的闪存中。交换机在上电时，会从闪存中读取 config.text 文件中的配置信息，并且将其作为当前设备的配置信息。如果需要将交换机恢复出厂设置，则可以在重启前执行命令“delete config.text”，删除配置文件。

交换机系统的启动流程如图 1-8 所示。

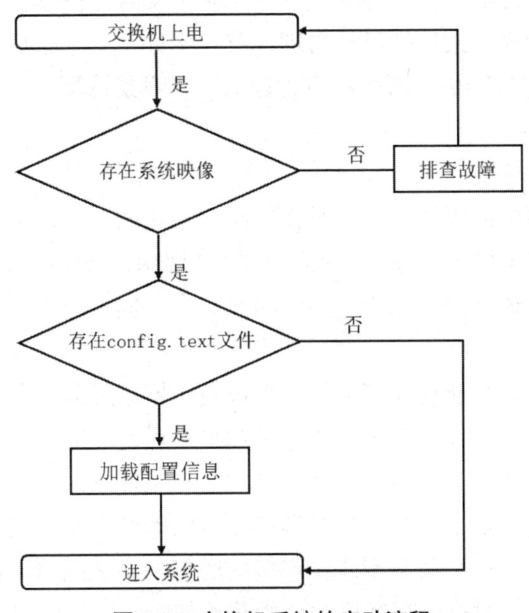

图 1-8　交换机系统的启动流程

1.2　交换机的基本设置

根据交换机是否可以配置与管理，可以将交换机分为网管交换机和非网管交换机。非网管交换机不具有网络管理功能，没有配置端口，其典型外观如图 1-9 所示。

图 1-9　非网管交换机的典型外观

网管交换机具有网络管理、网络监控、端口监控、VLAN 划分等功能，并且具有专门的配置口——Console 口，其典型外观如图 1-10 所示。

图 1-10　网管交换机的典型外观

下面重点介绍交换机的端口速率、双工模式、MAC 地址表等内容。

1. 交换机的端口速率与双工模式

客户端在接入交换机后，其转发速率在很大程度上取决于交换机的端口速率和双工模式。

交换机的端口速率是指交换机的端口每秒能够转发的比特数，其单位是 bit/s。交换机端口的最大速率取决于该交换机端口的物理带宽。例如，一个吉比特以太网交换机的端口能够设置的速率上限是 1Gbit/s，那么网络管理员可以设置该端口的速率的最大值不能超过 1Gbit/s。

双工模式是指端口传输数据的方向性。如果一个端口工作在全双工模式（Full-Duplex）下，则表示该端口的网络适配器可以同时在接收、发送两个方向上传输和处理数据。而如果一个端口工作在半双工模式（Half-Duplex）下，则表示数据的接收和发送不能同时进行。显然，数据的接收和发送是一个双边问题，因此一个传输介质连接的所有端口必须被设置为同一种双工模式。

在交换式以太网中，只通过线缆连接一台设备（网络适配器）的交换机端口默认工作在全双工模式下。这种工作在全双工模式下的端口是没有冲突域的，它们可以与对端适配器同时发送数据，而不用担心线缆上因信号叠加而产生冲突，并且这种端口的载波侦听多路访问机制也不会启用。如果一个交换机端口连接的是共享型介质，那么该交换机端口只能工作在半双工模式下，这个共享型介质连接的所有网络适配器（包括该交换机端口）共同构成了一个冲突域，此时这个交换机端口的载波侦听多路访问机制就会启用。

除双工模式外，传输介质两侧端口的工作速率也要保持一致，否则无法实现通信。

2. MAC 地址表

交换机的 MAC 地址表中存储了交换机端口和终端 MAC 地址的映射关系，网络管理员可以查看交换机的 MAC 地址表信息、添加 MAC 地址表静态条目、修改 MAC 地址动态条目的老化时间等。

1.3　登录交换机

使用 Console 线缆连接交换机或路由器的 Console 口与计算机的 COM 口，可以通过计算机实现本地调试和维护。交换机和路由器的 Console 口是一种符合 RS232 串口标准的

RJ45 接口。目前大部分台式计算机提供的 COM 口都可以与 Console 口连接。笔记本式计算机一般不提供 COM 口，需要使用 USB 到 RS232 的转换线。

交换机的 Console 口如图 1-11 所示。

图 1-11　交换机的 Console 口

很多终端模拟程序都能发起 Console 连接，如使用 SecureCRT 程序连接交换机。在使用 SecureCRT 程序连接交换机时，必须设置 COM 口的参数。COM 口的参数设置示例如表 1-1 所示，如果对参数值进行了修改，则需要将其恢复为默认参数值。在完成 COM 口的参数设置后，单击“确定”按钮，即可与交换机建立连接。

表 1-1　COM 口的参数设置示例

参数	值
波特率（位/秒）	9600
数据位	8
奇偶校验	无
停止位	1
数据流控制	无

在缺少 SecureCRT 程序的计算机上，可以使用 PuTTY 或超级终端程序发起 Console 连接，与交换机建立连接，并且 COM 口的参数设置与表 1-1 中的参数设置保持一致。

1.4　命令行基础

1. 命令行模式

交换机分层的命令结构定义了很多命令行模式，每条命令只能在特定的模式下执行。常见的命令行模式有用户模式、特权模式、全局模式、接口模式、协议模式。每条命令都被注册在一个或多个命令行模式下，用户需要进入命令所在的模式，才能运行相应的命令。

在进入交换机系统的配置界面后，最先出现的模式是用户模式。在该模式下，字符光标前是一个“>”符号。用户可以在该模式下查看设备的运行状态和统计信息。

在特权模式下，字符光标前是一个“#”符号。用户可以在该模式下查看设备的所有信息。

在全局模式下，字符光标前是“(config)#”。用户可以在该模式下配置设备的全局参数，修改全局的内容。此外，用户还可以通过全局模式进入其他的功能配置模式，如接口模式和协议模式。

2. 命令行功能

为了简化操作，系统提供了命令行快捷键功能，使用户可以快速进行操作。例如，按 Ctrl+A 快捷键，可以将光标移动到当前命令行的最前端。完整的命令行快捷键功能如表 1-2 所示。

表 1-2　完整的命令行快捷键功能

命令行快捷键	功能
Ctrl+A	将光标移动到当前命令行的最前端
Ctrl+C	停止当前命令的运行
Ctrl+Z	返回用户模式
Ctrl+]	终止当前连接或切换连接
Ctrl+B	将光标向左移动一个字符
Ctrl+D	删除当前光标所在位置的字符
Ctrl+E	将光标移动到当前行的末尾
Ctrl+F	将光标向右移动一个字符
Ctrl+H	删除光标左侧的一个字符
Ctrl+N	显示历史命令缓冲区中的后一条命令
Ctrl+P	显示历史命令缓冲区中的前一条命令
Ctrl+W	删除光标左侧的一个字符串
Ctrl+X	删除光标左侧的所有字符
Ctrl+Y	删除光标所在位置及其右侧的所有字符
Esc+B	将光标向左移动一个字符串
Esc+D	删除光标右侧的一个字符串
Esc+F	将光标向右移动一个字符串

项目规划

本项目需要先为计算机配置 IP 地址，并且记录各台计算机的 MAC 地址，然后验证计算机之间能否互相通信。计算机通常使用 IP 地址进行通信。交换机作为计算机的互联设备，使用 MAC 地址进行通信，并且依赖端口与 MAC 地址表进行工作。因此，本项目可以通过以下两个任务完成。

（1）在计算机上配置 IP 地址，并且验证 IP 地址是否正确配置。

（2）在交换机上查看 MAC 地址表，验证计算机之间是否可以正常通信。

本项目的端口规划表如表 1-3 所示，IP 地址规划表如表 1-4 所示。

表 1-3　本项目的端口规划表

本端设备	端口号	对端设备
SW	G 0/1	PC1
SW	G 0/2	PC2
SW	G 0/3	PC3

表 1-4　本项目的 IP 地址规划表

设备	IP 地址	MAC 地址
PC1	192.168.10.1/24	00-50-79-66-68-02
PC2	192.168.10.2/24	00-50-79-66-68-03
PC3	192.168.10.3/24	00-50-79-66-68-04

任务 1-1　在计算机上配置 IP 地址

▶ 任务描述

根据本项目的 IP 地址规划表，为 PC1、PC2 及 PC3 配置相应的 IP 地址，然后在计算机的命令行中执行命令“ipconfig /all”，查看当前计算机的所有网络配置，确认 IP 地址是否正确配置。

▶ 任务实施

在 PC1 上配置网卡的 IP 地址，配置结果如图 1-12 所示。同理，完成其他计算机的 IP 地址配置。

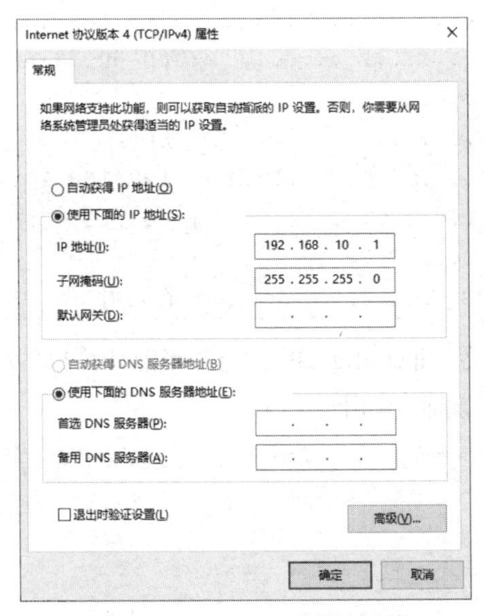

图 1-12　PC1 的 IP 地址配置

▶ 任务验证

（1）在 PC1 上执行命令“ipconfig /all”，查看当前计算机的所有网络配置，确认已经为其正确配置了 IP 地址，配置命令如下。

```
PC1>ipconfig /all        //查看当前计算机的所有网络配置

本地连接:

   连接特定的 DNS 后缀 ...................:
   描述 ...............................: Realtek USB GbE Family Controller
   物理地址............................: 00-50-79-66-68-02
   DHCP 已启用 ........................: 否
   自动配置已启用......................: 是
   IPv4 地址 ..........................: 192.168.10.1(首选)
   子网掩码............................: 255.255.255.0
   默认网关............................:
   TCPIP 上的 NetBIOS .................: 已启用
```

（2）在 PC2 上执行命令“ipconfig /all”，查看当前计算机的所有网络配置，确认已经为其正确配置了 IP 地址，配置命令如下。

```
PC2> ipconfig /all

本地连接:

   连接特定的 DNS 后缀 ................:
   描述 ............................: Realtek USB GbE Family Controller
   物理地址.........................: 00-50-79-66-68-03
   DHCP 已启用 .....................: 否
   自动配置已启用...................: 是
   IPv4 地址 .......................: 192.168.10.2(首选)
   子网掩码.........................: 255.255.255.0
   默认网关.........................:
   TCPIP 上的 NetBIOS ..............: 已启用
```

（3）在 PC3 上执行命令“ipconfig /all”，查看当前计算机的所有网络配置，确认已经为其正确配置了 IP 地址，配置命令如下。

```
PC3> ipconfig /all

本地连接:

   连接特定的 DNS 后缀 ..............:
   描述 ..........................: Realtek USB GbE Family Controller
   物理地址.......................: 00-50-79-66-68-04
   DHCP 已启用 ...................: 否
   自动配置已启用.................: 是
```

```
IPv4 地址 ........................ : 192.168.10.3(首选)
子网掩码.......................... : 255.255.255.0
默认网关.......................... :
TCPIP 上的 NetBIOS ............... : 已启用
```

任务 1-2　在交换机上查看 MAC 地址表

▶ 任务描述

在交换机上使用 show 命令查看 MAC 地址，验证交换机端口与相应计算机的 MAC 地址是否匹配。

▶ 任务实施

（1）在交换机上执行命令“show mac-address-table”，查看交换机与计算机连接的端口的 MAC 地址信息，配置命令如下。

```
Ruijie>enable                                  //进入特权模式
Ruijie#configure terminal                      //进入全局模式
Enter configuration commands, one per line.  End with CNTL/Z.
Ruijie(config)#hostname SW                     //将交换机名称修改为 SW1
SW(config)#show mac-address-table              //显示交换机端口的 MAC 地址信息
Vlan       MAC Address        Type     Interface                  Live Time
-------  ------------------ -------- -------------------- -------------
```

在计算机没有进行 Ping 测试之前，交换机没有收到任何数据包，因此没有学习到端口的 MAC 地址。

（2）使用 PC1 Ping PC2，配置命令如下。结果显示，PC1 和 PC2 通信正常。

```
C:\Users\Administrator>ping 192.168.10.2

正在 Ping 192.168.10.2 具有 32 字节的数据:
来自 192.168.10.2 的回复: 字节=32 时间=1ms TTL=128
来自 192.168.10.2 的回复: 字节=32 时间=5ms TTL=128
来自 192.168.10.2 的回复: 字节=32 时间=1ms TTL=128
来自 192.168.10.2 的回复: 字节=32 时间=1ms TTL=128

192.168.10.2 的 Ping 统计信息:
    数据包: 已发送 = 4, 已接收 = 4, 丢失 = 0 (0% 丢失),
往返行程的估计时间(以毫秒为单位):
    最短 = 1ms, 最长 = 5ms, 平均 = 2ms
```

▶ 任务验证

在交换机上执行命令“show mac-address-table”，查看交换机的 MAC 地址表，配置命令如下。可以看到，交换机已经学习到 PC1 和 PC2 的 MAC 地址信息。

```
SW(config)#show mac-address-table
Vlan       MAC Address         Type      Interface                 Live Time
-------  ------------------  --------  --------------------  --------------
  1        0050.7966.6802      DYNAMIC  GigabitEthernet 0/1      0d 00:00:03
  1        0050.7966.6803      DYNAMIC  GigabitEthernet 0/2      0d 00:00:03
```

项目验证

（1）使用 PC1 Ping PC3，配置命令如下。结果显示，PC1 和 PC3 通信正常。

```
C:\Users\Administrator>ping 192.168.10.3

正在 Ping 192.168.10.3 具有 32 字节的数据:
来自 192.168.10.3 的回复: 字节=32 时间=1ms TTL=128
来自 192.168.10.3 的回复: 字节=32 时间=5ms TTL=128
来自 192.168.10.3 的回复: 字节=32 时间=1ms TTL=128
来自 192.168.10.3 的回复: 字节=32 时间=1ms TTL=128

192.168.10.3 的 Ping 统计信息:
    数据包: 已发送 = 4，已接收 = 4，丢失 = 0 (0% 丢失)，
往返行程的估计时间(以毫秒为单位):
    最短 = 1ms，最长 = 5ms，平均 = 2ms
```

（2）在交换机上执行命令“show mac-address-table”，查看交换机的 MAC 地址表，配置命令如下。可以看到，交换机已经学习到 PC1、PC2 和 PC3 的 MAC 地址信息。

```
SW(config)#show mac-address-table
Vlan       MAC Address         Type      Interface                 Live Time
-------  ------------------  --------  --------------------  --------------
  1        0050.7966.6802      DYNAMIC  GigabitEthernet 0/1      0d 00:02:22
  1        0050.7966.6803      DYNAMIC  GigabitEthernet 0/2      0d 00:02:22
  1        0050.7966.6804      DYNAMIC  GigabitEthernet 0/3      0d 00:00:17
```

项目拓展

一、理论题

1．以太网交换机的 MAC 地址表的默认老化时间为（　　）。

A．150s　　B．200s　　C．300s　　D.10s

2．二层以太网交换机根据端口接收报文的（　　）生成 MAC 地址表。

A．源 MAC 地址　　B．目标 MAC 地址

C．源 IP 地址　　D．目标 IP 地址

3．以太网交换机的数据帧处理行为不包含（　　）。

A．接收　　B．转发　　C．丢弃　　D．泛洪

4．在特权模式下，配置（　　）命令可以切换到全局模式。

A．system-view　　B．router　　C．enable　　D．configure terminal

5．当交换机处于初始状态时，连接在交换机上的计算机之间采用（　　）方式进行通信。

A．单播　　B．广播　　C．组播　　D．不能通信

二、项目实训题

1．实训项目描述

A 公司新购置了一台以太网交换机，现在由网络管理员小王负责将公司中的计算机连接到该交换机上，并且根据要求完成相应的配置，实现计算机的互联。

本实训项目的网络拓扑图如图 1-13 所示。

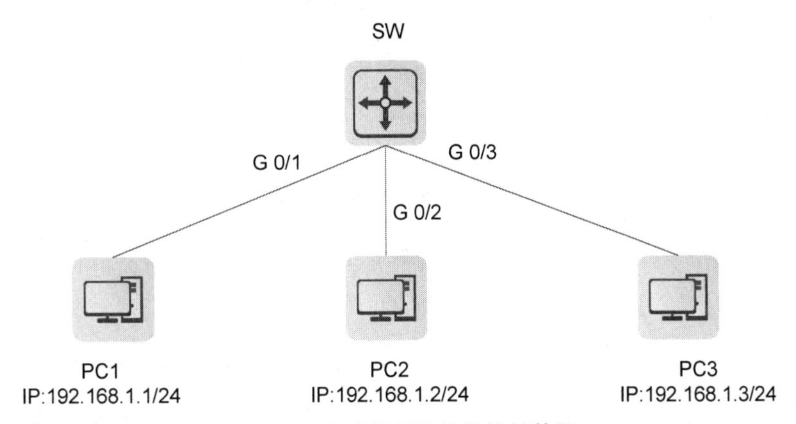

图 1-13　本实训项目的网络拓扑图

2．实训项目规划

根据本实训项目的相关描述和网络拓扑图，完成本实训项目的各个规划表。

（1）完成本实训项目的端口规划表，如表 1-5 所示。

表 1-5　本实训项目的端口规划表

本端设备	端口号	对端设备

（2）完成本实训项目的 IP 地址规划标，如表 1-6 所示。

表 1-6　本实训项目的 **IP** 地址规划表

设备	IP 地址	MAC 地址

3．实训项目要求

（1）根据本实训项目的 IP 地址规划表，完成所有计算机的 IP 地址配置。

（2）根据以上要求完成配置，执行以下验证命令，并且截图保存相关结果。

步骤 1：在每台计算机上执行命令“ipconfig/all”，查看 IP 地址和 MAC 地址的配置信息。

步骤 2：在各台计算机上使用 Ping 命令测试计算机之间的连通性。

步骤 3：在交换机 SW 上执行命令“show mac-address-table”，查看交换机的 MAC 地址表。

项目 2　基于 VLAN 实现各部门计算机的互联与隔离

项目描述

Jan16 公司现在有财务部、技术部和业务部，出于对数据安全的考虑，需要将各部门的计算机隔离，仅允许在部门内部进行通信。

本项目的网络拓扑图如图 2-1 所示。

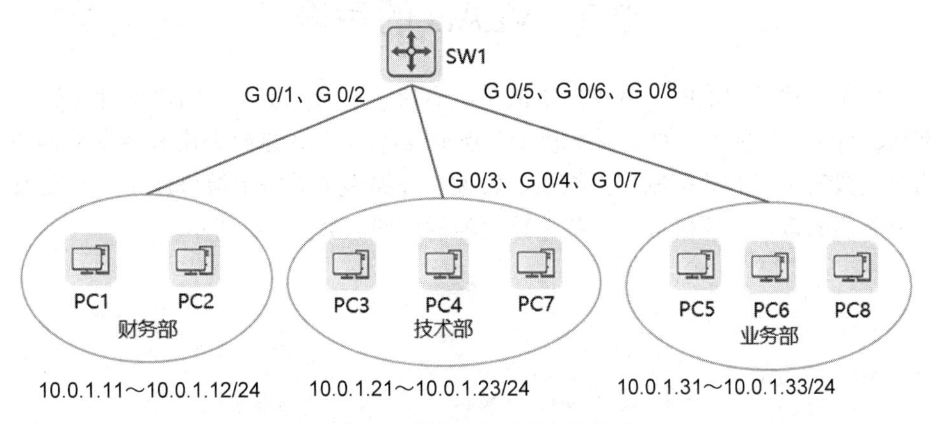

图 2-1　本项目的网络拓扑图

本项目的具体要求如下。

（1）公司局域网使用一台 10 口二层交换机进行互联，其中，财务部有 2 台计算机，分别连接 G 0/1 端口、G 0/2 端口；技术部有 3 台计算机，分别连接 G 0/3 端口、G 0/4 端口、G 0/7 端口；业务部有 3 台计算机，分别连接 G 0/5 端口、G 0/6 端口、G 0/8 端口。

（2）出于对数据安全的考虑，需要在交换机中为各部门创建相应的 VLAN，避免部门之间互相通信。

（3）所有计算机均采用 10.0.1.0/24 网段，各部门的 IP 地址和接入交换机的端口信息可以参考本项目的网络拓扑图。

相关知识

2.1 VLAN

传统的共享式以太网和交换式以太网的广播域会浪费大量的网络带宽，降低通信效率，甚至会产生广播风暴，导致网络拥塞。VLAN（Virtual Local Area Network，虚拟局域网）能够缩小广播域，降低广播包消耗带宽的比例，显著提高网络性能。

2.2 VLAN 的基本概念

VLAN 是将一个物理局域网在逻辑上划分成多个广播域的技术。在交换机上配置 VLAN，可以使同一个 VLAN 内的计算机互相通信，使不同 VLAN 之间的计算机互相隔离。

2.3 VLAN 的用途

为了限制广播域的范围，减少广播流量，需要将没有二层互访需求的计算机（通常为不同部门的计算机）隔离。路由器是基于三层 IP 地址信息来选择路由和转发数据的，它在连接两个网段时可以有效抑制广播报文的转发。在路由器的每个端口连接一台交换机，可以供每个部门的多台计算机接入。基于路由器的广播域如图 2-2 所示。

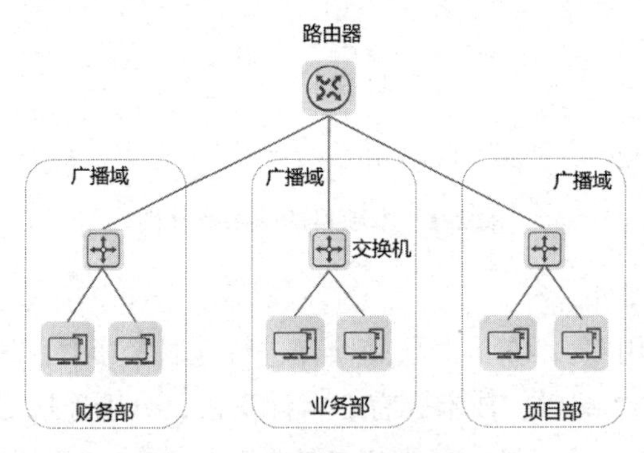

图 2-2　基于路由器的广播域

这种解决方案虽然解决了部门计算机的二层隔离问题，但是成本较高。因此，人们设想在一台或多台交换机上构建多个逻辑局域网，即使用 VLAN 实现不同部门计算机之间的二层隔离。

2.4 VLAN 的原理

VLAN 技术可以将一个物理局域网在逻辑上划分成多个广播域，也就是多个 VLAN。

VLAN 部署在数据链路层，主要用于隔离二层流量。同一个 VLAN 内的计算机共享同一个广播域，它们之间可以直接进行二层通信。不同 VLAN 之间的计算机属于不同的广播域，它们之间不能直接进行二层互通。这样，广播报文就被限制在了各个相应的 VLAN 内，同时提高了网络安全性。VLAN 隔离广播域的示例如图 2-3 所示。在图 2-3 中，原本属于同一个广播域内的计算机被划分到了两个 VLAN（VLAN 1 和 VLAN 2）中。VLAN 内部的计算机可以直接进行二层通信，VLAN 1 和 VLAN 2 之间的计算机无法进行二层通信。

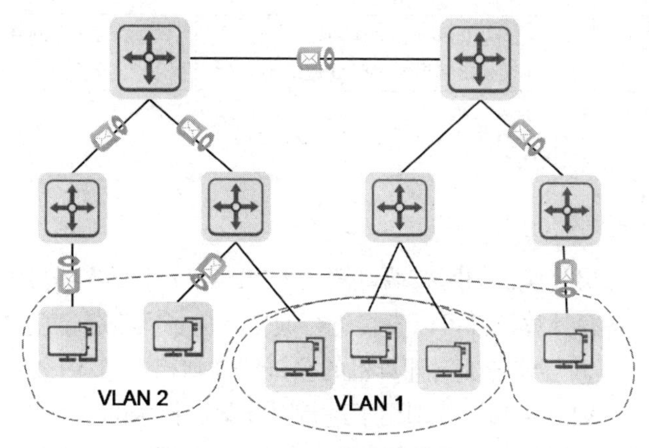

图 2-3　VLAN 隔离广播域的示例

2.5　VLAN 的划分方法

在实际网络中，VLAN 的划分方法有以下 5 种。

- 基于端口对 VLAN 进行划分：根据交换机的端口号对 VLAN 进行划分。在初始情况下，交换机的端口都处于 VLAN 1 中，网络管理员通过为交换机的端口配置不同的 VLAN ID，可以将不同的端口划分到不同的 VLAN 中。该划分方法是常用的划分方法。
- 基于 MAC 地址对 VLAN 进行划分：根据计算机网卡的 MAC 地址对 VLAN 进行划分。该划分方法需要网络管理员提前配置网络中的计算机 MAC 地址和 VLAN ID 之间的映射关系。如果交换机收到不带标签的数据帧，则会查找之前配置的 MAC 地址和 VLAN 映射表，然后根据数据帧中携带的 MAC 地址添加相应的 VLAN 标签。
- 基于 IP 子网对 VLAN 进行划分：交换机在收到不带标签的数据帧时，会根据报文携带的 IP 地址为数据帧添加 VLAN 标签。
- 基于协议对 VLAN 进行划分：根据数据帧的协议类型（或协议族类型）、封装格式分配 VLAN ID。网络管理员需要先配置协议类型和 VLAN ID 之间的映射关系。
- 基于策略对 VLAN 进行划分：使用几个条件的组合分配 VLAN ID。这些条件包括 IP 子网、端口和 IP 地址等。只有当所有条件都匹配时，交换机才会为数据帧添加 VLAN 标签。此外，在基于策略对 VLAN 进行划分时，每条策略都需要网络管理员手动配置。

VLAN 的划分方法示例如表 2-1 所示。

表 2-1　VLAN 的划分方法示例

VLAN 的划分方法	VLAN 5	VLAN 10
基于端口	G 0/1、G 0/7	G 0/2、G 0/9
基于 MAC 地址	00-01-02-03-04-AA、00-01-02-03-04-CC	00-01-02-03-04-BB、00-01-02-03-04-DD
基于 IP 子网	10.0.1.0/24	10.0.2.0/24
基于协议	IP	IPX
基于策略	G 0/1+00-01-02-03-04-AA （交换机端口号+MAC 地址）	G 0/2+00-01-02-03-04-BB （交换机端口号+MAC 地址）

项目规划

在默认情况下，二层交换机的所有端口都处于 VLAN 1 中。本项目中的所有计算机均采用 10.0.1.0/24 网段，各台计算机都可以直接进行通信。为了实现各部门之间的隔离，需要在交换机上创建 VLAN，并且将各部门计算机的端口划分到相应的 VLAN 中。本项目会创建 VLAN 10、VLAN 20、VLAN 30，分别用于进行财务部、技术部、业务部内的计算机互联。

因此，本项目需要工程师熟悉交换机的 VLAN 创建、端口类型的转换及计算机的 IP 地址配置，主要涉及以下工作任务。

（1）创建 VLAN。在交换机上为各部门创建相应的 VLAN。

（2）将端口划分到相应的 VLAN 中。转换交换机上连接计算机的端口类型，并且将其划分到相应的 VLAN 中。

（3）配置各部门计算机的 IP 地址，实现部门内计算机之间的互相通信。

本项目的 VLAN 规划表如表 2-2 所示，端口规划表如表 2-3 所示，IP 地址规划表如表 2-4 所示。

表 2-2　本项目的 VLAN 规划表

VLAN ID	IP 地址段	用途
VLAN 10	10.0.1.11～10.0.1.12/24	财务部
VLAN 20	10.0.1.21～10.0.1.23/24	技术部
VLAN 30	10.0.1.31～10.0.1.33/24	业务部

表 2-3　本项目的端口规划表

本端设备	端口号	端口类型	所属 VLAN	对端设备
SW1	G 0/1、G 0/2	Access	VLAN 10	财务部计算机
SW1	G 0/3、G 0/4、G 0/7	Access	VLAN 20	技术部计算机
SW1	G 0/5、G 0/6、G 0/8	Access	VLAN 30	业务部计算机

表 2-4　本项目的 IP 地址规划表

设备	IP 地址
财务部 PC1	10.0.1.11/24

续表

设备	IP 地址
财务部 PC2	10.0.1.12/24
技术部 PC3	10.0.1.21/24
技术部 PC4	10.0.1.22/24
技术部 PC7	10.0.1.23/24
业务部 PC5	10.0.1.31/24
业务部 PC6	10.0.1.32/24
业务部 PC8	10.0.1.33/24

任务 2-1　创建 VLAN

▶ 任务描述

根据本项目的 VLAN 规划表为各部门创建相应的 VLAN。

▶ 任务实施

在交换机 SW1 上为各部门创建相应的 VLAN。

交换机默认出厂时的设备名称都是相同的，如锐捷的交换机出厂时的默认名称都是 Ruijie。当网络中有多台交换机时，采用相同的名称会导致无法区分。因此，在首次登录交换机时，建议执行命令“hostname <*name*>”，修改交换机的名称。

执行命令“vlan <*vlan-id*>”，可以在交换机上创建 VLAN。例如，执行命令“vlan 10”，可以创建 VLAN 10，并且进入 VLAN 10 的配置模式。VLAN ID 的取值范围是 1～4094。如果需要创建多个连续的 VLAN，则可以在交换机上执行命令“vlan range {*vlan-id*1 - *vlan-id*2}”。也可以执行命令“vlan range {*vlan-id*1,*vlan-id*2,…,*vlan-idN*}”，创建多个不连续的 VLAN，VLAN ID 之间使用英文逗号分隔。例如，执行命令“vlan range 20,30”，可以创建 VLAN 20、VLAN 30。

本任务要创建 VLAN 10、VLAN 20、VLAN 30，配置命令如下。

```
Ruijie>enable                          //进入特权模式
Ruijie#configure terminal              //进入全局模式
Enter configuration commands, one per line.  End with CNTL/Z.
Ruijie(config)#hostname SW1            //将交换机名称修改为 SW1
SW1(config)#vlan 10                    //创建 VLAN 10
SW1(config-vlan)#exit
SW1(config)#vlan range 20,30           //批量创建 VLAN 20、VLAN 30
SW1(config-vlan-range))#exit
```

▶任务验证

在交换机 SW1 上执行命令“show vlan”，查看 VLAN 信息，配置命令如下。

```
SW1(config)#show vlan    //查看 VLAN 信息
VLAN       Name                          Status    Ports
-------  ----------------------------  --------  -------------------------
1          VLAN0001                      STATIC   Gi0/0, Gi0/1, Gi0/2, Gi0/3
                                                  Gi0/4, Gi0/5, Gi0/6, Gi0/7
                                                  Gi0/8
10         VLAN0010                      STATIC
20         VLAN0020                      STATIC
30         VLAN0030                      STATIC
```

可以看到，已经在交换机 SW1 上创建了 VLAN 10、VLAN 20、VLAN 30（VLAN 1 为交换机自动生成的默认 VLAN）。

任务 2-2　将端口划分到相应的 VLAN 中

▶ 任务描述

根据本项目中的端口规划表，将连接计算机的端口类型转换模式并划分到相应的 VLAN 中。

▶ 任务实施

在交换机 SW1 上将各部门计算机使用的端口按部门分别组成批量端口，统一将端口类型转换为 Access，并且配置端口的 VLAN，将端口划分到相应的 VLAN 中。

如果需要在交换机上对批量端口进行相同内容的配置，则可以执行命令“interface range { *interface-id*1 - *interface-id*2 }”，批量进入相同类型及速率的端口，在批量端口下配置的内容会在所有端口上生效。

在交换机上创建 VLAN 后，网络管理员可以进入对应的端口，执行命令“switchport mode { access | trunk | hybrid | uplink }”，修改对应端口的类型。在将端口类型转换为 Access 后，需要执行命令“switchport access vlan <*vlan-id*>”，配置端口的 VLAN，将端口划分到相应的 VLAN 中。

本任务的配置命令如下。

```
SW1(config)#interface range gigabitEthernet 0/1-2 //批量进入端口 G 0/1、G 0/2
SW1(config-if-range)#switchport mode access      //将端口类型转换为 Access
SW1(config-if-range)#switchport access vlan 10  //配置端口的默认 VALN 为 VLAN 10
SW1(config-if-range)#exit
SW1(config)#interface range gigabitEthernet 0/3-4 , 0/7
```

```
SW1(config-if-range)#switchport mode access
SW1(config-if-range)#switchport access vlan 20
SW1(config-if-range)#exit
SW1(config)#interface range gigabitEthernet 0/5-6 , 0/8
SW1(config-if-range)#switchport mode access
SW1(config-if-range)#switchport access vlan 30
SW1(config-if-range)#exit
```

▶ 任务验证

在交换机 SW1 上执行命令“show vlan”，查看 VLAN 信息，配置命令如下。

```
SW1(config)#show vlan
VLAN       Name                          Status    Ports
------- ---------------------------- -------- -------------------------
1          VLAN0001                      STATIC    Gi0/0,
10         VLAN0010                      STATIC    Gi0/1,Gi0/2,
20         VLAN0020                      STATIC    Gi0/3, Gi0/4, Gi0/7
30         VLAN0030                      STATIC    Gi0/5, Gi0/6, Gi0/8
```

可以看到，已经将端口划分到了相应的 VLAN 中。

任务 2-3　配置各部门计算机的 IP 地址

▶ 任务描述

根据本项目的 IP 地址规划表，为各部门的计算机配置 IP 地址。

▶ 任务实施

财务部 PC1 的 IP 地址配置如图 2-4 所示。同理，完成其他计算机的 IP 地址配置。

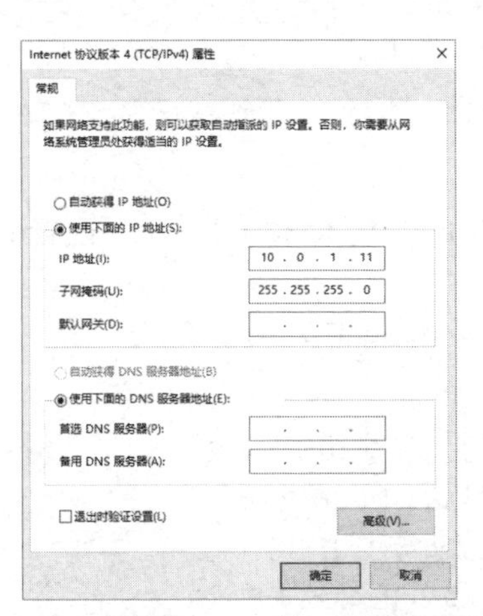

图 2-4　财务部 PC1 的 IP 地址配置

▶ 任务验证

（1）在财务部 PC1 上执行命令“ipconfig”，查看其 IP 地址的配置信息，配置命令如下。

```
C:\Users\Administrator>ipconfig    //显示本机 IP 地址的配置信息

本地连接:

   连接特定的 DNS 后缀 . . . . . . . :
   IPv4 地址 . . . . . . . . . . . . : 10.0.1.11(首选)
   子网掩码 . . . . . . . . . . . . : 255.255.255.0
   默认网关. . . . . . . . . . . . . :
```

结果显示，财务部 PC1 的 IP 地址配置正确。

（2）在其他计算机上执行命令“ipconfig”，验证其 IP 地址配置是否正确。

扫一扫 看微课

项目验证

（1）使用财务部的计算机 Ping 本部门的计算机，配置命令如下。

```
C:\Users\Administrator>ping 10.0.1.12

正在 Ping 10.0.1.12 具有 32 字节的数据:
来自 10.0.1.12 的回复: 字节=32 时间=1ms TTL=64
来自 10.0.1.12 的回复: 字节=32 时间=5ms TTL=64
来自 10.0.1.12 的回复: 字节=32 时间=1ms TTL=64
来自 10.0.1.12 的回复: 字节=32 时间=1ms TTL=64

10.0.1.12 的 Ping 统计信息:
    数据包: 已发送 = 4，已接收 = 4，丢失 = 0 (0% 丢失)，
往返行程的估计时间(以毫秒为单位):
    最短 = 1ms，最长 = 5ms，平均 = 2ms
```

结果显示，可以 Ping 通。

（2）使用财务部的计算机 Ping 技术部的计算机，配置命令如下。

```
C:\Users\Administrator>ping 10.0.1.21

正在 Ping 10.0.1.21 具有 32 字节的数据:
来自 10.0.1.11 的回复: 无法访问目标主机。
来自 10.0.1.11 的回复: 无法访问目标主机。
来自 10.0.1.11 的回复: 无法访问目标主机。
来自 10.0.1.11 的回复: 无法访问目标主机。
```

```
10.0.1.21 的 Ping 统计信息:
    数据包: 已发送 = 4, 已接收 = 4, 丢失 = 0 (0% 丢失),
```

结果显示，不可以 Ping 通。

可以看出，在将端口划分到不同的 VLAN 中后，相同 VLAN 中的计算机可以互相通信，不同 VLAN 中的计算机不可以互相通信。

项目拓展

一、理论题

1. 某公司在局域网中进行 VLAN 划分，希望无论从哪个接入点访问公司网络，都属于固定 VLAN，建议采用的 VLAN 划分方案是（　　）。

A．基于端口对 VLAN 进行划分

B．基于 MAC 地址对 VLAN 进行划分

C．基于协议对 VLAN 进行划分

D．基于物理位置对 VLAN 进行划分

2．以下对 VLAN 的描述错误的是（　　）。

A．VLAN 隔离了广播域

B．VLAN 在一定程度上实现了网络安全

C．VLAN 隔离了冲突域

D．VLAN 是二层技术

3．在以太网交换机上创建 VLAN 时，不能创建 VLAN（　　），并且不能删除 VLAN（　　）。

A．4095，10　　B．4094，1　　C．1，4094　　D．4095，1

4．在多台计算机连接交换机时，计算机之间发送数据遵循（　　）工作机制。

A．CDMA/CD　　B．IP　　C．TCP　　D．CSMA/CD

5．在交换机的 VLAN 划分方法中，常用的是（　　）。

A．基于端口对 VLAN 进行划分　　B．基于 IP 地址对 VLAN 进行划分

C．基于 MAC 地址对 VLAN 进行划分　　D．基于策略对 VLAN 进行划分

二、项目实训题

1．实训项目描述

Jan16 公司现在有生产部、财务部、销售部，出于对数据安全的考虑，各部门之间禁止互相进行二层访问，仅允许部门内的用户互相访问。

本实训项目的网络拓扑图如图 2-5 所示。

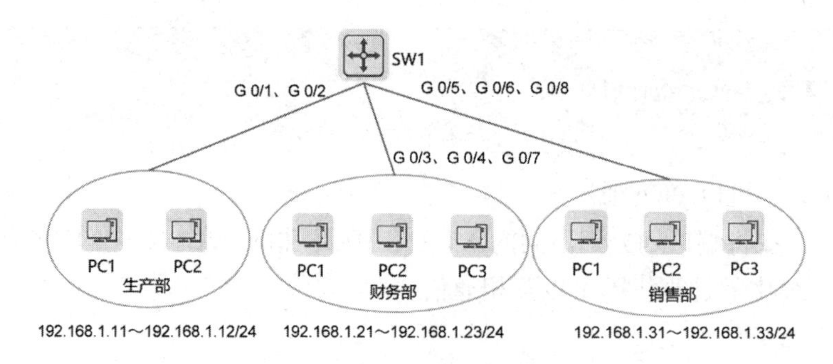

图 2-5　本实训项目的网络拓扑图

2．实训项目规划

根据本实训项目的相关描述和网络拓扑图，完成本实训项目的各个规划表。

（1）完成本实训项目的 VLAN 规划表，如表 2-5 所示。

表 2-5　本实训项目的 VLAN 规划表

VLAN ID	IP 地址段	用途

（2）完成本实训项目的端口规划表，如表 2-6 所示。

表 2-6　本实训项目的端口规划表

本端设备	端口号	端口类型	所属 VLAN	对端设备

（3）完成本实训项目的 IP 地址规划表，如表 2-7 所示。

表 2-7　本实训项目的 IP 地址规划表

设备	IP 地址

3．实训项目要求

（1）公司局域网内使用一台 24 口二层交换机进行互联，其中，生产部有 2 台计算机，分别连接 G 0/1 端口、G 0/2 端口；财务部有 3 台计算机，分别连接 G 0/3 端口、G 0/4 端口、G 0/7 端口；销售部有 3 台计算机，分别连接在 G 0/5 端口、G 0/6 端口、G 0/8 端口。

（2）在交换机SW1上为各部门创建相应的VLAN，禁止部门之间互相通信。

（3）所有计算机均采用192.168.1.0/24网段，根据本实训项目的规划表，配置各部门计算机的IP地址和接入交换机的端口信息。

（4）根据以上要求完成配置，执行以下验证命令，并且截图保存相关结果。

步骤1：在交换机SW1上执行命令“show vlan”，查看VLAN信息。

步骤2：在生产部的计算机上使用Ping命令测试相同VLAN中的计算机之间是否可以互相通信。

步骤3：在生产部、财务部和销售部的计算机上使用Ping命令测试不同VLAN中的计算机之间是否可以互相通信。

项目 3　基于 802.1Q 实现跨交换机环境中部门计算机的互联与隔离

项目描述

某公司现在有财务部和技术部，出于对数据安全的考虑，需要将各部门的计算机隔离。公司的办公地点有两层楼，各部门的计算机通过两台 9 口二层交换机进行互联，两台交换机均通过 G 0/8 端口互联。

本项目的网络拓扑图如图 3-1 所示。

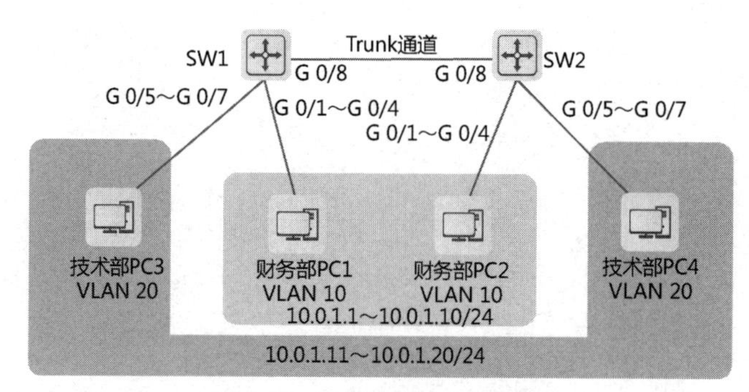

图 3-1　本项目的网络拓扑图

本项目的具体要求如下。

财务部和技术部在这两层楼均有员工办公，其中，财务部的计算机使用交换机 SW1 的 G 0/1～G 0/4 端口及交换机 SW2 的 G 0/1～G 0/4 端口；技术部的计算机使用交换机 SW1 的 G 0/5～G 0/7 端口及交换机 SW2 的 G 0/5～G 0/7 端口。

出于对数据安全的考虑，需要在交换机中为各部门创建相应的 VLAN，用于实现部门内的跨交换机通信，同时避免部门之间互相通信。

所有计算机均采用 10.0.1.0/24 网段，各部门计算机的 IP 地址和接入交换机的端口信息可以参考本项目的网络拓扑图。

3.1　VLAN 在实际网络中的应用

网络管理员可以使用不同的方法，将交换机上的端口划分到相应的 VLAN 中，从而在逻辑上分隔广播域。交换机可以使用 VLAN 技术为网络带来以下变化。

- 增加网络中广播域的数量，同时缩小每个广播域的规模，相对地减少每个广播域中终端设备的数量。
- 提高网络设计的逻辑性，网络管理员可以规避地理、物理等因素对网络设计的限制。

在常见的企业园区网设计中，公司会为每个部门都创建一个 VLAN，使其各自形成一个广播域，确保部门内部的员工之间可以通过二层交换机直接进行通信，不同部门的员工之间必须通过三层 IP 路由功能才可以互相通信。企业跨地域 VLAN 的配置应用示例如图 3-2 所示。在图 3-2 中，通过对两栋楼的互联交换机进行配置，可以为财务部创建 VLAN 10、为技术部创建 VLAN 20，不仅实现了部门之间的二层广播隔离，还实现了部门跨交换机的二层通信。

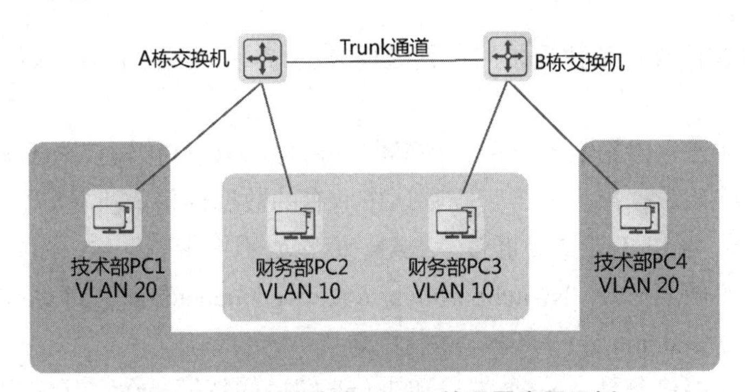

图 3-2　企业跨地域 VLAN 的配置应用示例

3.2　交换机端口的分类

锐捷交换机端口的类型主要有 3 种：Access（接入）、Trunk（干道）和 Hybrid（混合）。

1. Access 端口

Access 是锐捷交换机端口的默认类型。Access 端口主要用于连接计算机等终端设备，只能属于一个 VLAN，也就是只能传输一个 VLAN 中的数据。

Access 端口在收到入站数据帧后，会判断该数据帧中是否携带 VLAN 标签，如果不携带，则将本端口的 VLAN ID 插入该数据帧并进行下一步处理；如果携带，则判断该数据帧中的 VLAN ID 是否与本端口的 VLAN ID 相同，如果相同，则进行下一步处理，否则将该数据帧丢弃。

Access 端口在发送出站数据帧前，会判断这个要被转发的数据帧中携带的 VLAN ID 是否与出站端口的 VLAN ID 相同，如果相同，则去掉 VLAN 标签并进行转发，否则将该数据帧丢弃。

2. Trunk 端口

Trunk 端口主要用于连接交换机等网络设备，它允许传输多个 VLAN 中的数据。

Trunk 端口在接收入站数据帧后，会判断该数据帧中是否携带 VLAN 标签，如果不携带，则将该数据帧插入本端口的 VLAN 并进行下一步处理；如果携带，则判断本端口是否允许传输该数据帧中的 VLAN ID，如果允许，则进行下一步处理，否则将该数据帧丢弃。

Trunk 端口在发送出站数据帧前，会判断这个要被转发的数据帧中携带的 VLAN ID 是否与出站端口的 VLAN ID 相同，如果相同，则去掉 VLAN 标签并进行转发；如果不同，则判断本端口是否允许传输该数据帧中的 VLAN ID，如果允许，则保留原 VLAN 标签并进行转发，否则该将数据帧丢弃。

3. Hybrid 端口

Hybrid 端口可以接收和发送多个 VLAN 中的数据帧，可以连接交换机之间的链路，也可以连接终端设备。

Hybrid 端口在接收入站数据帧后，其处理方法与 Trunk 端口接收入站数据帧后的处理方法相同。

Hybrid 端口在发送出站数据帧前，会判断本端口是否允许传输该数据帧中的 VLAN ID，如果不允许，则将该数据帧丢弃，否则默认按原有的数据帧格式进行转发。

此外，Hybrid 端口还支持以携带 VLAN 标签或不携带 VLAN 标签的方式发送指定 VLAN 中的数据（使用命令“switchport hybrid allowed vlan add tagged vlan”和“switchport hybrid allowed vlan add untagged vlan”进行配置）。

因此，Hybrid 端口兼具 Access 端口和 Trunk 端口的特征，在实际应用中，可以根据对端端口的类型自动适配工作。

项目规划

为了实现各部门之间的隔离，需要在交换机上创建 VLAN，并且将各部门计算机的端口划分到相应的 VLAN 中（将财务部计算机的端口划分到 VLAN 10 中，将技术部计算机的端口划分到 VLAN 20 中）。此外，因为同一个 VLAN 中的计算机分属在不同的交换机上，所以应该将级联通道的端口类型配置为 Trunk，使其可以传输不同 VLAN 中的数据帧。

因此，本项目需要工程师熟悉交换机的 VLAN 创建、端口类型的转换及计算机的 IP 地址配置，主要涉及以下工作任务。

（1）创建 VLAN 并将端口划分到相应的 VLAN 中。

（2）将交换机的互联端口配置为 Trunk 端口，并且允许相应的 VLAN 通过。

（3）配置各部门计算机的 IP 地址，使相同部门的计算机之间可以互相通信。

本项目的 VLAN 规划表如表 3-1 所示，端口规划表如表 3-2 所示，IP 地址规划表如表 3-3 所示。

表 3-1　本项目的 VLAN 规划表

VLAN ID	IP 地址段	用途
VLAN 10	10.0.1.1～10.0.1.10/24	财务部
VLAN 20	10.0.1.11～10.0.1.20/24	技术部

表 3-2　本项目的端口规划表

本端设备	本端端口	端口类型	所属 VLAN	对端设备	对端端口
SW1	G 0/1～G 0/4	Access	VLAN 10	财务部 PC1	—
SW1	G 0/5～G 0/7	Access	VLAN 20	技术部 PC3	—
SW1	G 0/8	Trunk	—	SW2	G 0/8
SW2	G 0/1～G 0/4	Access	VLAN 10	财务部 PC2	—
SW2	G 0/5～G 0/7	Access	VLAN 20	技术部 PC4	—
SW2	G 0/8	Trunk	—	SW1	G 0/8

表 3-3　本项目的 IP 地址规划表

设备	IP 地址
财务部 PC1	10.0.1.1/24
财务部 PC2	10.0.1.5/24
技术部 PC3	10.0.1.11/24
技术部 PC4	10.0.1.15/24

任务 3-1　创建 VLAN 并将端口划分到相应的 VLAN 中

▶ 任务描述

根据本项目中的 VLAN 规划表，首先在交换机上为各部门创建相应的 VLAN 并配置 VLAN 的名称，然后将连接计算机的端口类型转换为 Access，最后配置端口的 VLAN，将端口划分到相应的 VLAN 中。

▶ 任务实施

（1）在交换机 SW1 上创建 VLAN 并配置 VLAN 的名称。

在交换机上创建 VLAN 后，执行命令“name *name*”，配置 VLAN 的名称，以便记忆，配置命令如下。

```
Ruijie>enable                                      //进入特权模式
Ruijie#config                                      //进入全局模式
Ruijie(config)#hostname SW1                        //将交换机名称修改为 SW1
SW1(config)#vlan 10                                //创建 VLAN 10
SW1(config-vlan)# name Fiance                      //配置 VLAN 10 的名称为 Fiance
SW1(config-vlan)#exit
SW1(config)#vlan 20
SW1(config-vlan)# name Technical
```

（2）在交换机 SW1 上将各部门计算机使用的端口按照部门分别组成批量端口，统一将端口类型转换为 Access，配置端口的 VLAN，将端口划分到相应的 VLAN 中，配置命令如下。

```
SW1(config)#interface range gigabitEthernet 0/1-4 //批量进入端口 G 0/1～G 0/4
SW1(config-if-range)#switchport mode access //将端口类型转换为 Access
SW1(config-if-range)#switchport access vlan 10 //配置端口的默认 VLAN 为 VLAN 10
SW1(config-if-VLAN 10)#exit
SW1(config)#interface range gigabitEthernet 0/5-7
SW1(config-if-range)#switchport mode access
SW1(config-if-range)#switchport access vlan 20
SW1(config-if-VLAN 20)#exit
```

（3）在交换机 SW2 上创建 VLAN 并配置 VLAN 的名称，配置命令如下。

```
Ruijie>enable
Ruijie#config
Ruijie(config)#hostname SW2
SW2(config)#vlan 10
SW2(config-vlan)#exit
SW2(config)#interface vlan 10
SW2(config-if-VLAN 10)#name Fiance
SW2(config-if-VLAN 10)#exit
SW2(config)#vlan 20
SW2(config)# interface vlan 20
SW2(config-if-VLAN 20)#name Technical
```

（4）在交换机 SW2 上将各部门计算机使用的端口按照部门分别组成批量端口，统一将端口类型转换为 Access，配置端口的 VLAN，将端口划分到相应的 VLAN 中，配置命令如下。

```
SW2(config)#interface range gigabitEthernet 0/1-4
SW2(config-if-range)#switchport mode access
SW2(config-if-range)# switchport access vlan 10
SW2(config-if-range)#exit
SW2(config)#interface range gigabitEthernet 0/5-7
SW2(config-if-range)#switchport mode access
```

```
SW2(config-if-range)# switchport access vlan 20
SW2(config-if-range)#exit
```

▶ 任务验证

（1）在交换机 SW1 上执行命令“show interfaces switchport”，检查 VLAN 和端口的配置信息，配置命令如下。

```
SW1(config)#show interfaces switchport
Interface             Switchport  Mode   Access  Native  Protected  VLAN lists
-------------------- ---------- ------ ------ ------- ---------- --------
GigabitEthernet 0/0  enabled    ACCESS  1        1      Disabled   ALL
GigabitEthernet 0/1  enabled    ACCESS  10       1      Disabled   ALL
GigabitEthernet 0/2  enabled    ACCESS  10       1      Disabled   ALL
GigabitEthernet 0/3  enabled    ACCESS  10       1      Disabled   ALL
GigabitEthernet 0/4  enabled    ACCESS  10       1      Disabled   ALL
GigabitEthernet 0/5  enabled    ACCESS  20       1      Disabled   ALL
GigabitEthernet 0/6  enabled    ACCESS  20       1      Disabled   ALL
GigabitEthernet 0/7  enabled    ACCESS  20       1      Disabled   ALL
GigabitEthernet 0/8  enabled    ACCESS  1        1      Disabled   ALL
```

（2）在交换机 SW2 上执行命令“show interfaces switchport”，检查 VLAN 和端口的配置信息，配置命令如下。

```
SW2(config)#show interfaces switchport
Interface             Switchport  Mode   Access  Native  Protected  VLAN lists
-------------------- ---------- ------ ------ ------- ---------- --------
GigabitEthernet 0/0  enabled    ACCESS  1         1      Disabled   ALL
GigabitEthernet 0/1  enabled    ACCESS  10        1      Disabled   ALL
GigabitEthernet 0/2  enabled    ACCESS  10        1      Disabled   ALL
GigabitEthernet 0/3  enabled    ACCESS  10        1      Disabled   ALL
GigabitEthernet 0/4  enabled    ACCESS  10        1      Disabled   ALL
GigabitEthernet 0/5  enabled    ACCESS  20        1      Disabled   ALL
GigabitEthernet 0/6  enabled    ACCESS  20        1      Disabled   ALL
GigabitEthernet 0/7  enabled    ACCESS  20        1      Disabled   ALL
GigabitEthernet 0/8  enabled    ACCESS  1         1      Disabled   ALL
```

任务 3-2　将交换机的互联端口配置为 Trunk 端口

▶ 任务描述

扫一扫 看微课

根据本项目中的 VLAN 规划表，将交换机的互联端口配置为 Trunk 端口，并且允许相应的 VLAN 通过。

► 任务实施

（1）在交换机 SW1 上，将 G 0/8 端口配置为 Trunk 端口，并且允许 VLAN 10 和 VLAN 20 通过。

在交换机上创建 VLAN 后，网络管理员可以进入相应的端口，执行命令“switchport mode {access | trunk | hybrid | uplink}”，修改相应端口的类型，本任务要将端口类型配置为 Trunk；然后执行命令“switchport trunk allowed vlan only {*vlan-id*1 [,*vlan-id*2]}”，配置 Trunk 端口允许哪些 VLAN 通过，本任务允许 VLAN 10 和 VLAN 20 通过。具体的配置命令如下。

```
SW1(config)#interface  gigabitEthernet 0/8
SW1(config-if-GigabitEthernet 0/8)#switchport mode trunk
                              //将端口类型修改为 Trunk
SW1(config-if-GigabitEthernet  0/8)#switchport  trunk  allowed  vlan  only
10,20                         //Trunk 端口只允许在 VLAN 列表中添加 VLAN 10 和 VLAN 20
```

（2）在交换机 SW2 上，将 G 0/8 端口配置为 Trunk 端口，并且允许 VLAN 10 和 VLAN 20 通过，配置命令如下。

```
SW2(config)#interface gigabitEthernet 0/8
SW2(config-if-GigabitEthernet 0/8)#switchport mode trunk
SW2(config-if-GigabitEthernet  0/8)#switchport  trunk  allowed  vlan  only
10,20
```

► 任务验证

（1）在交换机 SW1 上执行命令“show interfaces switchport”，检查 G 0/8 端口的配置信息，配置命令如下。

```
SW1(config-if-GigabitEthernet 0/8)#show interfaces switchport
Interface            Switchport  Mode   Access  Native  Protected  VLAN lists
-------------------- ---------- ------ ------ ------- ---------- --------
GigabitEthernet 0/0  enabled    ACCESS  1        1       Disabled   ALL
GigabitEthernet 0/1  enabled    ACCESS  10       1       Disabled   ALL
GigabitEthernet 0/2  enabled    ACCESS  10       1       Disabled   ALL
GigabitEthernet 0/3  enabled    ACCESS  10       1       Disabled   ALL
GigabitEthernet 0/4  enabled    ACCESS  10       1       Disabled   ALL
GigabitEthernet 0/5  enabled    ACCESS  20       1       Disabled   ALL
GigabitEthernet 0/6  enabled    ACCESS  20       1       Disabled   ALL
GigabitEthernet 0/7  enabled    ACCESS  20       1       Disabled   ALL
GigabitEthernet 0/8  enabled    TRUNK   1        1       Disabled   10,20
```

可以看到，G 0/8 端口的类型为 Trunk，并且在 VLAN lists 中添加了 VLAN 10、VLAN 20。

（2）在交换机 SW2 上执行命令“show interfaces switchport”，检查 G 0/8 端口的配置信

息，配置命令如下。

```
SW2(config-if-GigabitEthernet 0/8)#show interfaces switchport
Interface           Switchport Mode   Access Native Protected VLAN lists
-------------------- ---------- ------ ------ ------- ---------- --------
GigabitEthernet 0/0  enabled    ACCESS  1       1      Disabled   ALL
GigabitEthernet 0/1  enabled    ACCESS  10      1      Disabled   ALL
GigabitEthernet 0/2  enabled    ACCESS  10      1      Disabled   ALL
GigabitEthernet 0/3  enabled    ACCESS  10      1      Disabled   ALL
GigabitEthernet 0/4  enabled    ACCESS  10      1      Disabled   ALL
GigabitEthernet 0/5  enabled    ACCESS  20      1      Disabled   ALL
GigabitEthernet 0/6  enabled    ACCESS  20      1      Disabled   ALL
GigabitEthernet 0/7  enabled    ACCESS  20      1      Disabled   ALL
GigabitEthernet 0/8  enabled    TRUNK   1       1      Disabled   10,20
```

可以看到，G 0/8 端口的类型为 Trunk，并且在 VLAN lists 中添加了 VLAN 10、VLAN 20。

任务 3-3　配置各部门计算机的 IP 地址

▶ 任务描述

根据本项目的 IP 地址规划表，为各部门的计算机配置 IP 地址，使相同部门的计算机之间可以互相通信。

▶ 任务实施

财务部 PC1 的 IP 地址配置如图 3-3 所示，同理，完成其他计算机的 IP 地址配置。

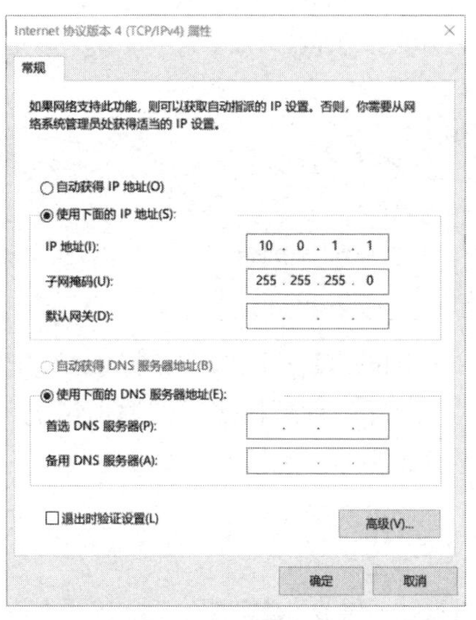

图 3-3　财务部 PC1 的 IP 地址配置

▶ 任务验证

（1）在财务部 PC1 上执行命令“ipconfig”，查看其 IP 地址的配置信息，配置命令如下。

```
C:\Users\Administrator>ipconfig      //显示本机 IP 地址的配置信息

本地连接:

   连接特定的 DNS 后缀 ................ :
   IPv4 地址 ........................ : 10.0.1.1(首选)
   子网掩码.......................... : 255.255.255.0
   默认网关.......................... :
```

结果显示，财务部 PC1 的 IP 地址配置正确。

（2）在其他计算机上执行命令“ipconfig”，验证其 IP 地址配置是否正确。

项目验证

（1）使用 Ping 命令测试各部门内部计算机之间的通信情况。

使用财务部 PC1 Ping 财务部 PC2，配置命令如下。

```
C:\Users\Administrator>ping 10.0.1.5

正在 Ping 10.0.1.5 具有 32 字节的数据:
来自 10.0.1.5 的回复: 字节=32 时间=1ms TTL=64
来自 10.0.1.5 的回复: 字节=32 时间=5ms TTL=64
来自 10.0.1.5 的回复: 字节=32 时间=1ms TTL=64
来自 10.0.1.5 的回复: 字节=32 时间=1ms TTL=64

10.0.1.5 的 Ping 统计信息:
    数据包: 已发送 = 4，已接收 = 4，丢失 = 0 (0% 丢失)，
往返行程的估计时间(以毫秒为单位):
    最短 = 1ms，最长 = 5ms，平均 = 2ms
```

可以看出，在将端口加入不同的 VLAN 后，相同 VLAN 中的计算机之间可以互相通信。

（2）使用 Ping 命令测试不同部门计算机之间的通信情况。

使用财务部 PC1 Ping 技术部 PC3，配置命令如下。

```
C:\Users\Administrator>ping 10.0.1.11

正在 Ping 10.0.1.11 具有 32 字节的数据:
来自 10.0.1.1 的回复: 无法访问目标主机。
```

```
来自 10.0.1.1 的回复：无法访问目标主机。
来自 10.0.1.1 的回复：无法访问目标主机。
来自 10.0.1.1 的回复：无法访问目标主机。

10.0.1.11 的 Ping 统计信息：
    数据包：已发送 = 4，已接收 = 4，丢失 = 0 (0% 丢失)，
```

可以看出，在将端口加入不同的 VLAN 后，不同 VLAN 中的计算机之间不可以互相通信。

项目拓展

一、理论题

1.（多选）锐捷以太网交换机端口的类型主要有（　　）。

A．Access　　B．Hybrid　　C．Trunk　　D．QinQ

2．在交换机的端口下执行命令“switchport trunk allowed vlan all”的作用是（　　）。

A．与该端口相连的对端端口必须同时配置命令“switchport trunk allowed vlan all”

B．该端口允许所有 VLAN 的数据帧通过

C．相连的对端设备可以动态确定允许哪些 VLAN ID 通过

D．如果为相连的远端设备配置了“switchport access vlan 3”，那么两台设备之间的 VLAN 3 无法互通

3．关于交换机能够通过 VLAN 技术为网络带来的变化，以下说法错误的是（　　）。

A．增加了网络中广播域的数量，同时扩大了每个广播域的规模

B．降低了网络设计的逻辑性，网络管理员可以规避地理、物理等因素对网络设计的限制

C．提高了网络设计的逻辑性，网络管理员可以规避地理、物理等因素对网络设计的限制

D．相对地减少了每个广播域中终端设备的数量

4．关于以太网交换机的 Access 端口发送数据帧，以下说法正确的是（　　）。

A．该端口携带 VLAN 标签，VLAN ID 为 1

B．不携带 VLAN 标签

C．携带 VLAN 标签，VLAN ID 为该端口 VLAN 的值

D．携带 VLAN 标签，VLAN ID 为该端口的默认 VLAN 号

5.（多选）一个 Trunk 端口的 VLAN ID 是 10，如果在该端口下执行命令“switchport trunk allowed vlan only 11,12”，那么（　　）的数据帧可以通过该端口进行传输。

A．VLAN 1　　B．VLAN 11

C．VLAN 12　　D．VLAN 10

二、项目实训题

1．实训项目描述

某公司现在有财务部和技术部，出于对数据安全的考虑，需要将各部门的计算机隔离。公司的办公地点有两层楼，各部门的计算机通过两台 9 口二层交换机进行互联，两台交换机均通过 G 0/8 端口互联。

本实训项目的网络拓扑图如图 3-4 所示。

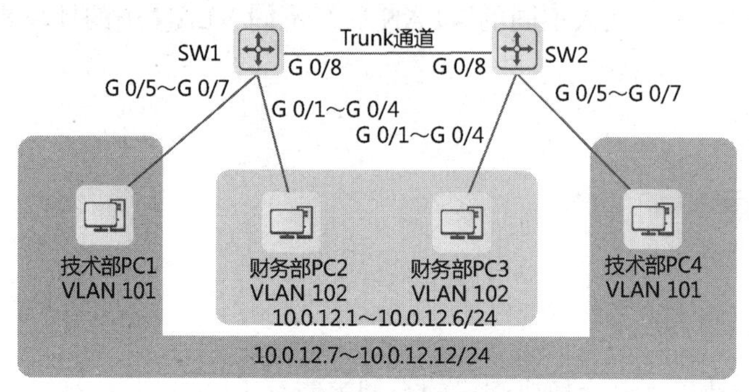

图 3-4　本实训项目的网络拓扑图

2．实训项目规划

根据本实训项目的相关描述和网络拓扑图，完成本实训项目的各个规划表。

（1）完成本实训项目的 VLAN 规划表，如表 3-4 所示。

表 3-4　本实训项目的 VLAN 规划表

VLAN ID	IP 地址段	用途

（2）完成本实训项目的端口规划表，如表 3-5 所示。

表 3-5　本实训项目的端口规划表

本端设备	本端端口	端口类型	所属 VLAN	对端设备	对端端口

（3）完成本实训项目的 IP 地址规划表，如表 3-6 所示。

表 3-6　本实训项目的 IP 地址规划表

设备	IP 地址

续表

设备	IP 地址

3．实训项目要求

（1）根据本实训项目的网络拓扑图及规划表，首先在交换机上为各部门创建相应的 VLAN 并配置 VLAN 的名称，然后将连接计算机的端口类型转换为 Access，最后配置端口的 VLAN，将端口划分到相应的 VLAN 中。

（2）将交换机的互联端口配置为 Trunk 端口，并且允许相应的 VLAN 通过。

（3）根据 IP 地址规划表，为各部门的计算机配置 IP 地址，使各部门的计算机之间可以互相通信。

（4）根据以上要求完成配置，执行以下验证命令，并且截图保存相关结果。

步骤 1：使用 Ping 命令测试各部门内部计算机之间的通信情况，如使用财务部计算机 Ping 本部门的计算机。

步骤 2：使用 Ping 命令测试不同部门计算机之间的通信情况，如使用财务部的计算机 Ping 技术部的计算机。

步骤 3：执行命令“show vlan”，查看 VLAN 的端口划分情况。

局域网互联篇

项目 4　基于直连路由实现技术部与商务部的网络互联

Jan16 公司新购置了一台路由器，将其作为公司各部门网络的网关设备。网络管理员小蔡负责对该路由器进行配置，用于实现各部门计算机的网络互联。因此，小蔡需要了解路由器的基础配置。

本项目的网络拓扑图如图 4-1 所示。

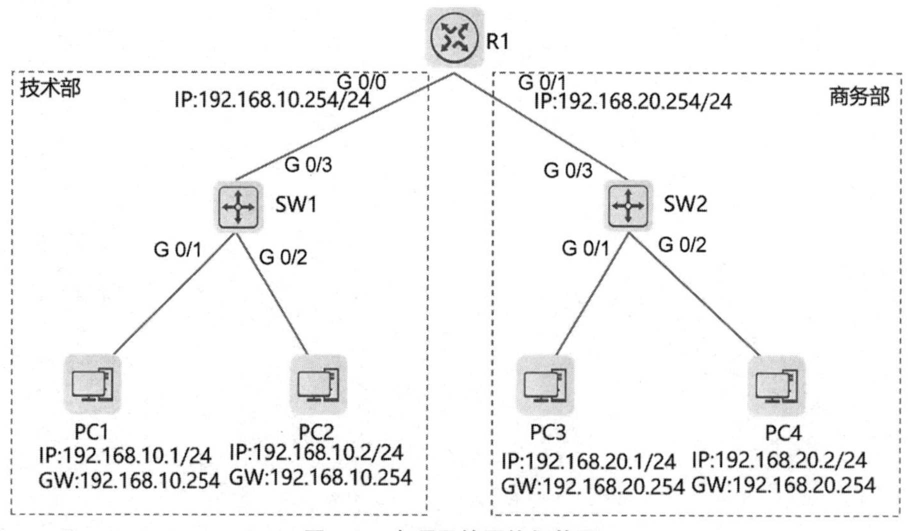

图 4-1　本项目的网络拓扑图

本项目的具体要求如下。

（1）为技术部与商务部的所有计算机配置 IP 地址及网关。

（2）为路由器的接口配置 IP 地址，并且将其作为各部门网络的网关。

（3）使用 show 命令查看路由器的基础信息。

4.1　路由、路由器及路由表

1. 路由

在网络通信中，路由（Route）是一个网络层的术语，作为名词，它是指从某个网络设备出发去往某个目标 IP 地址的路径；作为动词，它是指跨越一个从源主机到目标主机的网络转发数据包。

2. 路由器

路由器（Router）是执行路由动作的一种网络设备，它可以将数据包转发到正确的目标 IP 地址，并且在转发过程中选择最佳的路径。路由器工作在网络层。

3. 路由表

路由表（Routing Table）是若干条路由信息的集合体。在路由表中，一条路由信息又称为一个路由项或一个路由条目。路由器可以根据路由表中的路由条目进行路径选择。

4.2　路由器的工作原理

某公司的网络拓扑图如图 4-2 所示。路由器 R1 是该网络中正在运行的一台路由器，通过对网络设备进行配置，可以查看路由器 R1 的路由表。

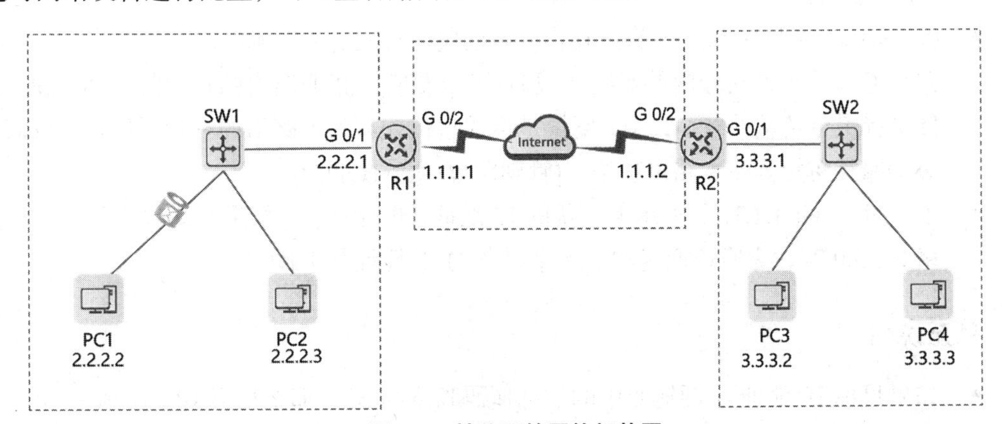

图 4-2　某公司的网络拓扑图

在路由器 R1 上执行命令“show ip route”，查看其路由表配置信息，配置命令如下。

```
R1(config)#show ip route
```

```
Codes:  C - Connected, L - Local, S - Static
        R - RIP, O - OSPF, B - BGP, I - IS-IS, V - Overflow route
        N1 - OSPF NSSA external type 1, N2 - OSPF NSSA external type 2
        E1 - OSPF external type 1, E2 - OSPF external type 2
        SU - IS-IS summary, L1 - IS-IS level-1, L2 - IS-IS level-2
        IA - Inter area, EV - BGP EVPN, A - Arp to host
        LA - Local aggregate route
        * - candidate default

Gateway of last resort is no set
C     1.1.1.0/24 is directly connected, GigabitEthernet 0/2
C     1.1.1.1/32 is local host.
C     2.2.2.0/24 is directly connected, GigabitEthernet 0/1
C     2.2.2.1/32 is local host.
S     3.3.3.0/24 [1/0] via 1.1.1.2
...
```

在该路由表中，基本组成条目有 4 项，分别是前缀、下一跳、管理距离、度量。

在路由表上方的 Codes 后面，会对路由表中各个路由项左侧的字母进行说明。这些字母主要用于指明相应的路由项是通过什么方式学习到的。例如，字母 C 表示直连路由连接着直连的网络；字母 S 表示静态路由，可以由网络管理员手动配置。

下面以路由项“S　3.3.3.0/24 [1/0] via 1.1.1.2”为例，说明路由项的 4 个要素。

- 前缀：在路由表上方的 Codes 后面，字母 S 对应的关键字是 Static，表示该路由是静态路由，即手动配置的路由，而不是通过其他路由协议学习到的路由。
- 目标网络：3.3.3.0/24 是目标网络，其 IP 地址是 3.3.3.0，子网掩码是 255.255.255.0（使用/24 表示）。
- [管理距离/度量]：对于非直连路由，数据包的转发需要明确标识下一跳的 IP 地址，并且通过置于方括号内的元组（[管理距离/度量]）指明路由的管理距离和度量，以便选择最佳传输路径。其中，度量是指通过优先权评价路由的一种手段。度量值越小，路径越短。在本路由项中，[管理距离/度量]是[1/0]。
- 下一跳：“via 1.1.1.2”表示下一跳的 IP 地址，也就是说，如果数据包要到达目标网络 3.3.3.0/24，它应该通过的下一个设备的 IP 地址是 1.1.1.2。

补充说明

- 如果目标 IP 地址/子网掩码中的子网掩码长度为 32，那么目标 IP 地址是一个主机接口地址，否则目标 IP 地址是一个网络地址。路由项的目标 IP 地址通常是网络地址（目标网络地址），主机接口地址是目标 IP 地址的一种特殊情况。
- 如果一个路由项下一跳的 IP 地址与出接口的 IP 地址相同，则说明目标网络和本地接口是一个直连网络（双方在同一个网络中）。

- 路由项下一跳的 IP 地址对应的主机接口与出接口一定位于同一个二层网络（二层广播域）中。

路由器是如何基于路由表进行转发工作的呢？下面以路由器 R1 的路由表为例进行说明。如果路由器接收到的 IP 数据包的目标 IP 地址为 3.3.3.0，那么这个 IP 数据包可以匹配路由项“S　3.3.3.0/24 [1/0] via 1.1.1.2”，因此路由器会根据该路由项，将该 IP 数据包转发至下一跳（IP 地址为 1.1.1.2）的设备。如果一个 IP 数据包同时匹配多个路由项，那么路由器会根据最长掩码匹配原则找出最优路由，并且根据最优路由进行 IP 数据包的转发。如果一个 IP 数据包没有匹配的路由项（包括默认路由），那么路由器会将该 IP 数据包丢弃。

4.3　路由协议的分类

路由器之间要互相通信，需要先通过路由协议互相学习，构建一个到达其他设备的路由表，再根据该路由表，实现 IP 数据包的转发。路由协议的常见分类如下。

根据不同的路由算法，可以将路由协议分为以下两种。

- 距离矢量路由协议：通过判断 IP 数据包从源主机到目标主机所经过的路由器的个数决定选择哪条路由。这类协议包括 RIP、BGP 等。
- 链路状态路由协议：不是根据路由器的数目选择路径，而是综合考虑从源主机到目标主机之间的各种情况（如带宽、延迟、可靠性、承载能力和最大传输单元等），选择一条最优路径。这类协议包括 OSPF、IS-IS 等。

根据不同的工作范围，可以将路由协议分为以下两种。

- 内部网关协议（IGP）：在一个自治系统内进行路由信息交换的路由协议，如 RIP、OSPF、IS-IS 等。
- 外部网关协议（EGP）：在不同的自治系统之间进行路由信息交换的路由协议，如 BGP。

根据手动配置或自动学习两种建立路由表的方式，可以将路由协议分为以下两种。

- 静态路由协议：由网络管理员手动配置路由器的路由信息。
- 动态路由协议：路由器自动学习路由信息，动态建立路由表。

4.4　直连路由

在启动网络设备后，当在设备上配置了接口的 IP 地址，并且接口状态为 up 时，设备的路由表中会出现直连路由。

当路由器 R1 的 G 0/1 接口的状态为 up 时，路由器 R1 可以根据 G 0/1 接口的 IP 地址 2.2.2.1/24 推断出 G 0/1 接口所在网络的网络地址为 2.2.2.0/24。因此，路由器 R1 会将 2.2.2.0/24 作为一个路由项写入自己的路由表。路由器 R1 的直连路由情况如下。

```
R1(config)#show ip route

Codes:  C - Connected, L - Local, S - Static
        R - RIP, O - OSPF, B - BGP, I - IS-IS, V - Overflow route
        N1 - OSPF NSSA external type 1, N2 - OSPF NSSA external type 2
        E1 - OSPF external type 1, E2 - OSPF external type 2
        SU - IS-IS summary, L1 - IS-IS level-1, L2 - IS-IS level-2
        IA - Inter area, EV - BGP EVPN, A - Arp to host
        LA - Local aggregate route
        * - candidate default

Gateway of last resort is no set
C     1.1.1.0/24 is directly connected, GigabitEthernet 0/2
C     1.1.1.1/32 is local host.
C     2.2.2.0/24 is directly connected, GigabitEthernet 0/1
C     2.2.2.1/32 is local host.
...
```

其中，“C　　2.2.2.0/24 is directly connected, GigabitEthernet 0/1”表示 2.2.2.0/24 是直连路由，其 Codes 属性为 C。类似地，路由器 R1 还会自动发现另一条直连路由 1.1.1.0/24。

项目规划

技术部使用的 IP 地址属于 192.168.10.0/24 网段，商务部使用的 IP 地址属于 192.168.20.0/24 网段，部门内的计算机之间可以直接进行通信，如果需要进行跨部门的网络通信，则需要将路由器接口的 IP 地址配置为各部门计算机的网关地址。

具体的配置步骤如下。

（1）配置路由器接口的 IP 地址，将其作为各部门计算机的网关地址。

（2）配置计算机的 IP 地址及网关，实现跨部门的网络通信。

本项目的端口规划表如表 4-1 所示，IP 地址规划表如表 4-2 所示。

表 4-1　本项目的端口规划表

本端设备	本端端口	对端设备	对端端口
SW1	G 0/1	PC1	—
SW1	G 0/2	PC2	—
SW1	G 0/3	R1	G 0/0
SW2	G 0/1	PC3	—
SW2	G 0/2	PC4	—
SW2	G 0/3	R1	G 0/1
R1	G 0/0	SW1	G 0/3
R1	G 0/1	SW2	G 0/3

表 **4-2**　本项目的 **IP** 地址规划表

设备	接口	IP 地址	网关
PC1	—	192.168.10.1/24	192.168.10.254
PC2	—	192.168.10.2/24	192.168.10.254
PC3	—	192.168.20.1/24	192.168.20.254
PC4	—	192.168.20.2/24	192.168.20.254
R1	G 0/0	192.168.10.254/24	—
R1	G 0/1	192.168.20.254/24	—

任务 4-1　配置路由器接口的 IP 地址

▶ 任务描述

根据本项目中的 IP 地址规划表，为路由器 R1 的接口配置 IP 地址。

▶ 任务实施

在路由器 R1 的接口上进行 IP 地址配置，在接口模式下，执行命令“ip address <*ip*> <*netmask*>”，可以为接口配置 IP 地址及子网掩码，配置命令如下。

```
Ruijie>enable                                    //进入特权模式
Ruijie#config                                    //进入全局模式
Ruijie(config)#hostname R1                       //将路由器名称修改为 R1
R1(config)#interface  gigabitEthernet 0/0        //进入 G 0/0 接口
R1(config-if-GigabitEthernet 0/0)# ip address 192.168.10.254 255.255.255.0
                       //配置 IP 地址为 192.168.10.254、子网掩码为 24 位
R1(config-if-GigabitEthernet 0/0)#exit
R1(config)#interface  gigabitEthernet 0/1
R1(config-if-GigabitEthernet 0/1)# ip address 192.168.20.254 255.255.255.0
```

▶ 任务验证

在路由器 R1 上执行命令“show ip interface brief”，查看其接口的 IP 地址配置信息，配置命令如下。

```
R1(config)#show ip interface brief
Interface              IP-Address(Pri)    IP-Address(Sec)  Status  Protocol
GigabitEthernet 0/0    192.168.10.254/24  no address       up      up
GigabitEthernet 0/1    192.168.20.254/24  no address       up      up
VLAN 1                 no address         no address       up      down
```

任务 4-2 配置计算机的 IP 地址及网关

▶ 任务描述

根据本项目中的 IP 地址规划表，为各台计算机配置 IP 地址。

▶ 任务实施

PC1 的 IP 地址配置如图 4-3 所示，同理，完成其他计算机的 IP 地址配置。

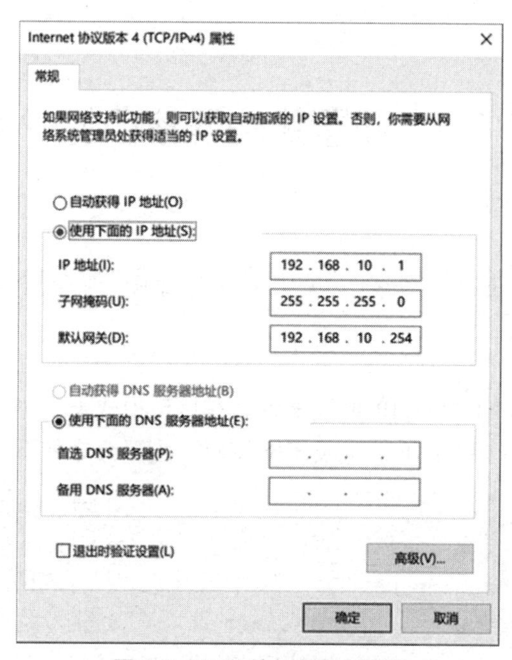

图 4-3 PC1 的 IP 地址配置

▶ 任务验证

（1）在 PC1 上执行命令“ipconfig”，查看其 IP 地址的配置信息，配置命令如下。

```
C:\Users\Administrator>ipconfig

本地连接:

   连接特定的 DNS 后缀 ................ :
   IPv4 地址 ........................ : 192.168.10.1(首选)
   子网掩码.......................... : 255.255.255.0
   默认网关.......................... : 192.168.10.254
```

可以看到，已经为 PC1 正确配置了 IP 地址和网关。

（2）在其他计算机上执行命令“ipconfig”，查看其 IP 地址的配置信息，确认是否已经为其正确配置了 IP 地址和网关。

项目验证

（1）使用 Ping 命令测试部门内计算机之间的通信情况。

使用技术部的 PC1 Ping 技术部的 PC2，配置命令如下。

```
C:\Users\Administrator>ping 192.168.10.2

正在 Ping 192.168.10.2 具有 32 字节的数据:
来自 192.168.10.2 的回复: 字节=32 时间=1ms TTL=64
来自 192.168.10.2 的回复: 字节=32 时间=5ms TTL=64
来自 192.168.10.2 的回复: 字节=32 时间=1ms TTL=64
来自 192.168.10.2 的回复: 字节=32 时间=1ms TTL=64

192.168.10.2 的 Ping 统计信息:
    数据包: 已发送 = 4，已接收 = 4，丢失 = 0 (0% 丢失)，
往返行程的估计时间(以毫秒为单位):
    最短 = 1ms，最长 = 5ms，平均 = 2ms
```

结果显示，在技术部内部，PC1 和 PC2 之间的通信正常。

（2）使用 Ping 命令测试跨部门的网络通信情况。

使用技术部的 PC1 Ping 商务部的 PC3，配置命令如下。

```
C:\Users\Administrator>ping 192.168.20.1

正在 Ping 192.168.20.1 具有 32 字节的数据:
来自 192.168.20.1 的回复: 字节=32 时间=1ms TTL=63
来自 192.168.20.1 的回复: 字节=32 时间=5ms TTL=63
来自 192.168.20.1 的回复: 字节=32 时间=1ms TTL=63
来自 192.168.20.1 的回复: 字节=32 时间=1ms TTL=63

192.168.20.1 的 Ping 统计信息:
    数据包: 已发送 = 4，已接收 = 4，丢失 = 0 (0% 丢失)，
往返行程的估计时间(以毫秒为单位):
    最短 = 1ms，最长 = 5ms，平均 = 2ms
```

结果显示，技术部的 PC1 和商务部的 PC3 通过路由器 R1 的直连路由实现了互相通信。TTL=63，表示经过了一次路由转发。

项目拓展

一、理论题

1．根据不同的路由算法，可以将路由协议分为（　　）类。

A．2　　B．3　　C．4　　D．5

2．在下列选项中，说法正确的是（　　）。

A．路由器（Router）是执行路由动作的一种网络设备，它能够将数据包转发到正确的目标 IP 地址，并且在转发过程中选择最佳的路径。路由器工作在数据链路层

B．在网络通信中，路由（Route）是一个网络层的术语，作为名词，它是指从某个网络设备出发去往某个目标 IP 地址的路径；作为动词，它是指跨越一个从目标主机到源主机的网络转发数据包

C．路由表（Routing Table）是若干条路由信息的集合体。在路由表中，一条路由信息又称为一个路由项或一个路由条目。路由器可以根据路由表中的路由条目进行路径选择

D．路由器之间只要互相通信和互相学习，就能根据路由表实现 IP 数据包的转发

3．路由表的组成不包括（　　）。

A．Destination　　B．Protocol

C．Tunnel ID　　D．Nexthop

二、项目实训题

1．实训项目描述

A 公司新购置了一台高级路由器，将其作为公司各部门网络的网关设备。网络管理员小陈负责对该路由器进行配置，用于实现研发部计算机和生产部计算机之间的互相通信。因此，小陈需要了解路由器的基础配置。

本实训项目的网络拓扑图如图 4-4 所示。

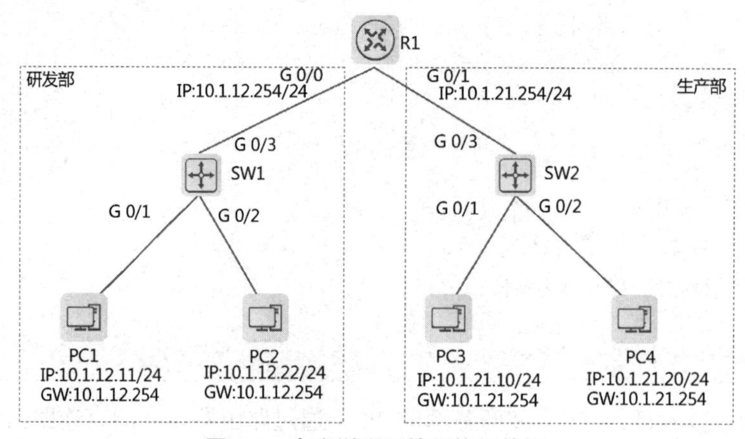

图 4-4　本实训项目的网络拓扑图

2．实训项目规划

根据本实训项目的相关描述和网络拓扑图，完成本实训项目的各个规划表。

（1）完成本实训项目的端口规划表，如表 4-3 所示。

表 4-3　本实训项目的端口规划表

本端设备	本端端口	对端设备	对端端口

（2）完成本实训项目的 IP 地址规划表，如表 4-4 所示。

表 4-4　本实训项目的 IP 地址规划表

设备	接口	IP 地址	网关

3．实训项目要求

（1）根据本实训项目的网络拓扑图及规划表，为研发部和生产部的所有计算机配置 IP 地址及网关。

（2）根据规划表完成路由器接口的 IP 地址配置，并且将其作为各部门的网关地址。

（3）根据以上要求完成配置，执行以下验证命令，并且截图保存相关结果。

步骤 1：在路由器 R1 上执行命令“show ip interface brief”，查看其接口的 IP 地址配置信息。

步骤 2：使用 Ping 命令测试各台计算机之间的通信情况。

项目 5　总部与分部基于静态路由协议的互联部署

项目描述

Jan16 公司有 3 个办公地点，分别为北京总部、上海分部和广州分部。3 个办公地点之间使用路由器互联。北京总部、上海分部、广州分部的路由器分别为 R1、R2、R3。公司要求为路由器配置静态路由，使所有计算机之间能够互相访问。

本项目的网络拓扑图如图 5-1 所示。

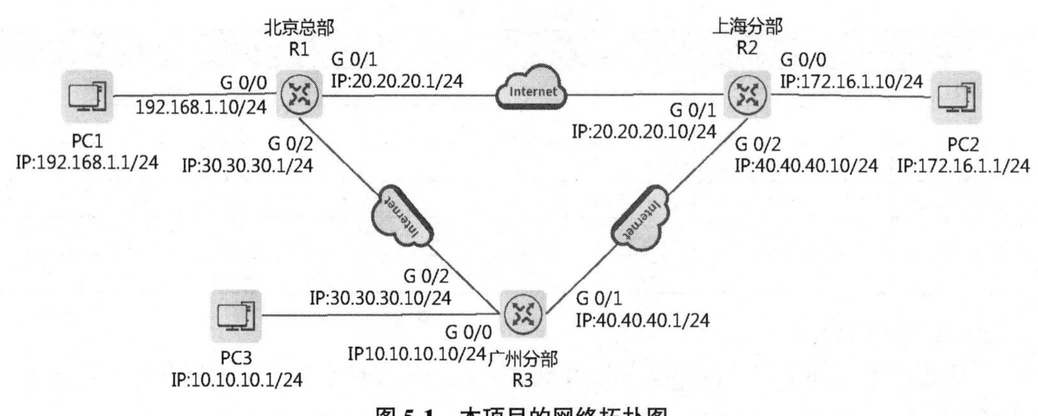

图 5-1　本项目的网络拓扑图

本项目的具体要求如下。

（1）路由器之间通过 VPN 互联。

（2）公司的 3 个办公地点之间通过静态路由互联。

（3）计算机、路由器的 IP 地址和接口信息可以参考本项目的网络拓扑图。

相关知识

网络规模的不断扩大，为路由的发展提供了良好的基础和广阔的平台。随着互联网对数据传输效率的要求越来越高，路由在网络通信过程中的作用也越来越重要。

5.1　路由表的生成与路由项

1. 路由表的 3 种来源

路由器的路由表中可能有很多个路由项，生成这些路由项的方式主要有 3 种：设备自动发现、手动配置和通过动态路由协议生成。我们将设备自动发现的路由项称为直连路由（Direct Route），将手动配置的路由项称为静态路由（Static Route），将网络设备通过运行动态路由协议生成的路由项称为动态路由（Dynamic Route）。

1）直连路由

在启动网络设备后，当在设备上配置了接口的 IP 地址，并且接口状态为 up 时，设备的路由表中会出现直连路由。

2）静态路由

静态路由的属性为 Static，它可以让路由器轻松地获取到达目标网络的路由。静态路由是由网络管理员在路由器上手动配置的。

某公司的网络拓扑图如图 5-2 所示。

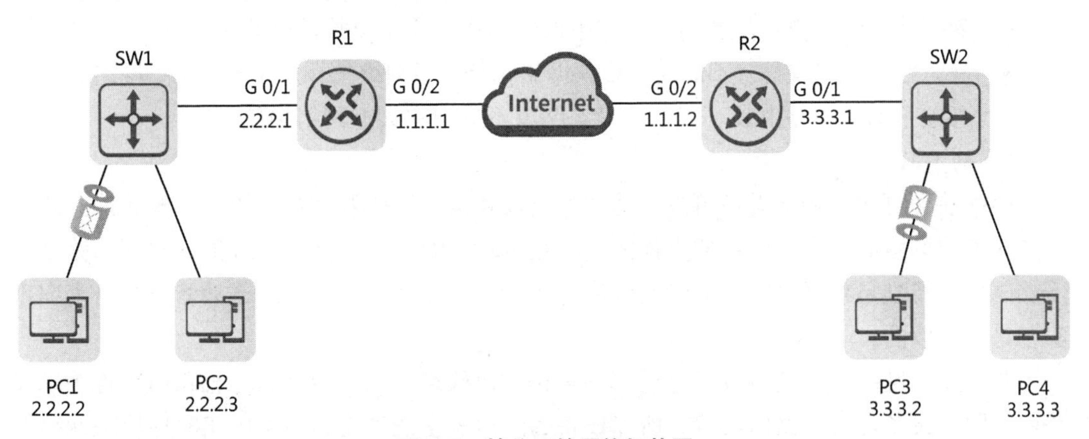

图 5-2　某公司的网络拓扑图

在图 5-2 中，路由器 R1 可以自动发现直连路由 1.1.1.0/24 和 2.2.2.0/24。在路由器 R1 上执行命令“show ip route”，查看其路由表配置信息，配置命令如下。

```
R1(config)#show ip route

Codes:  C - Connected, L - Local, S - Static
        R - RIP, O - OSPF, B - BGP, I - IS-IS, V - Overflow route
        N1 - OSPF NSSA external type 1, N2 - OSPF NSSA external type 2
        E1 - OSPF external type 1, E2 - OSPF external type 2
        SU - IS-IS summary, L1 - IS-IS level-1, L2 - IS-IS level-2
        IA - Inter area, EV - BGP EVPN, A - Arp to host
```

```
        LA - Local aggregate route
        * - candidate default

Gateway of last resort is no set
C     1.1.1.0/24 is directly connected, GigabitEthernet 0/2
C     1.1.1.1/32 is local host.
C     2.2.2.0/24 is directly connected, GigabitEthernet 0/1
C     2.2.2.1/32 is local host.
S     3.3.3.0/24 [1/0] via 1.1.1.2
```

在路由器 R1 的路由表中，除了自动发现的两条直连路由，还有一条静态路由。网络管理员可以在路由器 R1 上手动配置该静态路由。该静态路由的目标 IP 地址 / 子网掩码为 3.3.3.0/24，出接口为路由器 R1 的 G 0/2 接口，下一跳的 IP 地址为路由器 R2 的 G 0/2 接口的 IP 地址 1.1.1.2。在路由器 R1 上配置的这条静态路由是路由器 R1 通往路由器 R2 的路由信息。同理，网络管理员可以在路由器 R2 上手动配置一条去往 2.2.2.0/24 的静态路由，从而实现全网互通。

在构建和管理网络时，静态路由作为一种基础的路由机制，扮演着至关重要的角色。它基于预先配置的路由表转发 IP 数据包，具有特定的优势与局限性。

- 静态路由的优势：配置简单、路由器资源负载小、可控性强等。
- 静态路由的局限性：不能动态反映网络拓扑。当网络拓扑发生变化时，网络管理员必须手动修改路由表。因此，静态路由不适合在大型网络中使用。

3）*动态路由*

根据前文可知，网络设备可以自动学习直连路由，网络管理员可以通过配置静态路由添加非直连网络的路由。但在非直连网络的数量较多时，手动配置与维护这些网络路由项不够高效，特别是在网络发生故障或网络结构发生改变时，仅仅依靠手动修改路由表在现实中是不可取的。

事实上，网络设备还可以通过运行动态路由协议来获取路由项，这种路由项称为动态路由。因为设备运行了路由协议，所以设备的路由表中的动态路由可以实时地反映网络结构的变化。

2. 路由的优先级

路由器在通过不同的方式学习到同一个目标网络的多个路由项时，会根据路由的优先级进行路由选择。

我们会为不同来源的路由规定不同的优先级（Preference），并且规定优先级的值越小，路由的优先级越高。这样，当存在多条相同的目标路由时（来源不同），具有最高优先级的路由会被设置为最优路由，并且被加入路由表，而其他路由会处于未激活状态，不显示在路由表中。

设备中的路由优先级一般都具有默认值。不同厂家设备中的路由优先级的默认值可能不同。锐捷路由器中的部分路由类型与优先级的默认值之间的对应关系如表 5-1 所示。

表 5-1　锐捷路由器中的部分路由类型与优先级的默认值之间的对应关系

路由类型	优先级的默认值
直连路由	0
静态路由	1
OSPF 路由	110
RIP 路由	120
EBGP 路由	20
IBGP 路由	200

3. 路由的开销

路由的开销（Cost）是路由的一个重要属性。一条路由的开销是指到达该路由的目标 IP 地址/子网掩码需要付出的代价。如果同一种路由协议发现有多条路由可以到达同一个目标 IP 地址/子网掩码，则会优先选择开销最小的路由，即只将开销最小的路由加入该路由协议的路由表。

不同的路由协议对开销的具体定义是不同的，如 RIP 只能使用“跳数”（Hop Count）作为开销。跳数是指到达目标 IP 地址/子网掩码需要经过的路由器数量。

在同一种路由协议中发现有多条路由可以到达同一个目标 IP 地址/子网掩码时，如果这些路由的开销是相等的，那么这些路由称为等价路由。在这种情况下，等价路由都会被加入路由器的 RIP 路由表。如果 RIP 路由表中有两条路由能够优先进入 IP 路由表，那么一部分流量会根据第一条路由进行转发，另一部分流量会根据第二条路由进行转发，这种情况又称为负载分担（Load Balance）。

需要注意的是，因为不同的路由协议对开销的具体定义是不同的，所以在同一种路由协议内比较开销的大小才有意义，不同路由协议之间的路由开销没有可比性，也不存在换算关系。

项目规划

北京总部使用 192.168.1.0/24 网段，上海分部使用 172.16.1.0/24 网段，广州分部使用 10.10.10.0/24 网段，路由器 R1 与路由器 R2 之间使用 20.20.20.0/24 网段，路由器 R1 与路由器 R3 之间使用 30.30.30.0/24 网段，路由器 R2 与路由器 R3 之间使用 40.40.40.0/24 网段。在路由器上配置相应的静态路由，使所有计算机之间都可以互相访问。

具体的配置步骤如下。

（1）配置路由器接口的 IP 地址。

（2）配置静态路由。

（3）配置各台计算机的 IP 地址。

本项目的 IP 地址规划表如表 5-2 所示，端口规划表如表 5-3 所示，路由规划表如表 5-4 所示。

表 5-2　本项目的 IP 地址规划表

设备	接口	IP 地址	网关
R1	G 0/0	192.168.1.10/24	—
R1	G 0/1	20.20.20.1/24	—
R1	G 0/2	30.30.30.1/24	—
R2	G 0/0	172.16.1.10/24	—
R2	G 0/1	20.20.20.10/24	—
R2	G 0/2	40.40.40.10/24	—
R3	G 0/0	10.10.10.10/24	—
R3	G 0/1	40.40.40.1/24	—
R3	G 0/2	30.30.30.10/24	—
PC1	—	192.168.1.1/24	192.168.1.10
PC2	—	172.16.1.1/24	172.16.1.10
PC3	—	10.10.10.1/24	10.10.10.10

表 5-3　本项目的端口规划表

本端设备	本端端口	对端设备	对端端口
R1	G 0/0	PC1	—
R1	G 0/1	R2	G 0/1
R1	G 0/2	R3	G 0/2
R2	G 0/0	PC2	—
R2	G 0/1	R1	G 0/1
R2	G 0/2	R3	G 0/1
R3	G 0/0	PC3	—
R3	G 0/1	R2	G 0/2
R3	G 0/2	R1	G 0/2

表 5-4　本项目的路由规划表

路由器	目标网段	下一跳的 IP 地址
R1	172.16.1.0/24	20.20.20.10
R1	10.10.10.0/24	30.30.30.10
R2	192.168.1.0/24	20.20.20.1
R2	10.10.10.0/24	40.40.40.1
R3	192.168.1.0/24	30.30.30.1
R3	172.16.1.0/24	40.40.40.10

项目实施

任务 5-1　配置路由器接口的 IP 地址

扫一扫　看微课

▶ 任务描述

根据本项目的 IP 地址规划表，为各部门的路由器接口配置相应的 IP 地址。

▶ 任务实践

（1）为路由器 R1 的接口配置 IP 地址，配置命令如下。

```
Ruijie>enable                                         //进入特权模式
Ruijie#config                                         //进入全局模式
Ruijie(config)#hostname R1                            //将路由器名称修改为 R1
R1(config)#interface  gigabitEthernet 0/0             //进入 G 0/0 接口
R1(config-if-GigabitEthernet 0/0)#ip address 192.168.1.10 255.255.255.0
                        //配置 IP 地址为 192.168.1.10、子网掩码为 24 位
R1(config-if-GigabitEthernet 0/0)#exit
R1(config)#interface gigabitEthernet 0/1
R1(config-if-GigabitEthernet 0/1)#ip address 20.20.20.1 255.255.255.0
R1(config-if-GigabitEthernet 0/1)#exit
R1(config)#interface gigabitEthernet 0/2
R1(config-if-GigabitEthernet 0/2)#ip address 30.30.30.1 255.255.255.0
R1(config-if-GigabitEthernet 0/2)#exit
```

（2）为路由器 R2 的接口配置 IP 地址，配置命令如下。

```
Ruijie>enable
Ruijie#config
Ruijie(config)#hostname R2
R2(config)#interface gigabitEthernet 0/0
R2(config-if-GigabitEthernet 0/0)#ip address 172.16.1.10 255.255.255.0
R2(config-if-GigabitEthernet 0/0)#exit
R2(config)#interface gigabitEthernet 0/1
R2(config-if-GigabitEthernet 0/1)#ip address 20.20.20.10 255.255.255.0
R2(config-if-GigabitEthernet 0/1)#exit
R2(config)#interface gigabitEthernet 0/2
R2(config-if-GigabitEthernet 0/2)#ip address 40.40.40.10 255.255.255.0
R2(config-if-GigabitEthernet 0/2)#exit
```

（3）为路由器 R3 的接口配置 IP 地址，配置命令如下。

```
Ruijie>enable
Ruijie#config
Ruijie(config)#hostname R3
R3(config)#interface gigabitEthernet 0/0
R3(config-if-GigabitEthernet 0/0)#ip address 10.10.10.10 255.255.255.0
R3(config-if-GigabitEthernet 0/0)#exit
R3(config)#interface gigabitEthernet 0/1
R3(config-if-GigabitEthernet 0/1)#ip address 40.40.40.1 255.255.255.0
R3(config-if-GigabitEthernet 0/1)#exit
R3(config)#interface gigabitEthernet 0/2
```

```
R3(config-if-GigabitEthernet 0/2)#ip address 30.30.30.10 255.255.255.0
R3(config-if-GigabitEthernet 0/2)#exit
```

▶ 任务验证

（1）在路由器 R1 上执行命令“show ip interface brief”，查看其接口的 IP 地址配置信息，配置命令如下。

```
R1(config)#show ip interface brief
Interface            IP-Address(Pri)  IP-Address(Sec) Status  Protocol
GigabitEthernet 0/0  192.168.1.10/24  no address      up      up
GigabitEthernet 0/1  20.20.20.1/24    no address      up      up
GigabitEthernet 0/2  30.30.30.1/24    no address      up      up
VLAN 1               no address       no address      up      down
```

可以看到，已经在路由器 R1 的接口上正确配置了 IP 地址。

（2）在路由器 R2 上执行命令“show ip interface brief”，查看其接口的 IP 地址配置信息，配置命令如下。

```
R2(config)#show ip interface brief
Interface            IP-Address(Pri)  IP-Address(Sec)  Status  Protocol
GigabitEthernet 0/0  172.16.1.10/24   no address       up      up
GigabitEthernet 0/1  20.20.20.10/24   no address       up      up
GigabitEthernet 0/2  40.40.40.10/24   no address       up      up
VLAN 1               no address       no address       up      down
```

可以看到，已经在路由器 R2 的接口上正确配置了 IP 地址。

（3）在路由器 R3 上执行命令“show ip interface brief”，查看其接口的 IP 地址配置信息，配置命令如下。

```
R3(config)#show ip interface brief
Interface            IP-Address(Pri)  IP-Address(Sec) Status  Protocol
GigabitEthernet 0/0  10.10.10.10/24   no address       up     up
GigabitEthernet 0/1  40.40.40.1/24    no address       up     up
GigabitEthernet 0/2  30.30.30.10/24   no address       up     up
VLAN 1               no address       no address       up     down
```

可以看到，已经在路由器 R3 的接口上正确配置了 IP 地址。

任务 5-2　配置静态路由

扫一扫 看微课

▶ 任务描述

根据本项目中的路由规划表，为 3 台路由器配置相应的静态路由。

▶ 任务实施

（1）在路由器 R1 上配置目标网段为 PC2 所在网段的静态路由。

在路由器上配置静态路由时，需要先进入全局模式，再执行命令“ip route *network netmask* {*ip-address* | *interface*} [*distance*]”，其中，“*network netmask*”表示目标网段；“*ip-address*”表示下一跳的 IP 地址。具体的配置命令如下。

```
R1(config)#ip route 172.16.1.0 255.255.255.0 20.20.20.10
                          //配置静态路由，指定下一跳的 IP 地址为 20.20.20.10
```

（2）采用相同的方法，在路由器 R1 上配置目标网段为 PC3 所在网段的静态路由，配置命令如下。

```
R1(config)#ip route 10.10.10.0 255.255.255.0 30.30.30.10
```

（3）采取相同的方法，在路由器 R2 上配置目标网段为 PC1、PC3 所在网段的静态路由，配置命令如下。

```
R2(config)#ip route 192.168.1.0 255.255.255.0 20.20.20.1
R2(config)#ip route 10.10.10.0 255.255.255.0 40.40.40.1
```

（4）采取相同的方法，在路由器 R3 上配置目标网段为 PC1、PC2 所在网段的静态路由，配置命令如下。

```
R3(config)#ip route 192.168.1.0 255.255.255.0 30.30.30.1
R3(config)#ip route 172.16.1.0 255.255.255.0 40.40.40.10
```

▶ 任务验证

（1）在路由器 R1 上执行命令“show ip route”，查看其路由表配置信息，配置命令如下。

```
R1(config)#show ip route

Codes:  C - Connected, L - Local, S - Static
        R - RIP, O - OSPF, B - BGP, I - IS-IS, V - Overflow route
        N1 - OSPF NSSA external type 1, N2 - OSPF NSSA external type 2
        E1 - OSPF external type 1, E2 - OSPF external type 2
        SU - IS-IS summary, L1 - IS-IS level-1, L2 - IS-IS level-2
        IA - Inter area, EV - BGP EVPN, A - Arp to host
        LA - Local aggregate route
        * - candidate default

Gateway of last resort is no set
S     10.10.10.0/24 [1/0] via 30.30.30.10
C     20.20.20.0/24 is directly connected, GigabitEthernet 0/1
```

```
C     20.20.20.1/32 is local host.
C     30.30.30.0/24 is directly connected, GigabitEthernet 0/2
C     30.30.30.1/32 is local host.
S     172.16.1.0/24 [1/0] via 20.20.20.10
C     192.168.1.0/24 is directly connected, GigabitEthernet 0/0
C     192.168.1.10/32 is local host.
```

可以看到，路由器 R1 上已经正确配置了 2 条静态路由。

（2）在路由器 R2 上执行命令“show ip route”，查看其路由表配置信息，配置命令如下。

```
R2(config)#show ip route

Codes:  C - Connected, L - Local, S - Static
        R - RIP, O - OSPF, B - BGP, I - IS-IS, V - Overflow route
        N1 - OSPF NSSA external type 1, N2 - OSPF NSSA external type 2
        E1 - OSPF external type 1, E2 - OSPF external type 2
        SU - IS-IS summary, L1 - IS-IS level-1, L2 - IS-IS level-2
        IA - Inter area, EV - BGP EVPN, A - Arp to host
        LA - Local aggregate route
        * - candidate default

Gateway of last resort is no set
S     10.10.10.0/24 [1/0] via 40.40.40.1
C     20.20.20.0/24 is directly connected, GigabitEthernet 0/1
C     20.20.20.10/32 is local host.
C     40.40.40.0/24 is directly connected, GigabitEthernet 0/2
C     40.40.40.10/32 is local host.
C     172.16.1.0/24 is directly connected, GigabitEthernet 0/0
C     172.16.1.10/32 is local host.
S     192.168.1.0/24 [1/0] via 20.20.20.1
```

可以看到，路由器 R2 上已经正确配置了 2 条静态路由。

（3）在路由器 R3 上执行命令“show ip route”，查看其路由表配置信息，配置命令如下。

```
R3(config)#show ip route

Codes:  C - Connected, L - Local, S - Static
        R - RIP, O - OSPF, B - BGP, I - IS-IS, V - Overflow route
        N1 - OSPF NSSA external type 1, N2 - OSPF NSSA external type 2
        E1 - OSPF external type 1, E2 - OSPF external type 2
        SU - IS-IS summary, L1 - IS-IS level-1, L2 - IS-IS level-2
        IA - Inter area, EV - BGP EVPN, A - Arp to host
```

```
        LA - Local aggregate route
        * - candidate default

Gateway of last resort is no set
C     10.10.10.0/24 is directly connected, GigabitEthernet 0/0
C     10.10.10.10/32 is local host.
C     30.30.30.0/24 is directly connected, GigabitEthernet 0/2
C     30.30.30.10/32 is local host.
C     40.40.40.0/24 is directly connected, GigabitEthernet 0/1
C     40.40.40.1/32 is local host.
S     172.16.1.0/24 [1/0] via 40.40.40.10
S     192.168.1.0/24 [1/0] via 30.30.30.1
```

可以看到，路由器 R3 上已经正确配置了 2 条静态路由。

任务 5-3　配置各台计算机的 IP 地址

▶ 任务描述

按照本项目的 IP 地址规划表，为各台计算机配置 IP 地址。

▶ 任务实施

PC1 和 PC2 的 IP 地址配置分别如图 5-3 和图 5-4 所示，同理，完成其他计算机的 IP 地址配置。

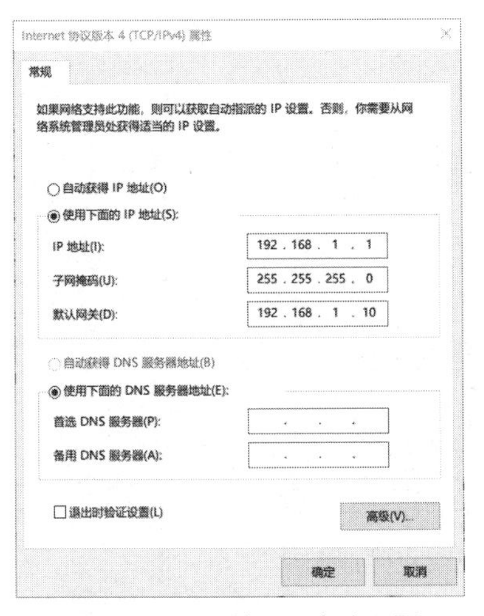

图 5-3　**PC1 的 IP 地址配置**

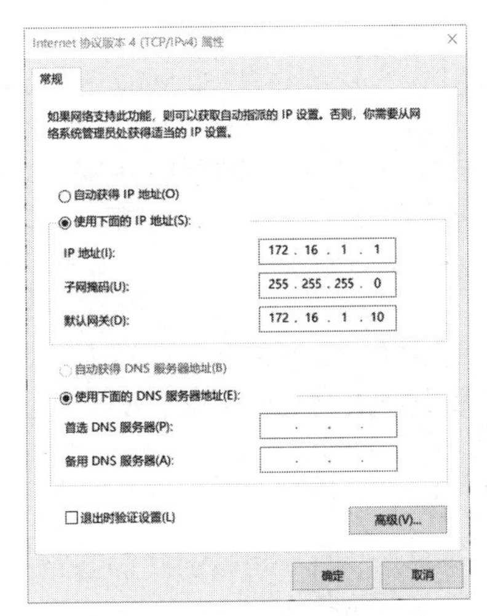

图 5-4　**PC2 的 IP 地址配置**

▶ 任务验证

（1）在 PC1 上执行命令“ipconfig /all”，查看 PC1 的所有网络配置，配置命令如下。

```
C:\Users\Administrator>ipconfig /all

本地连接:

   连接特定的 DNS 后缀 ............:
   描述 ..........................: Realtek USB GbE Family Controller
   物理地址.......................: 54-89-98-CA-03-58
   DHCP 已启用 ...................: 否
   自动配置已启用.................: 是
   IPv4 地址 .....................: 192.168.1.1(首选)
   子网掩码.......................: 255.255.255.0
   默认网关.......................: 192.168.1.10
   TCPIP 上的 NetBIOS ............: 已启用
```

可以看到，已经为 PC1 正确配置了 IP 地址。

（2）在其他计算机上执行命令“ipconfig /all”，查看其所有网络配置，确认已经为其正确配置了 IP 地址。

扫一扫 看微课

项目验证

（1）使用 PC1 Ping PC2，配置命令如下。

```
C:\Users\Administrator>ping 172.16.1.1

正在 Ping 172.16.1.1 具有 32 字节的数据:
来自 172.16.1.1 的回复: 字节=32 时间=1ms TTL=62
来自 172.16.1.1 的回复: 字节=32 时间=5ms TTL=62
来自 172.16.1.1 的回复: 字节=32 时间=1ms TTL=62
来自 172.16.1.1 的回复: 字节=32 时间=1ms TTL=62

172.16.1.1 的 Ping 统计信息:
    数据包: 已发送 = 4，已接收 = 4，丢失 = 0 (0% 丢失)，
往返行程的估计时间(以毫秒为单位):
    最短 = 1ms，最长 = 5ms，平均 = 2ms
```

结果显示，PC1 可以通过静态路由（2 跳）与 PC2 进行通信。

（2）使用 PC1 Ping PC3，配置命令如下。

```
C:\Users\Administrator>ping 10.10.10.1

正在 Ping 10.10.10.1 具有 32 字节的数据:
```

```
来自 10.10.10.1 的回复: 字节=32 时间=1ms TTL=62
来自 10.10.10.1 的回复: 字节=32 时间=5ms TTL=62
来自 10.10.10.1 的回复: 字节=32 时间=1ms TTL=62
来自 10.10.10.1 的回复: 字节=32 时间=1ms TTL=62

10.10.10.1 的 Ping 统计信息:
    数据包: 已发送 = 4，已接收 = 4，丢失 = 0 (0% 丢失)，
往返行程的估计时间(以毫秒为单位):
    最短 = 1ms，最长 = 5ms，平均 = 2ms
```

结果显示，PC1 可以通过静态路由（2 跳）与 PC3 进行通信。

项目拓展

一、理论题

1.（多选）路由表中的路由来源包括（　　）。

A．直连路由　　B．静态路由　　C．动态路由　　D．手动路由

2．不同类型的路由具有不同的优先级，直连路由的优先级默认值和静态路由的优先级默认值分别为（　　）。

A．0，1　　B．1，0　　C．1，100　　D．0，100

3．在动态路由协议和静态路由协议中，（　　）的开销更大。

A．动态路由协议　　B．静态路由协议　　C．开销一样　　D．均无开销

4．关于以下配置命令，描述正确的是（　　）。

```
ip route 192.168.10.0 255.255.255.0 20.1.1.1
```

A．该命令配置了一条到达 20.1.1.1 网络的路由

B．该命令配置了一条到达 192.168.10.0 网络的路由

C．该路由的优先级为 100

D．该命令配置的路由项的子网掩码为 22 位

二、项目实训题

1．实训项目描述

Jan16 公司有 3 个办公地点，分别为广州总部、重庆分部和深圳分部。3 个办公地点之间使用路由器互联。广州总部、重庆分部、深圳分部的路由器分别为 R1、R2、R3。公司要求为路由器配置静态路由，使所有计算机之间能够互相访问。

本实训项目的网络拓扑图如图 5-5 所示。

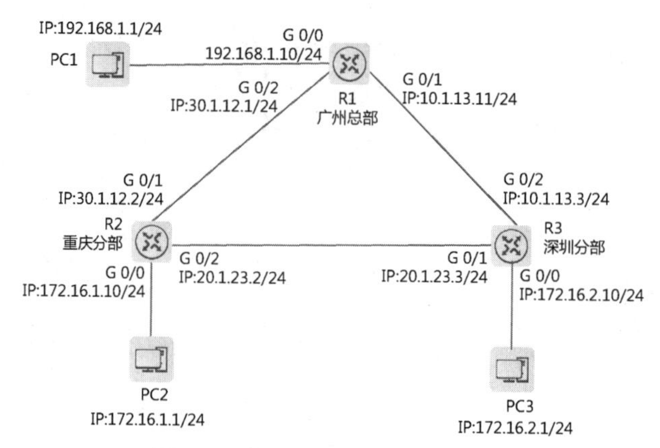

图 5-5　本实训项目的网络拓扑图

2．实训项目规划

根据本实训项目的相关描述和网络拓扑图，完成本实训项目的各个规划表。

（1）完成本实训项目的 IP 地址规划表，如表 5-5 所示。

表 5-5　本实训项目的 IP 地址规划表

设备	接口	IP 地址	网关

（2）完成本实训项目的端口规划表，如表 5-6 所示。

表 5-6　本实训项目的端口规划表

本端设备	本端端口	对端设备	对端端口

（3）完成本实训项目的路由规划表，如表 5-7 所示。

表 5-7　本实训项目的路由规划表

路由器	目标网段	下一跳的 IP 地址

3．实训项目要求

（1）根据本实训项目的网络拓扑图及规划表，为各台路由器的接口配置相应的 IP 地址。

（2）根据本实训项目的网络拓扑图及规划表，配置各台计算机的 IP 地址。

（3）根据本实训项目的路由规划表，为 3 台路由器配置静态路由，实现 3 个办公地点之间的网络互联。

（4）根据以上要求完成配置，执行以下验证命令，并且截图保存相关结果。

步骤 1：在各台路由器上执行命令“show ip interface brief”，查看其接口的 IP 地址配置信息。

步骤 2：在各台计算机上执行命令“ipconfig /all”，查看其所有网络配置，确认已经为其正确配置了 IP 地址。

步骤 3：在各台路由器上执行命令“show ip route”，查看其路由表配置信息，确认已经为其正确配置了静态路由。

步骤 4：使用 Ping 命令测试各台计算机之间的连通性。

项目 6　总部与分部基于默认路由和浮动路由协议的高可用互联部署

Jan16 公司有 2 个办公地点，分别为北京总部和上海分部。北京总部与上海分部之间使用路由器互联。北京总部、上海分部的路由器分别为 R1、R2。公司要求为路由器配置默认路由和浮动路由，提高链路的可用性，使所有计算机之间能够互相访问。

本项目的网络拓扑图如图 6-1 所示。

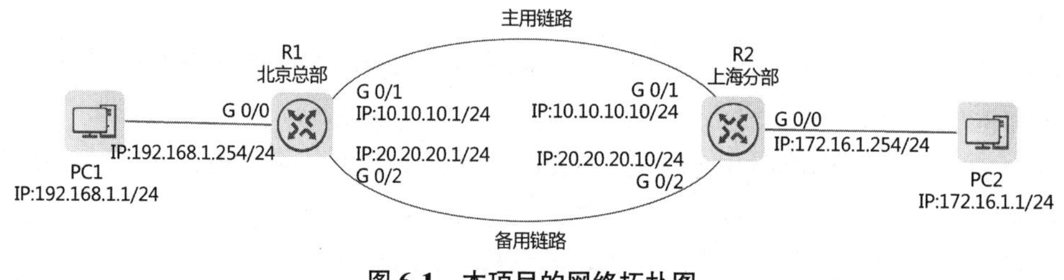

图 6-1　本项目的网络拓扑图

本项目的具体要求如下。

（1）路由器之间通过 VPN 互联，北京总部通常使用主用链路与上海分部互联。

（2）配置浮动路由，确保在北京总部与上海分部之间互联的主用链路断开时，可以通过备份链路互联。

（3）计算机、路由器的 IP 地址和接口信息可以参考本项目的网络拓扑图。

6.1　默认路由概述

我们将目标 IP 地址/子网掩码为 0.0.0.0/0 的路由称为默认路由。计算机或路由器的路由表中可能存在默认路由，也可能不存在默认路由。如果网络设备的路由表中存在默认路由，那么当一个待发送或待转发的 IP 数据包不能匹配路由表中的任何非默认路由时，会根据默认路由进行发送或转发；如果网络设备的路由表中不存在默认路由，那么当一个待发送或待转发的 IP 数据包不能匹配路由表中的任何路由时，该 IP 数据包会直接被丢弃。

6.2　浮动路由的典型应用

1. 浮动路由的概念

浮动路由又称为浮动静态路由，是一种特定的路由策略，该策略通过设置多条目标网络相同、但管理距离不同的静态路由实现其功能。在网络正常运作期间，网络设备会优先选择管理距离最短的静态路由作为最佳路径。然而，如果该静态路由因某些因素失效，那么网络设备会迅速切换至管理距离次短的静态路由，以便保障网络的持续运作与可靠性。因此，浮动路由通过实现自动化的路由切换机制，可以有效提升网络的稳定性和可靠性。

2. 负载均衡的概念

当有多条可选路径前往同一个目标网络时，可以通过配置具有相同管理距离和开销的静态路由，实现负载均衡，使传输的数据均衡地分配到多条路径上，从而实现数据分流，减轻单条路径上的负载。而当其中一条路径失效时，其他路径仍然能够正常传输数据。只有在负载均衡的情况下，路由器的路由表中才会同时显示两条去往同一个目标网络的路由项。

项目规划

北京总部使用 192.168.1.0/24 网段，上海分部使用 172.16.1.0/24 网段，路由器 R1 与 R2 之间的主用链路使用 10.10.10.0/24 网段，备用链路使用 20.20.20.0/24 网段，并且在路由器上配置相应的默认路由及浮动路由，从而使北京总部的计算机与上海分部的计算机之间可以互相通信。

具体的配置步骤如下。

（1）配置路由器接口的 IP 地址。

（2）为路由器 R1、R2 配置默认路由。

（3）为路由器 R1、R2 配置浮动路由。

（4）配置各台计算机的 IP 地址。

本项目的 IP 地址规划表如表 6-1 所示，接口规划表如表 6-2 所示，路由规划表如表 6-3 所示。

表 6-1　本项目的 IP 地址规划表

设备	接口	IP 地址	网关
R1	G 0/0	192.168.1.254/24	—

续表

设备	接口	IP 地址	网关
R1	G 0/1	10.10.10.1/24	—
R1	G 0/2	20.20.20.1/24	—
R2	G 0/0	172.16.1.254/24	—
R2	G 0/1	10.10.10.10/24	—
R2	G 0/2	20.20.20.10/24	—
PC1	—	192.168.1.1/24	192.168.1.254
PC2	—	172.16.1.1/24	172.16.1.254

表 6-2　本项目的接口规划表

本端设备	本端接口	对端设备	对端接口
R1	G 0/0	PC1	—
R1	G 0/1	R2	G 0/1
R1	G 0/2	R2	G 0/2
R2	G 0/0	PC2	—
R2	G 0/1	R1	G 0/1
R2	G 0/2	R1	G 0/2
PC1	—	R1	G 0/0
PC2	—	R2	G 0/0

表 6-3　本项目的路由规划表

路由器	目标网段	管理距离	下一跳的 IP 地址
R1	0.0.0.0/0	1（默认）	10.10.10.10
R1	0.0.0.0/0	10	20.20.20.10
R2	0.0.0.0/0	1（默认）	10.10.10.1
R2	0.0.0.0/0	10	20.20.20.1

任务 6-1　配置路由器接口的 IP 地址

▶ 任务描述

根据本项目的 IP 地址规划表，为路由器 R1、R2 的接口配置 IP 地址。

▶ 任务实施

（1）为路由器 R1 的接口配置 IP 地址，配置命令如下。

```
Ruijie>enable                                   //进入特权模式
Ruijie#config                                   //进入全局模式
```

```
Ruijie(config)#hostname R1                    //将路由器名称修改为 R1
R1(config)#interface GigabitEthernet 0/0     //进入 G 0/0 接口
R1(config-if-GigabitEthernet 0/0)#ip address 192.168.1.254 24
                              //配置 IP 地址为 192.168.1.254、子网掩码为 24 位
R1(config-if-GigabitEthernet 0/0)#exit
R1(config)#interface GigabitEthernet 0/1
R1(config-if-GigabitEthernet 0/1)#ip address 10.10.10.1 255.255.255.0
R1(config-if-GigabitEthernet 0/1)#exit
R1(config)#interface GigabitEthernet 0/2
R1(config-if-GigabitEthernet 0/2)#ip address 20.20.20.1 24
```

（2）为路由器 R2 的接口配置 IP 地址，配置命令如下。

```
Ruijie>enable
Ruijie#config
Ruijie(config)#hostname R2
R2(config)#interface GigabitEthernet 0/0
R2(config-if-GigabitEthernet 0/0)#ip address 172.16.1.254 24
R2(config-if-GigabitEthernet 0/0)#exit
R2(config)#interface GigabitEthernet 0/1
R2(config-if-GigabitEthernet 0/1)#ip address 10.10.10.10 24
R2(config-if-GigabitEthernet 0/1)#exit
R2(config)#interface GigabitEthernet 0/2
R2(config-if-GigabitEthernet 0/2)#ip address 20.20.20.10 255.255.255.0
```

▶ 任务验证

（1）在路由器 R1 上执行命令“show ip interface brief”，查看其接口的 IP 地址配置信息，配置命令如下。

```
R1(config)#show ip interface brief
Interface             IP-Address(Pri)     IP-Address(Sec)   Status  Protocol
GigabitEthernet 0/0   192.168.1.254/24    no address        up      up
GigabitEthernet 0/1   10.10.10.1/24       no address        up      up
GigabitEthernet 0/2   20.20.20.1/24       no address        up      up
VLAN 1                no address          no address        up      down
```

可以看到，已经为路由器 R1 的接口正确配置了 IP 地址。

（2）在路由器 R2 上执行命令“show ip interface brief”，查看其接口的 IP 地址配置信息，配置命令如下。

```
R2(config)#show ip interface brief
Interface             IP-Address(Pri)     IP-Address(Sec)   Status  Protocol
GigabitEthernet 0/0   172.16.1.254/24     no address        up      up
GigabitEthernet 0/1   10.10.10.10/24      no address        up      up
```

```
GigabitEthernet 0/2  20.20.20.10/24     no address      up     up
VLAN 1               no address         no address      up     down
```

可以看到，已经为路由器 R2 的接口正确配置了 IP 地址。

任务 6-2　为路由器 R1、R2 配置默认路由

▶ 任务描述

根据本项目的路由规划表，为路由器 R1、R2 配置默认路由。

▶ 任务实施

（1）在路由器 R1 上配置默认路由，配置命令如下。

```
R1(config)#ip route 0.0.0.0 0.0.0.0 10.10.10.10
                                //配置默认路由，指定下一跳的 IP 地址为 10.10.10.10
```

（2）在路由器 R2 上配置默认路由，配置命令如下。

```
R2(config)#ip route 0.0.0.0 0.0.0.0 10.10.10.1
```

▶ 任务验证

（1）在路由器 R1 上执行命令“show ip route”，查看其路由表配置信息，配置命令如下。

```
R1(config)#show ip route

Codes:  C - Connected, L - Local, S - Static
        R - RIP, O - OSPF, B - BGP, I - IS-IS, V - Overflow route
        N1 - OSPF NSSA external type 1, N2 - OSPF NSSA external type 2
        E1 - OSPF external type 1, E2 - OSPF external type 2
        SU - IS-IS summary, L1 - IS-IS level-1, L2 - IS-IS level-2
        IA - Inter area, EV - BGP EVPN, A - Arp to host
        LA - Local aggregate route
        * - candidate default

Gateway of last resort is 10.10.10.10 to network 0.0.0.0
S*    0.0.0.0/0 [1/0] via 10.10.10.10
C     10.10.10.0/24 is directly connected, GigabitEthernet 0/1
C     10.10.10.1/32 is local host.
C     20.20.20.0/24 is directly connected, GigabitEthernet 0/2
```

可以看到，路由器 R1 上配置的默认路由已经生效了。

（2）在路由器 R2 上执行命令“show ip route”，查看其路由表配置信息，配置命令如下。

```
R2(config)#show ip route

Codes:  C - Connected, L - Local, S - Static
        R - RIP, O - OSPF, B - BGP, I - IS-IS, V - Overflow route
        N1 - OSPF NSSA external type 1, N2 - OSPF NSSA external type 2
        E1 - OSPF external type 1, E2 - OSPF external type 2
        SU - IS-IS summary, L1 - IS-IS level-1, L2 - IS-IS level-2
        IA - Inter area, EV - BGP EVPN, A - Arp to host
        LA - Local aggregate route
        * - candidate default

Gateway of last resort is 10.10.10.1 to network 0.0.0.0
S*    0.0.0.0/0 [1/0] via 10.10.10.1
C     10.10.10.0/24 is directly connected, GigabitEthernet 0/1
C     10.10.10.10/32 is local host.
C     20.20.20.0/24 is directly connected, GigabitEthernet 0/2
```

可以看到，路由器 R2 上配置的默认路由已经生效了。

任务 6-3　为路由器 R1、R2 配置浮动路由

▶ 任务描述

根据本项目的路由规划表，为路由器 R1、R2 配置浮动路由，并且将路由的管理距离配置为 10。

▶ 任务实施

（1）在路由器 R1 上配置浮动路由。

在路由器上配置浮动路由时，需要先进入特权模式，再执行命令“ip route *network netmask* {*ip-address* | *interface*} [*distance*]”，其中，“[*distance*]”表示路由的管理距离。具体的配置命令如下。

```
R1(config)#ip route 0.0.0.0 0.0.0.0 20.20.20.10 10
                    //配置浮动路由，指定下一跳的 IP 地址为 20.20.20.10、路由的管理距离为 10
```

（2）采用相同的方法，在路由器 R2 上配置浮动路由，配置命令如下。

```
R2(config)#ip route 0.0.0.0 0.0.0.0 20.20.20.1 10
```

▶ 任务验证

（1）在路由器 R1 上执行命令“show ip route”，查看其路由表配置信息，配置命令如下。

```
R1(config)#show ip route
```

```
Codes:  C - Connected, L - Local, S - Static
        R - RIP, O - OSPF, B - BGP, I - IS-IS, V - Overflow route
        N1 - OSPF NSSA external type 1, N2 - OSPF NSSA external type 2
        E1 - OSPF external type 1, E2 - OSPF external type 2
        SU - IS-IS summary, L1 - IS-IS level-1, L2 - IS-IS level-2
        IA - Inter area, EV - BGP EVPN, A - Arp to host
        LA - Local aggregate route
        * - candidate default

Gateway of last resort is 10.10.10.10 to network 0.0.0.0
S     0.0.0.0/0 [1/0] via 10.10.10.10
C     10.10.10.0/24 is directly connected, GigabitEthernet 0/1
C     10.10.10.1/32 is local host.
C     20.20.20.0/24 is directly connected, GigabitEthernet 0/2
C     20.20.20.1/32 is local host.
C     192.168.1.0/24 is directly connected, GigabitEthernet 0/0
C     192.168.1.254/32 is local host.
R1(config)#
```

因为静态路由默认的管理距离为 1，路由表中优先显示管理距离短的路由项，所以路由表中没有显示浮动路由。

（2）在路由器 R2 上执行命令“show ip route”，查看其路由表配置信息，配置命令如下。

```
R2(config)#show ip route

Codes:  C - Connected, L - Local, S - Static
        R - RIP, O - OSPF, B - BGP, I - IS-IS, V - Overflow route
        N1 - OSPF NSSA external type 1, N2 - OSPF NSSA external type 2
        E1 - OSPF external type 1, E2 - OSPF external type 2
        SU - IS-IS summary, L1 - IS-IS level-1, L2 - IS-IS level-2
        IA - Inter area, EV - BGP EVPN, A - Arp to host
        LA - Local aggregate route
        * - candidate default

Gateway of last resort is 10.10.10.1 to network 0.0.0.0
S     0.0.0.0/0 [1/0] via 10.10.10.1
C     10.10.10.0/24 is directly connected, GigabitEthernet 0/1
C     10.10.10.10/32 is local host.
C     20.20.20.0/24 is directly connected, GigabitEthernet 0/2
C     20.20.20.10/32 is local host.
C     172.16.1.0/24 is directly connected, GigabitEthernet 0/0
```

```
C      172.16.1.254/32 is local host.
R2(config)#
```

因为静态路由默认的管理距离为 1，路由表中优先显示管理距离短的路由项，所以路由表中没有显示浮动路由。

任务 6-4　配置各台计算机的 IP 地址

▶ 任务描述

根据本项目的 IP 地址规划表，为两台计算机配置相应的 IP 地址。

▶ 任务实施

PC1 的 IP 地址配置如图 6-2 所示，PC2 的 IP 地址配置如图 6-3 所示。

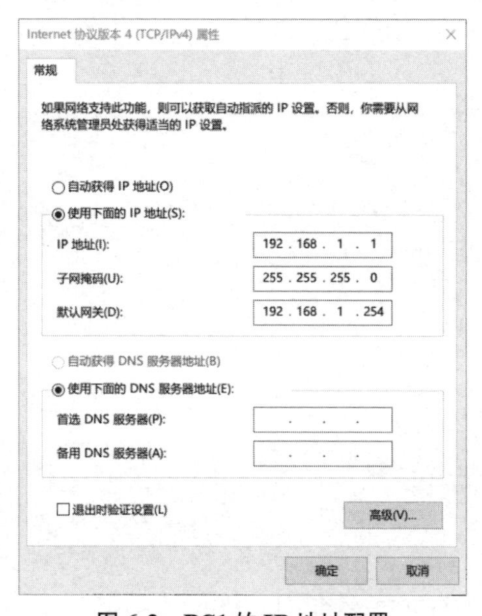

图 6-2　PC1 的 IP 地址配置

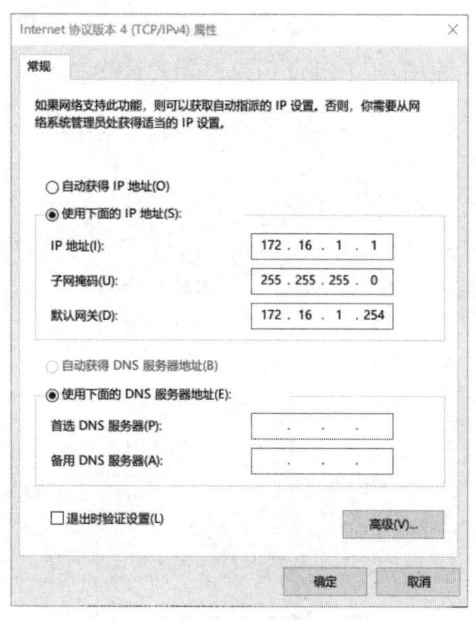

图 6-3　PC2 的 IP 地址配置

▶ 任务验证

（1）在 PC1 上执行命令“ipconfig /all”，查看 PC1 的所有网络配置，配置命令如下。

```
C:\Users\Administrator>ipconfig /all

本地连接:

   连接特定的 DNS 后缀 ...............:
   描述 ...........................: Realtek USB GbE Family Controller
```

```
物理地址........................: 54-89-98-CA-03-58
DHCP 已启用 ....................: 否
自动配置已启用..................: 是
IPv4 地址 ......................: 192.168.1.1(首选)
子网掩码........................: 255.255.255.0
默认网关........................: 192.168.1.254
TCPIP 上的 NetBIOS .............: 已启用
```

可以看到，已经为 PC1 正确配置了 IP 地址。

（2）在其他计算机上执行命令“ipconfig /all”，查看其所有网络配置，确认已为其正确配置了 IP 地址。

项目验证

（1）使用 Ping 命令，测试 PC1 与 PC2 之间的通信情况。

使用 PC1 Ping PC2，配置命令如下。

```
C:\Users\Administrator>>ping 172.16.1.1

正在 Ping 172.16.1.1 具有 32 字节的数据:
来自 172.16.1.1 的回复: 字节=32 时间=4ms TTL=62
来自 172.16.1.1 的回复: 字节=32 时间=2ms TTL=62
来自 172.16.1.1 的回复: 字节=32 时间=1ms TTL=62
来自 172.16.1.1 的回复: 字节=32 时间=2ms TTL=62

172.16.1.1 的 Ping 统计信息:
    数据包: 已发送 = 4，已接收 = 4，丢失 = 0 (0% 丢失)，
往返行程的估计时间(以毫秒为单位):
    最短 = 1ms，最长 = 4ms，平均 = 2ms
```

结果显示，PC1 可以 Ping 通 PC2，表示 PC1 与 PC2 之间可以通信。

（2）使用 tracert 命令查看此时 PC1 与 PC2 之间的通信经过了哪些网关，配置命令如下。

```
C:\Users\Administrator>>tracert 172.16.1.1

通过最多 30 个跃点跟踪
到 WIN-K96QURVGGEA [172.16.1.1] 的路由:

  1    <1 毫秒    1 ms    <1 毫秒 192.168.1.254
  2     2 ms     1 ms     1 ms  10.10.10.10
  3     1 ms     1 ms     2 ms  WIN-K96QURVGGEA [172.16.1.1]
```

```
跟踪完成。
```

结果显示，PC1 与 PC2 之间使用主用链路（静态路由链路）进行通信。

（3）使用 shutdown 命令将路由器 R1 与 R2 之间的主用链路（R1 的 G 0/1 接口与 R2 的 G 0/1 接口之间的互联链路）断开，再次使用 Ping 命令测试 PC1 与 PC2 之间的通信情况。

使用 PC1 Ping PC2，配置命令如下。

```
C:\Users\Administrator>>ping 172.16.1.1

正在 Ping 172.16.1.1 具有 32 字节的数据:
来自 172.16.1.1 的回复: 字节=32 时间=4ms TTL=62
来自 172.16.1.1 的回复: 字节=32 时间=2ms TTL=62
来自 172.16.1.1 的回复: 字节=32 时间=1ms TTL=62
来自 172.16.1.1 的回复: 字节=32 时间=2ms TTL=62

172.16.1.1 的 Ping 统计信息:
    数据包: 已发送 = 4，已接收 = 4，丢失 = 0 (0% 丢失)，
往返行程的估计时间(以毫秒为单位):
    最短 = 1ms，最长 = 4ms，平均 = 2ms
```

结果显示，PC1 仍然可以 Ping 通 PC2，表示 PC1 与 PC2 之间可以通信。

（4）使用 tracert 命令查看此时 PC1 与 PC2 之间的通信经过了哪些网关，配置命令如下。

```
C:\Users\Administrator>>tracert 172.16.1.1

通过最多 30 个跃点跟踪
到 WIN-K96QURVGGEA [172.16.1.1] 的路由:

  1    <1 毫秒    1 ms    <1 毫秒 192.168.1.254
  2     2 ms     1 ms     1 ms  20.20.20.10
  3     1 ms     1 ms     2 ms  WIN-K96QURVGGEA [172.16.1.1]

跟踪完成。
```

结果显示，PC1 与 PC2 之间使用备份链路（浮动路由链路）进行通信。

项目拓展

一、理论题

1．静态路由的开销是（　　）。

A．1　　　　B．2　　　　C．0　　　　D．3

2．路由表中的 0.0.0.0/0 表示（　　）。

A．静态路由　　B．动态路由　　C．主机路由　　D．默认路由

3．公司的网络管理员计划通过配置浮动路由实现路由备份，正确的实现方法是（　　）。

A．为主用静态路由和备份静态路由配置不同路由协议的管理距离

B．为主用静态路由和备份静态路由配置相同的目标 IP 地址和相同的下一跳 IP 地址

C．为主用静态路由和备份静态路由配置不同的开销

D．为主用静态路由和备份静态路由配置不同的标签

4.（多选）路由器选择最优路由的原则包括（　　）。

A．Preference　　B．Cost

C．Destination/Mask　　D．Nexthop

5.（多选）在小型网络中通过静态路由实现路由负载均衡的必备操作是（　　）。

A．配置两条或多条到达同一个目标 IP 地址的静态路由

B．配置多条静态路由

C．配置两条或多条到达同一个目标 IP 地址的静态路由，但下一跳的 IP 地址不同

D．配置两条或多条到达同一个目标 IP 地址的静态路由，但出接口不同

二、项目实训题

1．实训项目描述

某公司有 2 个办公地点，分别为广州总部和深圳分部。广州总部与深圳分部之间使用路由器互联。广州总部、深圳分部的路由器分别为 R1、R2。广州总部使用 192.168.1.0/24 网段，深圳分部使用 172.16.1.0/24 网段，路由器 R1、R2 之间的主用链路使用 10.1.12.0/24 网段，备用链路使用 10.1.21.0/24 网段，并且在路由器上配置相应的默认路由及浮动路由，从而使广州总部的计算机与深圳分部的计算机之间可以互相通信。

本实训项目的网络拓扑图如图 6-4 所示。

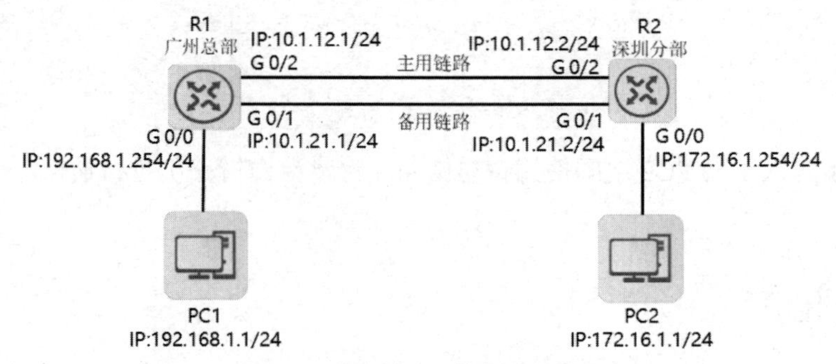

图 6-4　本实训项目的网络拓扑图

2．实训项目规划

根据本实训项目的相关描述和网络拓扑图，完成本实训项目的各个规划表。

（1）完成本实训项目的 IP 地址规划表，如表 6-4 所示。

表 6-4　本实训项目的 IP 地址规划表

设备	接口	IP 地址	网关

（2）完成本实训项目的接口规划表，如表 6-5 所示。

表 6-5　本实训项目的接口规划表

本端设备	本端接口	对端设备	对端接口

（3）完成本实训项目的路由规划表，如表 6-6 所示。

表 6-6　本实训项目的路由规划表

路由器	目标网段	管理距离	下一跳的 IP 地址

3．实训项目要求

（1）根据本实训项目的 IP 地址规划表，为各台路由器的接口配置 IP 地址。

（2）根据本实训项目的 IP 地址规划表，为各台计算机配置 IP 地址。

（3）根据本实训项目的路由规划表，为路由器 R1、R2 配置静态路由。

（4）为了实现双链路或多链路之间的路由备份，为路由器 R1、R2 配置浮动路由。

（5）根据以上要求完成配置，执行以下验证命令，并且截图保存相关结果。

步骤 1：在路由器 R1 和 R2 上执行命令“show ip interface brief”，查看其接口的 IP 地址配置信息。

步骤 2：在路由器 R1 和 R2 上执行命令“show ip route”，查看相应的路由表配置信息。

步骤 3：使用 Ping 命令测试 PC1 与 PC2 之间的通信情况。

步骤 4：使用 tracert 命令查看此时 PC1 与 PC2 之间的通信经过了哪些网关。

步骤 5：使用 shutdown 命令将路由器 R1 与 R2 之间的主用链路断开，再次使用 Ping 命令测试 PC1 与 PC2 之间的通信情况。

步骤 6：再次使用 tracert 命令查看此时 PC1 与 PC2 之间的通信经过了哪些网关。

项目7　总部与多个分部基于单区域OSPF协议的互联部署

项目描述

Jan16公司有3个办公地点，分别为北京总部、上海分部和广州分部。3个办公地点之间使用路由器互联。公司要求通过配置单区域OSPF动态路由，使3个办公地点的计算机之间能够互相访问。

本项目的网络拓扑图如图7-1所示。

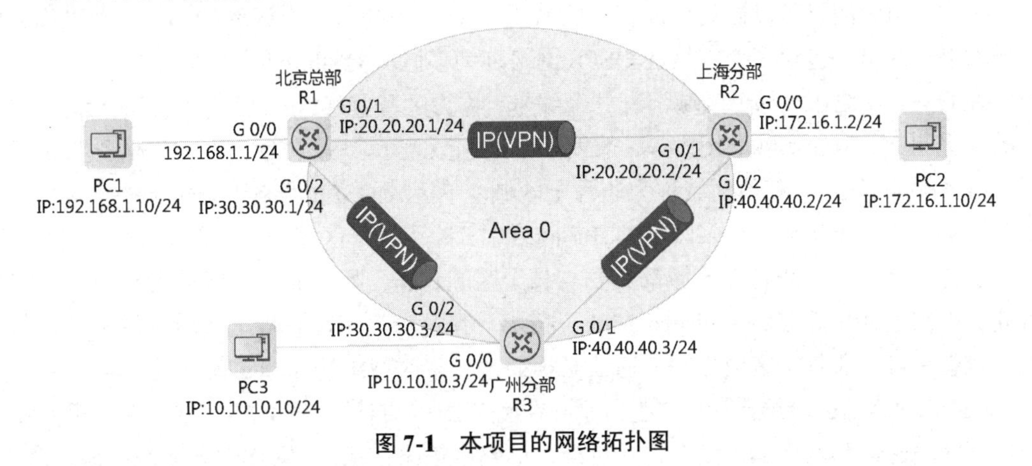

图7-1　本项目的网络拓扑图

本项目的具体要求如下。

（1）路由器R1、R2和R3通过VPN互联。

（2）路由器R1、R2和R3之间的网络通过单区域OSPF动态路由实现互联。

（3）计算机、路由器的IP地址和接口信息可以参考本项目的网络拓扑图。

相关知识

根据项目5和项目6中的相关知识可知，静态路由是网络管理员手动配置的路由项。当网络拓扑结构或链路状态发生变化时，需要手动修改路由表中相关的静态路由。随着网络规模的日益扩大，静态路由不但难以让网络管理员全面地了解整个网络的拓扑结构，而且大范围调整路由信息的难度大、复杂度高。OSPF（Open Shortest Path First，开放最短路径优先）协议的工作方式与静态路由的工作方式存在本质的不同。运行 OSPF 协议的路由器可以通过启用 OSPF 协议的接口，寻找同样运行了 OSPF 协议的路由器，实现路由信息的自动学习，从而避免手动调整静态路由的问题。

7.1 OSPF 协议的概念

OSPF 协议是由 IETF（Internet Engineering Task Force，因特网工程任务组）开发的开放性标准协议，它是一个链路状态内部网关路由协议。运行 OSPF 协议的路由器会通过启用了 OSPF 协议的接口，将自己拥有的链路状态信息发送给其他 OSPF 设备。同一个 OSPF 区域内的每台设备都会参与链路状态信息的创建、发送、接收与转发，直到这个区域内的所有 OSPF 设备获得了相同的链路状态信息。

7.2 OSPF 网络及其中的区域

一个 OSPF 网络可以被划分成多个区域（Area）。只包含一个区域的 OSPF 网络称为单区域 OSPF 网络，包含多个区域的 OSPF 网络称为多区域 OSPF 网络。

在 OSPF 网络中，每个区域都有一个编号，称为区域 ID（Area ID）。区域 ID 是一个 32 位的二进制数，但在实际应用中，一般使用十进制数表示。区域 ID 为 0 的区域称为骨干区域（Backbone Area），其他区域称为非骨干区域。单区域 OSPF 网络中只包含一个区域，这个区域必须是骨干区域。在多区域 OSPF 网络中，除了骨干区域，还有若干个非骨干区域。在一般情况下，每个非骨干区域都需要与骨干区域直连，如果非骨干区域没有与骨干区域直连，则需要使用虚链路（Virtual Link）技术，在逻辑上实现非骨干区域与骨干区域的直连。也就是说，非骨干区域之间的通信必须通过骨干区域中转才能实现。

OSPF 网络的区域结构如图 7-2 所示。在图 7-2 中，自治系统（AS）是一个在单一技术管理下的路由器和网络群组集合，具有统一的路由策略；OSPF 网络中有 4 个区域，其中，Area 0 为骨干区域，Area 1、Area 2 和 Area 3 为非骨干区域。需要注意的是，路由器 R1、R2 和 R3 同时属于骨干区域和非骨干区域，而其他路由器只属于一个区域。

在 OSPF 网络中，如果一台路由器的所有接口都属于同一个区域，那么该路由器称为内部路由器（Internal Router）。在图 7-2 所示的 OSPF 网络中，Area 0 中的路由器 R8 和 R9、Area 1 中的路由器 R4 和 R5、Area 2 中的 R6、Area 3 中的路由器 R7 都是内部路由器。

在 OSPF 网络中，如果一台路由器中包含属于骨干区域的接口，那么该路由器称为骨干路由器（Backbone Router）。在图 7-2 所示的 OSPF 网络中，共有 5 个骨干路由器，分别是路由器 R1、R2、R3、R8 和 R9。

在 OSPF 网络中，如果一台路由器的一部分接口属于骨干区域，另一部分接口属于其他区域，那么该路由器称为区域边界路由器（Area Border Router，ABR）。在图 7-2 所示的

OSPF 网络中，共有 3 个 ABR，分别是路由器 R1、R2 和 R3。

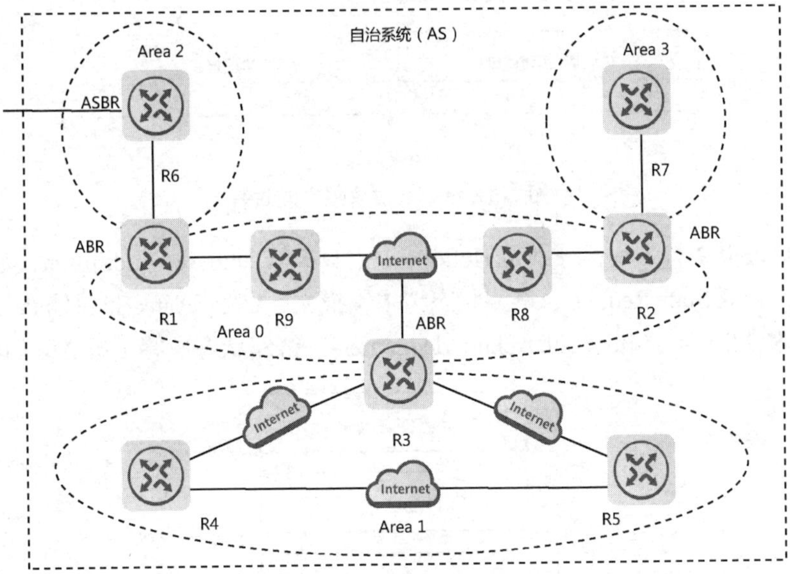

图 7-2　**OSPF** 网络的区域结构

在 OSPF 网络中，如果一台路由器与本 OSPF 网络（自治系统）之外的网络相连，并且可以将外部网络的路由项引入本 OSPF 网络（自治系统）中，那么该路由器称为自治系统边界路由器（Autonomous System Boundary Router，ASBR）。在图 7-2 所示的 OSPF 网络中，有一个 ASBR，即路由器 R6。

7.3　链路状态及 LSA

OSPF 协议是一种基于链路状态的路由协议。链路状态是路由器的接口状态。OSPF 协议的核心思想是，每台路由器都将自己各个接口的链路状态共享给其他路由器。在此基础上，每台路由器就可以依据自身的链路状态和其他路由器的链路状态，计算去往各个目标 IP 地址的路由。路由器的链路状态包含相应接口的 IP 地址及子网掩码等信息。

LSA（Link-State Advertisement，链路状态通告）是链路状态的主要载体。链路状态主要包含在 LSA 中，并且通过 LSA 的通告（泛洪）实现共享。需要注意的是，不同类型的 LSA 包含的内容、功能、通告的范围是不同的。LSA 的类型主要包括 Type-1 LSA（Router LSA）、Type-2 LSA（Network LSA）、Type-3 LSA（Network Summary LSA）、Type-4 LSA（ASBR Summary LSA）等。

7.4　OSPF 协议报文

OSPF 协议报文封装在 IP 报文中，并且 IP 报文头部的协议字段的值必须为 89，如图 7-3 所示。

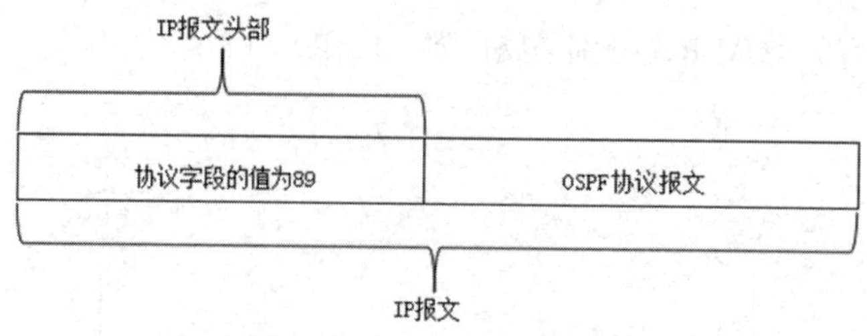

图 7-3 **OSPF 协议报文的封装**

OSPF 协议报文有 5 种，分别是 Hello 报文、DD（Database Description，数据库描述）报文、LSR（Link State Request，链路状态请求）报文、LSU（Link State Update，链路状态更新）报文和 LSAck（Link State Acknowledgement，链路状态应答）报文，如图 7-4 所示。

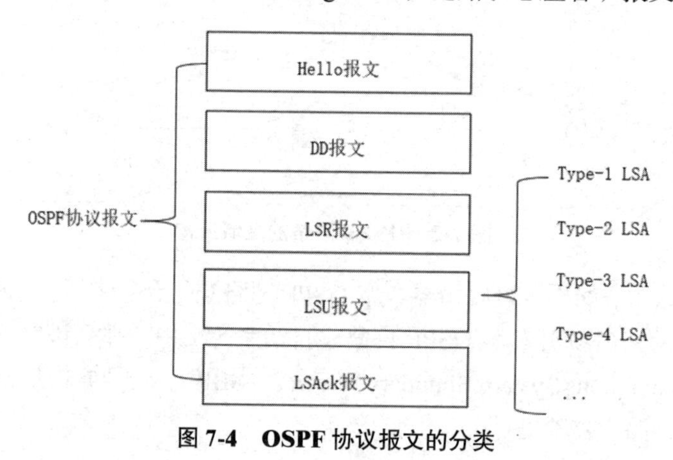

图 7-4 **OSPF 协议报文的分类**

在 OSPF 协议报文中，Hello 报文主要用于在路由器之间建立和维护邻居关系，以及维护网络拓扑信息。Hello 报文的相关参数如下。

- OSPF 协议的版本号。
- 接口所属路由器的 Router ID。
- 接口所属区域的 Area ID。
- 接口的密钥信息。
- 接口的认证类型。
- 接口 IP 地址的子网掩码。
- 接口的 Hello Interval（发送报文的间隔时间）。
- 接口的 Router Dead Interval（认为邻居不可达的间隔时间）。
- 接口所连二层网络的 DR（Designated Router，指定路由器）和 BDR（Backup Designated Router，备份指定路由器）。

在 OSPF 协议报文中，DD 报文主要用于描述自己的链路状态数据库（Link State Database，LSDB）并进行数据库的同步；LSR 报文主要用于请求相邻路由器 LSDB 中的部分数据；LSU 报文主要用于向对端路由器发送多条 LSA，以便更新网络中的路由信息；LSAck 报文是指路由器在接收 LSU 报文后发出的确认应答报文。

7.5　Router ID

在 OSPF 网络的区域中，Router ID 是路由器的唯一标识。一台路由器的 Router ID 是按照以下方式生成的。

- 如果网络管理员手动配置了路由器的 Router ID，那么路由器会使用该 Router ID。
- 如果网络管理员没有配置路由器的 Router ID，但在路由器上创建了逻辑接口（如环回接口），那么路由器会在自己的所有逻辑接口的 IPv4 地址中，选择数值最大的 IPv4 地址作为 Router ID（不论该接口是否启用了 OSPF 协议）。
- 如果以上两条均不符合，那么路由器会在所有活动物理接口的 IPv4 地址中，选择数值最大的 IPv4 地址作为 Router ID（不论该接口是否启用了 OSPF 协议）。

在生成 Router ID 后，只要 OSPF 进程没有重启，路由器的 Router ID 就不会改变，不论接口是否发生变化。Router ID 的改变会对 OSPF 网络产生影响。因此，在通常情况下，网络管理员会手动配置 Router ID。

7.6　OSPF 协议支持的网络类型

OSPF 协议支持的网络类型是根据数据链路层协议的特性划分的，主要有 4 种，分别为广播（Broadcast）型、非广播多路访问（Non-Broadcast Multi-Access，NBMA）型、点到点（Point-to-Point，P2P）型和点到多点（Point-to-Multipoint，P2MP）型。这些网络类型反映了 OSPF 协议在不同二层网络环境中的工作方式。

- 广播型：当数据链路层协议是 Ethernet 或 FDDI 时，OSPF 协议默认支持的网络类型是广播型。在该类型的网络中，通常以组播形式（224.0.0.5 和 224.0.0.6）发送协议报文。
- 非广播多路访问型：数据链路层协议是帧中继、ATM 或 X.25 时，OSPF 协议默认支持的网络类型是非广播多路访问型。在该类型的网络中，以单播形式发送协议报文。
- 点到点型：当数据链路层协议是 PPP、HDLC 和 LAPB 时，OSPF 协议默认支持的网络类型是点到点型。在该类型的网络中，以组播形式（224.0.0.5）发送协议报文。
- 点到多点型：点到多点型必须是由其他网络类型强制更改的。常用方法是将非全连通的非广播多路访问型改为点到多点型。在该类型的网络中，以组播形式（224.0.0.5）发送协议报文。

7.7　邻居关系与邻接关系

在 OSPF 协议中，如果两台路由器的相邻接口位于同一个二层网络中，那么这两台路由器之间存在相邻关系，但相邻关系并不等同于邻居（Neighbor）关系，更不等同于邻接

（Adjacency）关系。

1. 邻居关系

在 OSPF 协议中，每台路由器的接口都会周期性地向外发送 Hello 报文。如果存在相邻关系的两台路由器之间发送给对方的 Hello 报文完全一致，那么这两台路由器会成为彼此的邻居路由器，它们之间存在邻居关系。

2. 邻接关系

在 P2P 或 P2MP 的二层网络中，存在邻居关系的两台路由器之间一定会同步彼此的 LSDB。在这两台路由器成功地完成 LSDB 的同步后，它们之间便建立起了邻接关系。

如果两台路由器之间存在邻接关系，那么它们之间一定存在邻居关系；如果两台路由器之间存在邻居关系，那么它们之间可能存在邻接关系，也可能不存在邻接关系。

7.8 OSPF 网络中的 DR 和 BDR

1. DR 和 BDR 概述

DR 和 BDR 只适用于广播网络和非广播多路访问网络。选举 DR 和 BDR 可以产生针对这两种网络的 Type-2 LSA，并且减少多路访问环境中不必要的 OSPF 报文发送，从而提高链路带宽的利用率。BDR 的作用是在 DR 发生故障时迅速代替 DR。

在广播网络和非广播多路访问网络中，DR 会与其他路由器（包括 BDR）建立邻接关系，BDR 也会与其他路由器（包括 DR）建立邻接关系，其他路由器（除 DR、BDR 外）之间不会建立邻接关系。存在邻接关系的路由器之间可以交互所有信息。在广播型以太网中，如果任意两台存在邻居关系的路由器之间都建立了邻接关系，那么可以构成 $n(n-1)\div2$ 对邻接关系，其中，n 为路由器的个数。

下面举例进行说明。某个二层网络为广播型以太网，如图 7-5 所示，它包含 5 台路由器和 1 台以太网交换机。在这个广播型以太网中，如果任意两台存在邻居关系的路由器之间都建立了邻接关系，则可以构成 10（$5\times(5-1)\div2$）对邻接关系。

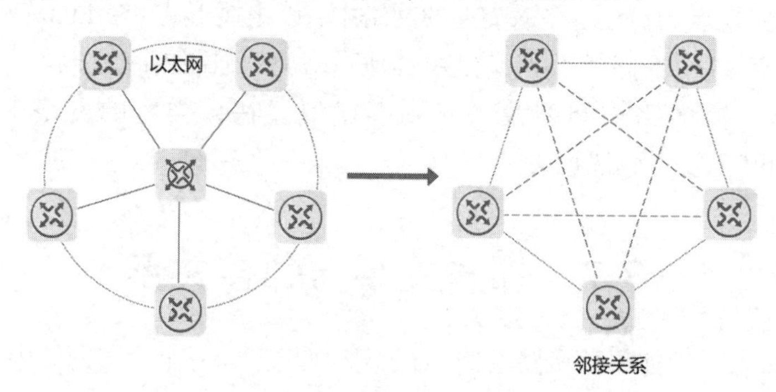

图 7-5　广播型以太网示例

在选举出 DR 和 BDR 后，邻接关系的数量会从原来的 10 个减少为 7 个，如图 7-6 所示。显然，广播型以太网中的路由器数量越多，邻接关系数量减少的效果越明显。

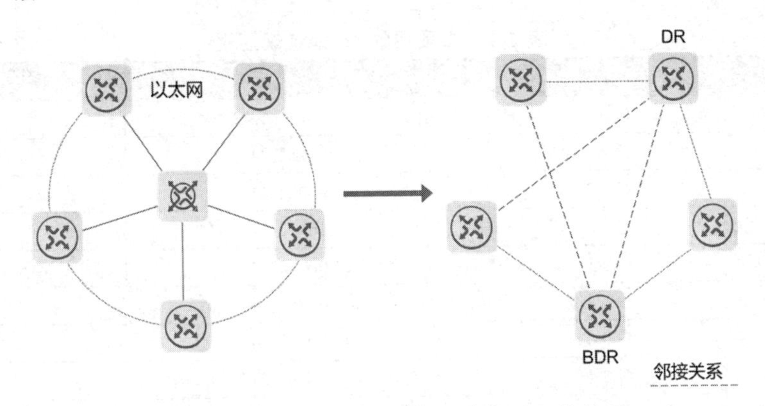

图 7-6　选举出 DR 和 BDR 后邻接关系的数量

2. DR 与 BDR 的选举规则

在广播网络和非广播多路访问网络中，路由器之间会通过 Hello 报文进行交互。Hello 报文中包含路由器的 Router ID 和优先级（Router Priority），路由器优先级的取值范围为 0～255，其值越大，优先级越高。根据 Router ID 和优先级选举 DR 与 BDR 的规则如下。

- 选择优先级最高的路由器作为 DR。
- 如果优先级相等，则选择 Router ID 值最大的路由器作为 DR。
- BDR 的选举与 DR 的选举规则完全相同。BDR 的选举发生在选举 DR 后。在同一个网络中，DR 和 BDR 不能是同一台路由器。

如果 DR 和 BDR 都存在，那么在 DR 发生故障后，BDR 会迅速代替 DR。如果只存在 DR，没有 BDR，那么在 DR 发生故障后，会重新选举 DR，这需要耗费一定的时间。如果一台路由器优先级的值为 0，那么该路由器不会参加 DR 或 BDR 的选举。

项目规划

北京总部使用 192.168.1.0/24 网段，上海分部使用 172.16.1.0/24 网段，广州分部使用 10.10.10.0/24 网段，路由器 R1 与 R2 之间使用 20.20.20.0/24 网段，路由器 R1 与 R3 之间使用 30.30.30.0/24 网段，路由器 R2 与 R3 之间使用 40.40.40.0/24 网段。公司要求为路由器配置单区域 OSPF 动态路由，使所有计算机之间均能互相访问。

具体的配置步骤如下。

（1）配置路由器接口的 IP 地址。

（2）部署单区域 OSPF 网络。

（3）配置各台计算机的 IP 地址。

本项目的 IP 地址规划表如表 7-1 所示，接口规划表如表 7-2 所示，路由规划表如表 7-3 所示。

表 7-1　本项目的 IP 地址规划表

设备	接口	IP 地址	网关
R1	G 0/0	192.168.1.1/24	—
R1	G 0/1	20.20.20.1/24	—
R1	G 0/2	30.30.30.1/24	—
R2	G 0/0	172.16.1.2/24	—
R2	G 0/1	20.20.20.2/24	—
R2	G 0/2	40.40.40.2/24	—
R3	G 0/0	10.10.10.3/24	—
R3	G 0/1	40.40.40.3/24	—
R3	G 0/2	30.30.30.3/24	—
PC1	—	192.168.1.10/24	192.168.1.1
PC2	—	172.16.1.10/24	172.16.1.2
PC3	—	10.10.10.10/24	10.10.10.3

表 7-2　本项目的接口规划表

本端设备	本端接口	对端设备	对端接口
R1	G 0/0	PC1	—
R1	G 0/1	R2	G 0/1
R1	G 0/2	R3	G 0/2
R2	G 0/0	PC2	—
R2	G 0/1	R1	G 0/1
R2	G 0/2	R3	G 0/1
R3	G 0/0	PC3	—
R3	G 0/1	R2	G 0/2
R3	G 0/2	R1	G 0/2

表 7-3　本项目的路由规划表

路由器	宣告的网段	反掩码
R1	192.168.1.0	0.0.0.255
R1	20.20.20.0	0.0.0.255
R1	30.30.30.0	0.0.0.255
R2	172.16.1.0	0.0.0.255
R2	20.20.20.0	0.0.0.255
R2	40.40.40.0	0.0.0.255
R3	10.10.10.0	0.0.0.255
R3	40.40.40.0	0.0.0.255
R3	30.30.30.0	0.0.0.255

任务 7-1　配置路由器接口的 IP 地址

▶ 任务描述

根据本项目的 IP 地址规划表，为 3 台路由器的接口配置 IP 地址。

▶ 任务实施

（1）为路由器 R1 的接口配置 IP 地址，配置命令如下。

```
Ruijie>enable                                        //进入特权模式
Ruijie#config                                        //进入全局模式
Ruijie(config)#hostname R1                           //将路由器名称修改为 R1
R1(config)#interface GigabitEthernet 0/0             //进入 G 0/0 接口
R1(config-if-GigabitEthernet 0/0)#ip address 192.168.1.1 24
                         //配置 IP 地址为 192.168.1.1、子网掩码为 24 位
R1(config-if-GigabitEthernet 0/0)#exit
R1(config)#interface GigabitEthernet 0/1
R1(config-if-GigabitEthernet 0/1)#ip address 20.20.20.1 255.255.255.0
R1(config-if-GigabitEthernet 0/1)#exit
R1(config)#interface GigabitEthernet 0/2
R1(config-if-GigabitEthernet 0/2)#ip address 30.30.30.1 24
```

（2）为路由器 R2 的接口配置 IP 地址，配置命令如下。

```
Ruijie>enable
Ruijie#config
Ruijie(config)#hostname R2
R2(config)#interface GigabitEthernet 0/0
R2(config-if-GigabitEthernet 0/0)#ip address 172.16.1.2 24
R2(config-if-GigabitEthernet 0/0)#exit
R2(config)#interface GigabitEthernet 0/1
R2(config-if-GigabitEthernet 0/1)#ip address 20.20.20.2 24
R2(config-if-GigabitEthernet 0/1)#exit
R2(config)#interface GigabitEthernet 0/2
R2(config-if-GigabitEthernet 0/2)#ip address 40.40.40.2 24
```

（3）为路由器 R3 的接口配置 IP 地址，配置命令如下。

```
Ruijie>enable
Ruijie#config
Ruijie(config)#hostname R3
```

```
R3(config)#interface GigabitEthernet 0/0
R3(config-if-GigabitEthernet 0/0)#ip address 10.10.10.3 24
R3(config-if-GigabitEthernet 0/0)#exit
R3(config)#interface GigabitEthernet 0/1
R3(config-if-GigabitEthernet 0/1)#ip address 40.40.40.3 24
R3(config-if-GigabitEthernet 0/1)#exit
R3(config)#interface GigabitEthernet 0/2
R3(config-if-GigabitEthernet 0/2)#ip address 30.30.30.3 24
```

▶ 任务验证

（1）在路由器 R1 上执行命令“show ip interface brief”，查看其接口的 IP 地址配置信息，配置命令如下。

```
R1#show ip interface brief
Interface              IP-Address(Pri)   IP-Address(Sec)     Status   Protocol
GigabitEthernet 0/0    192.168.1.1/24    no address          up       up
GigabitEthernet 0/1    20.20.20.1/24     no address          up       up
GigabitEthernet 0/2    30.30.30.1/24     no address          up       up
VLAN 1                 no address        no address          up       down
```

可以看到，已经为路由器 R1 的接口正确配置了 IP 地址。

（2）在路由器 R2 上执行命令“show ip interface brief”，查看其接口的 IP 地址配置信息，配置命令如下。

```
R2#show ip interface brief
Interface              IP-Address(Pri)  IP-Address(Sec)      Status   Protocol
GigabitEthernet 0/0    172.16.1.2/24    no address           up       up
GigabitEthernet 0/1    20.20.20.2/24    no address           up       up
GigabitEthernet 0/2    40.40.40.2/24    no address           up       up
VLAN 1                 no address       no address           up       down
```

可以看到，已经为路由器 R2 的接口正确配置了 IP 地址。

（3）在路由器 R3 上执行命令“show ip interface brief”，查看其接口的 IP 地址配置信息，配置命令如下。

```
R3#show ip interface brief
Interface              IP-Address(Pri)  IP-Address(Sec)      Status   Protocol
GigabitEthernet 0/0    10.10.10.3/24    no address           up       up
GigabitEthernet 0/1    40.40.40.3/24    no address           up       up
GigabitEthernet 0/2    30.30.30.3/24    no address           up       up
VLAN 1                 no address       no address           up       down
```

可以看到，已经为路由器 R3 的接口正确配置了 IP 地址。

任务 7-2　部署单区域 OSPF 网络

► 任务描述

根据本项目的路由规划表，首先在各台路由器上创建进程号为 1 的 OSPF 进程，然后进入 OSPF 协议模式，最后指定运行 OSPF 协议的接口及这些接口所属的区域 ID。

► 任务实施

（1）在路由器 R1 上配置 OSPF 路由。

进入全局模式，然后执行命令“router ospf [*process ID*]”，用于创建相应的 OSPF 进程，并且进入 OSPF 协议模式。

在执行 OSPF 命令时，如果不输入 OSPF 进程编号（*process ID*）的值，那么进程编号采用默认值 1。

在使用 OSPF 协议时，需要根据网络规划指定运行 OSPF 协议的接口及这些接口所属的区域 ID。执行命令“network *network mask* area [*area ID*]”，宣告运行 OSPF 协议的网段及区域 ID。其中，*mask* 为通配符掩码；将 *network* 与 *mask* 合在一起，表示一个由若干个 IP 地址组成的集合，这个集合中的任意一个 IP 地址都满足且只需满足条件：如果 *mask* 中某个比特位的值为 0，那么该 IP 地址中对应比特位的值必须与 *network* 中对应比特位的值相同。

具体的配置命令如下。

```
R1(config)#router ospf 1                                    //创建进程号为 1 的 OSPF 进程
R1(config-router)#network 192.168.1.0 0.0.0.255 area 0
                                        //宣告网段为 192.168.1.0/24、区域 ID 为 0
R1(config-router)#network 20.20.20.0 0.0.0.255 area 0
R1(config-router)#network 30.30.30.0 0.0.0.255 area 0
```

（2）在路由器 R2 上配置 OSPF 路由，配置命令如下。

```
R2(config)#router ospf 1
R2(config-router)#network 172.16.1.0 0.0.0.255 area 0
R2(config-router)#network 20.20.20.0 0.0.0.255 area 0
R2(config-router)#network 40.40.40.0 0.0.0.255 area 0
```

（3）在路由器 R3 上配置 OSPF 路由，配置命令如下。

```
R3(config)#router ospf 1
R3(config-router)#network 10.10.10.0 0.0.0.255 area 0
R3(config-router)#network 40.40.40.0 0.0.0.255 area 0
R3(config-router)#network 30.30.30.0 0.0.0.255 area 0
```

▶ 任务验证

（1）在路由器 R1 上执行命令“show ip route”，查看其路由表配置信息，配置命令如下。

```
R1(config-router)#show ip route

Codes:  C - Connected, L - Local, S - Static
        R - RIP, O - OSPF, B - BGP, I - IS-IS, V - Overflow route
        N1 - OSPF NSSA external type 1, N2 - OSPF NSSA external type 2
        E1 - OSPF external type 1, E2 - OSPF external type 2
        SU - IS-IS summary, L1 - IS-IS level-1, L2 - IS-IS level-2
        IA - Inter area, EV - BGP EVPN, A - Arp to host
        LA - Local aggregate route
        * - candidate default

Gateway of last resort is no set
O    10.10.10.0/24 [110/2] via 30.30.30.3, 00:00:11, GigabitEthernet 0/2
C    20.20.20.0/24 is directly connected, GigabitEthernet 0/1
C    20.20.20.1/32 is local host.
C    30.30.30.0/24 is directly connected, GigabitEthernet 0/2
C    30.30.30.1/32 is local host.
O    40.40.40.0/24 [110/2] via 30.30.30.3, 00:00:11, GigabitEthernet 0/2
                  [110/2] via 20.20.20.2, 00:00:11, GigabitEthernet 0/1
O    172.16.1.0/24 [110/2] via 20.20.20.2, 00:00:11, GigabitEthernet 0/1
C    192.168.1.0/24 is directly connected, GigabitEthernet 0/0
C    192.168.1.1/32 is local host.
```

可以看到，路由器 R1 通过 OSPF 协议学习到了路由项。

（2）在路由器 R2 上执行命令“show ip route”，查看其路由表配置信息，配置命令如下。

```
R2(config-router)#show ip route

Codes:  C - Connected, L - Local, S - Static
        R - RIP, O - OSPF, B - BGP, I - IS-IS, V - Overflow route
        N1 - OSPF NSSA external type 1, N2 - OSPF NSSA external type 2
        E1 - OSPF external type 1, E2 - OSPF external type 2
        SU - IS-IS summary, L1 - IS-IS level-1, L2 - IS-IS level-2
        IA - Inter area, EV - BGP EVPN, A - Arp to host
        LA - Local aggregate route
        * - candidate default

Gateway of last resort is no set
```

```
O     10.10.10.0/24 [110/2] via 40.40.40.3, 00:00:41, GigabitEthernet 0/2
C     20.20.20.0/24 is directly connected, GigabitEthernet 0/1
C     20.20.20.2/32 is local host.
O     30.30.30.0/24 [110/2] via 40.40.40.3, 00:00:46, GigabitEthernet 0/2
                    [110/2] via 20.20.20.1, 00:00:46, GigabitEthernet 0/1
C     40.40.40.0/24 is directly connected, GigabitEthernet 0/2
C     40.40.40.2/32 is local host.
C     172.16.1.0/24 is directly connected, GigabitEthernet 0/0
C     172.16.1.2/32 is local host.
O     192.168.1.0/24 [110/2] via 20.20.20.1, 00:00:41, GigabitEthernet 0/1
```

可以看到，路由器 R2 通过 OSPF 协议学习到了路由项。

（3）在路由器 R3 上执行命令“show ip route”，查看其路由表配置信息，配置命令如下。

```
R3(config-router)#show ip route

Codes:  C - Connected, L - Local, S - Static
        R - RIP, O - OSPF, B - BGP, I - IS-IS, V - Overflow route
        N1 - OSPF NSSA external type 1, N2 - OSPF NSSA external type 2
        E1 - OSPF external type 1, E2 - OSPF external type 2
        SU - IS-IS summary, L1 - IS-IS level-1, L2 - IS-IS level-2
        IA - Inter area, EV - BGP EVPN, A - Arp to host
        LA - Local aggregate route
        * - candidate default

Gateway of last resort is no set
C     10.10.10.0/24 is directly connected, GigabitEthernet 0/0
C     10.10.10.3/32 is local host.
O     20.20.20.0/24 [110/2] via 30.30.30.1, 00:01:10, GigabitEthernet 0/2
                    [110/2] via 40.40.40.2, 00:01:10, GigabitEthernet 0/1
C     30.30.30.0/24 is directly connected, GigabitEthernet 0/2
C     30.30.30.3/32 is local host.
C     40.40.40.0/24 is directly connected, GigabitEthernet 0/1
C     40.40.40.3/32 is local host.
O     172.16.1.0/24 [110/2] via 40.40.40.2, 00:01:06, GigabitEthernet 0/1
O     192.168.1.0/24 [110/2] via 30.30.30.1, 00:01:10, GigabitEthernet 0/2
```

可以看到，路由器 R3 通过 OSPF 协议学习到了路由项。

（4）在路由器 R1 上执行“show ip ospf neighbor”命令，查看路由器 R1 的邻居关系建立情况，配置命令如下。

```
R1(config-router)#show ip ospf neighbor
```

```
OSPF process 1, 2 Neighbors, 2 is Full:
Neighbor ID  Pri  State  BFD State  Dead Time  Address    Interface
172.16.1.2   1  Full/BDR     -      00:00:38  20.20.20.2  GigabitEthernet 0/1
40.40.40.3   1  Full/BDR     -      00:00:37  30.30.30.3  GigabitEthernet 0/2
```

可以看到，路由器 R1 通过 G 0/1 接口与路由器 R2 建立了邻居关系，通过 G 0/2 接口与路由器 R3 建立了邻居关系。“Full/BDR”为接口当前的状态，表示邻接关系已经建立，并且当前路由器为 BDR。

（5）在路由器 R1 上执行命令“show ip ospf route”，查看路由器 R1 的路由表，配置命令如下。

```
R1#show ip ospf route

OSPF process 1:
Codes: C - connected, D - Discard, O - OSPF, IA - OSPF inter area, B -
Backup
       N1 - OSPF NSSA external type 1, N2 - OSPF NSSA external type 2
       E1 - OSPF external type 1, E2 - OSPF external type 2

O  10.10.10.0/24 [2] via 30.30.30.3, GigabitEthernet 0/2, Area 0.0.0.0
C   20.20.20.0/24  [1]  is  directly  connected,  GigabitEthernet  0/1,  Area
0.0.0.0
C   30.30.30.0/24  [1]  is  directly  connected,  GigabitEthernet  0/2,  Area
0.0.0.0
O  40.40.40.0/24 [2] via 20.20.20.2, GigabitEthernet 0/1, Area 0.0.0.0
                     via 30.30.30.3, GigabitEthernet 0/2, Area 0.0.0.0
O  172.16.1.0/24 [2] via 20.20.20.2, GigabitEthernet 0/1, Area 0.0.0.0
C   192.168.1.0/24  [1]  is  directly  connected,  GigabitEthernet  0/0,  Area
0.0.0.0
R1#
```

可以看到，路由器 R1 的路由表中与 OSPF 协议有关的路由项。

任务 7-3　配置各台计算机的 IP 地址

▶ 任务描述

根据本项目的 IP 地址规划表，为各台计算机配置 IP 地址。

▶ 任务实施

PC1 和 PC2 的 IP 地址配置分别如图 7-7 和图 7-8 所示，同理，完成 PC3 的 IP 地址配置。

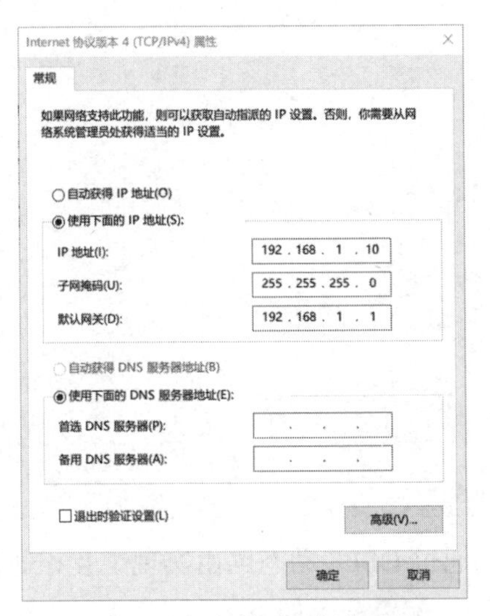

图 7-7　PC1 的 IP 地址配置

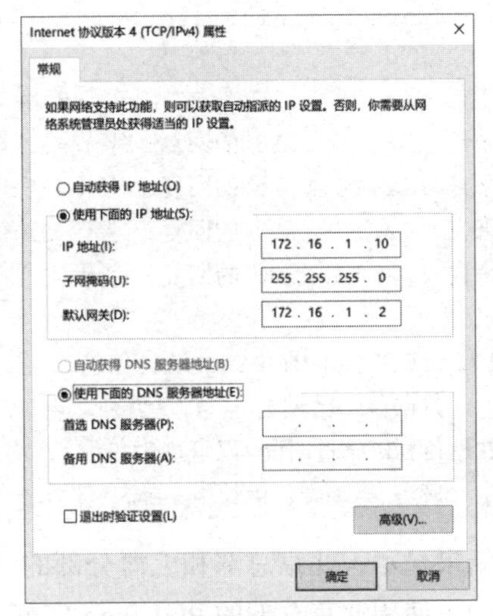

图 7-8　PC2 的 IP 地址配置

▶ 任务验证

（1）在 PC1 上执行命令“ipconfig /all”，查看 PC1 的所有网络配置，配置命令如下。

```
C:\Users\Administrator>ipconfig /all       //查看 PC1 的所有网络配置

本地连接:

   连接特定的 DNS 后缀 . . . . . . . . . . . . . . :
   描述 . . . . . . . . . . . . . . . . . . . . . . . . : Realtek USB GbE Family Controller
   物理地址. . . . . . . . . . . . . . . . . . . . . . : 54-89-97-CA-03-58
   DHCP 已启用 . . . . . . . . . . . . . . . . . . . : 否
   自动配置已启用. . . . . . . . . . . . . . . . . . : 是
   IPv4 地址 . . . . . . . . . . . . . . . . . . . . . : 192.168.1.10(首选)
   子网掩码. . . . . . . . . . . . . . . . . . . . . . : 255.255.255.0
   默认网关. . . . . . . . . . . . . . . . . . . . . . : 192.168.1.1
   TCPIP 上的 NetBIOS . . . . . . . . . . . . . . : 已启用
```

可以看到，已经为 PC1 正确配置了 IP 地址。

（2）在其他计算机上执行命令“ipconfig /all”，查看其所有网络配置，确认已经为其正确配置了 IP 地址。

扫一扫 看微课

项目验证

使用 Ping 命令测试 3 个办公地点的计算机之间的通信情况。

（1）使用北京总部的 PC1 Ping 上海分部的 PC2，配置命令如下。

```
C:\Users\Administrator>ping 172.16.1.10

正在 Ping 172.16.1.10 具有 32 字节的数据:
来自 172.16.1.10 的回复: 字节=32 时间=4ms TTL=62
来自 172.16.1.10 的回复: 字节=32 时间=2ms TTL=62
来自 172.16.1.10 的回复: 字节=32 时间=1ms TTL=62
来自 172.16.1.10 的回复: 字节=32 时间=2ms TTL=62

172.16.1.10 的 Ping 统计信息:
    数据包: 已发送 = 4，已接收 = 4，丢失 = 0 (0% 丢失),
往返行程的估计时间(以毫秒为单位):
    最短 = 1ms，最长 = 4ms，平均 = 2ms
```

结果显示，北京总部和上海分部的计算机之间通过 OSPF 动态路由实现了互相通信。

（2）使用北京总部的 PC1 Ping 广州分部的 PC3，配置命令如下。

```
C:\Users\Administrator>> ping 10.10.10.10

正在 Ping 10.10.10.10 具有 32 字节的数据:
来自 10.10.10.10 的回复: 字节=32 时间=3ms TTL=62
来自 10.10.10.10 的回复: 字节=32 时间=1ms TTL=62
来自 10.10.10.10 的回复: 字节=32 时间=1ms TTL=62
来自 10.10.10.10 的回复: 字节=32 时间=2ms TTL=62

10.10.10.10 的 Ping 统计信息:
    数据包: 已发送 = 4，已接收 = 4，丢失 = 0 (0% 丢失),
往返行程的估计时间(以毫秒为单位):
    最短 = 1ms，最长 = 3ms，平均 = 1ms
```

结果显示，北京总部和广州分部的计算机之间通过 OSPF 动态路由实现了互相通信。

（3）使用上海分部的 PC2 Ping 广州分部的 PC3，配置命令如下。

```
C:\Users\Administrator>> ping 10.10.10.10

正在 Ping 10.10.10.10 具有 32 字节的数据:
来自 10.10.10.10 的回复: 字节=32 时间=3ms TTL=62
来自 10.10.10.10 的回复: 字节=32 时间=1ms TTL=62
来自 10.10.10.10 的回复: 字节=32 时间=1ms TTL=62
来自 10.10.10.10 的回复: 字节=32 时间=2ms TTL=62

10.10.10.10 的 Ping 统计信息:
    数据包: 已发送 = 4，已接收 = 4，丢失 = 0 (0% 丢失),
往返行程的估计时间(以毫秒为单位):
    最短 = 1ms，最长 = 3ms，平均 = 1ms
```

结果显示，上海分部和广州分部的计算机之间通过 OSPF 动态路由实现了互相通信。

项目拓展

一、理论题

1．（多选）DR 和 BDR 适用于（　　）。

A．广播网络　　B．非广播多路访问网络

C．组播网络　　D．单播网络

2．执行命令（　　），可以查看当前路由器是否与其他路由器建立了邻居关系，成为了 DR。

A．show ip ospf neighbor　　B．show running-config

C．show ip ospf border-routers　　D．show ip route

3．（多选）在 OSPF 协议中，要使两台路由器之间建立邻居关系，必须具备的条件是（　　）。

A．Router ID 相同　　B．Area ID 相同

C．IP 网段相同　　D．设备接口 ID 相同

4．在 OSPF 协议中，建立邻接关系的两台路由器可以通过（　　）报文建立邻居关系。

A．LSR　　B．LSAck　　C．DD　　D．Hello

二、项目实训题

1．实训项目描述

某公司的网络中有 3 台路由器，公司要求通过配置 OSPF 动态路由，实现各台计算机之间的互相通信。

本实训项目的网络拓扑图如图 7-9 所示。

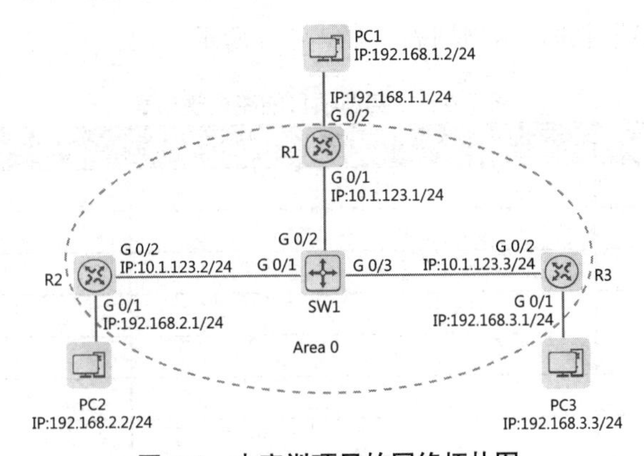

图 7-9　本实训项目的网络拓扑图

2．实训项目规划

根据本实训项目的相关描述和网络拓扑图，完成本实训项目的各个规划表。

（1）完成本实训项目的 IP 地址规划表，如表 7-4 所示。

表 7-4　本实训项目的 IP 地址规划表

设备	接口	IP 地址	网关

（2）完成本实训项目的接口规划表，如表 7-5 所示。

表 7-5　本实训项目的接口规划表

本端设备	本端接口	对端设备	对端接口

（3）完成本实训项目的路由规划表，如表 7-6 所示。

表 7-6　本实训项目的路由规划表

路由器	宣告的网段	反掩码

3．实训项目要求

（1）根据本实训项目的 IP 地址规划表，为路由器接口和计算机配置 IP 地址。

（2）首先在各路由器上创建 OSPF 进程，然后进入 OSPF 协议模式，最后指定运行 OSPF 协议的接口和接口所属的区域 ID。

（3）根据以上要求完成配置，执行以下验证命令，并且截图保存相关结果。

步骤 1：在各台路由器上执行命令“show ip interface brief ”，查看其接口的 IP 地址配置信息。

步骤 2：在各台路由器上执行命令“show ip route”，查看其路由表配置信息。

步骤 3：在路由器 R1 上执行命令“show ip ospf neighbor”，查看路由器 R1 的邻居关系建立情况。

步骤 4：在 PC1 上使用 Ping 命令测试与其他计算机之间的通信情况。

项目 8　多部门 VLAN 基于单臂路由的互联部署

项目描述

Jan16 公司的财务部和技术部有多台计算机，它们使用 1 台二层交换机进行互联，为了方便管理和隔离广播，划分了 VLAN 10 和 VLAN 20。现在因为业务要求，需要在两个部门的计算机之间实现互相通信。

本项目的网络拓扑图如图 8-1 所示。

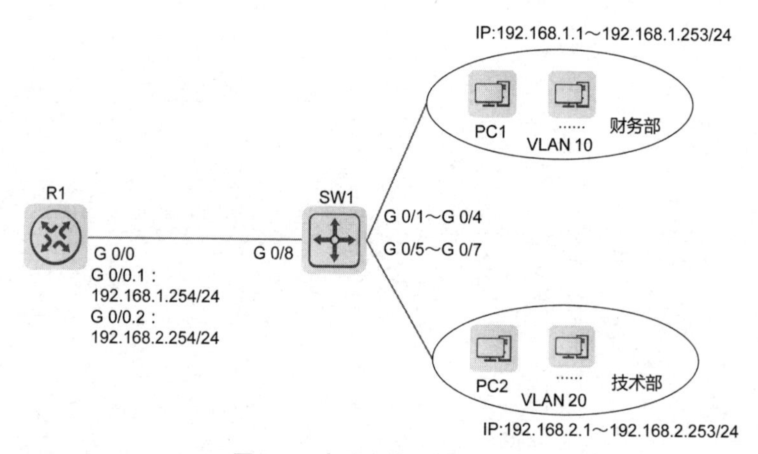

图 8-1　本项目的网络拓扑图

本项目的具体要求如下。

（1）公司使用路由器 R1 连接交换机 SW1，并且通过路由器 R1 的单臂路由功能实现两个部门的计算机之间的互相通信。

（2）计算机、路由器的 IP 地址和接口信息可以参考本项目的网络拓扑图。

相关知识

通过前面的学习，我们应该已经清楚了 VLAN 的概念。属于相同 VLAN 的计算机之间是可以进行二层通信的，但属于不同 VLAN 的计算机之间无法进行二层通信。因此，本项目主要介绍 VLAN 间路由的相关知识。

8.1　VLAN 间路由的概念

虽然 VLAN 可以减少网络中的广播，提高网络的安全性能，但无法实现网络内部所有计算机之间的互相通信。我们可以通过路由器或三层交换机，实现不同 VLAN 中的计算机之间的三层通信，这就是 VLAN 间路由。

1. VLAN 之间进行二层通信的局限性

VLAN 之间进行二层通信的局限性如图 8-2 所示。根据图 8-2 可知，VLAN 隔离了二层广播域，也就是隔离了各个 VLAN 之间的二层流量。因此，不同 VLAN 中的计算机之间不能进行二层通信。

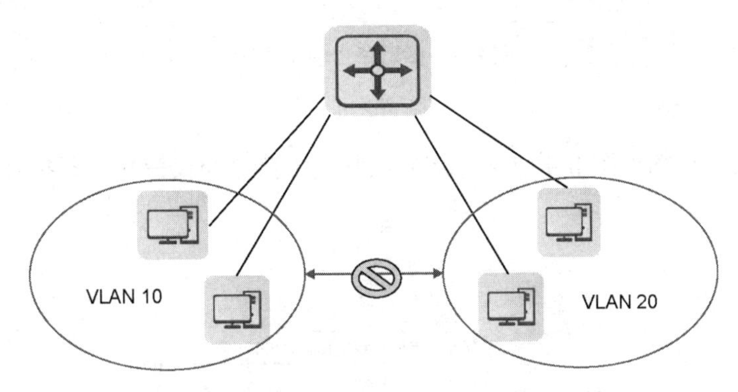

图 8-2　VLAN 之间进行二层通信的局限性

因为不同 VLAN 中的计算机之间不能进行二层通信，所以必须通过三层路由才能将报文从一个 VLAN 转发到另一个 VLAN，实现跨 VLAN 通信，即实现 VLAN 间路由。实现 VLAN 间路由的方法主要有 3 种，分别为多臂路由、单臂路由和三层交换。其中，三层交换是相对于传统的交换概念提出的。传统的交换技术是在 OSI（Open System Interconnection，开放系统互连）模型中的第二层（数据链路层）进行操作的，而三层交换技术是在 OSI 模型中的第三层（网络层）进行数据包的高速转发的。

2. 多臂路由与单臂路由

1）多臂路由

多臂路由的示意图如图 8-3 所示，在路由器上为每个 VLAN 都分配一个单独的接口，并且使用一条物理链路连接到二层交换机上。

当不同 VLAN 中的计算机之间需要进行通信时，数据会经由路由器进行路由，并且被转发到目标 VLAN 内的计算机中，从而实现不同 VLAN 中的计算机之间的互相通信，即实现 VLAN 间路由。然而，随着每台交换机上 VLAN 数量的增加，这样做需要大量的路由器接口，而路由器的接口数量是极其有限的。此外，某些 VLAN 中的计算机之间可能不需要频繁地进行通信，如果这样配置，则会降低路由器的接口利用率。因此，在实际应用中，一般不会使用多臂路由实现 VLAN 间路由。

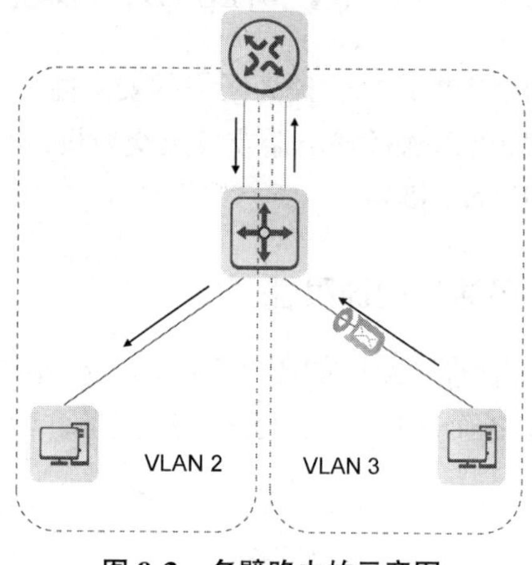

图 8-3　多臂路由的示意图

2）单臂路由

单臂路由的示意图如图 8-4 所示，交换机和路由器之间仅使用一条物理链路连接。

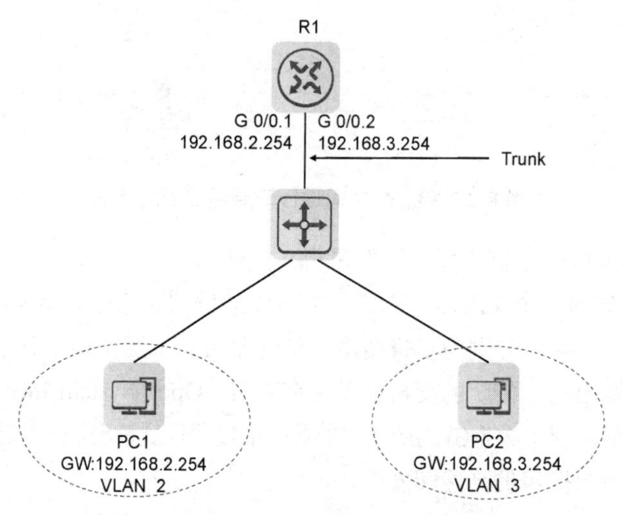

图 8-4　单臂路由的示意图

在交换机上，将连接路由器的接口配置成 Trunk 接口，并且允许相关 VLAN 的数据帧通过。在路由器上创建子接口，用于在逻辑上将连接路由器的物理链路分成多条链路（每个子接口都对应一个 VLAN）。这些子接口的 IP 地址各不相同，每个子接口的 IP 地址都应该被配置为该子接口对应 VLAN 的默认网关地址。子接口是一个逻辑概念，所以子接口通常又称为虚接口。在配置子接口时，需要注意以下两点。

- 必须为每个子接口都分配一个 IP 地址，该 IP 地址与子接口所属的 VLAN 位于同一个网段中。
- 需要在子接口上配置 802.1Q 封装。

项目规划

财务部属于 VLAN 10，使用 192.168.1.0/24 网段；技术部属于 VLAN 20，使用 192.168.2.0/24 网段。目前，二层交换机的 VLAN 之间是无法通信的，可以通过增加一台路由器并配置相应 VLAN 子接口的方法解决这个问题。因此，现在只需在路由器 R1 上创建子接口，为其绑定相应的 VLAN，并且将 VLAN 中计算机的网关地址配置为子接口的 IP 地址。此外，路由器 R1 和交换机 SW1 之间的通道需要传输多个 VLAN 中的数据，因此需要将路由器 R1 和交换机 SW1 之间的通道配置为 Trunk 类型。

具体的配置步骤如下。

（1）配置交换机端口。

（2）路由器的单臂路由配置。

（3）配置各台计算机的 IP 地址。

本项目的 VLAN 规划表如表 8-1 所示，IP 地址规划表如表 8-2 所示，端口规划表如表 8-3 所示。

表 8-1　本项目的 VLAN 规划表

VLAN ID	IP 地址段	用途
VLAN 10	192.168.1.0/24	财务部
VLAN 20	192.168.2.0/24	技术部

表 8-2　本项目的 IP 地址规划表

设备	接口	IP 地址	网关
R1	G 0/0.1	192.168.1.254	—
R1	G 0/0.2	192.168.2.254	—
财务部 PC1	—	192.168.1.1	192.168.1.254
技术部 PC2	—	192.168.2.1	192.168.2.254

表 8-3　本项目的端口规划表

本端设备	本端端口	对端设备	对端端口
R1	G 0/0	SW1	G 0/8
SW1	G 0/8	R1	G 0/0
SW1	G 0/1	财务部 PC1	—
SW1	G 0/5	技术部 PC2	—

项目实施

任务 8-1　配置交换机端口

扫一扫　看微课

▶ 任务描述

根据本项目的网络拓扑图，对交换机的端口进行配置。

▶ 任务实施

在交换机 SW1 上为各部门创建相应的 VLAN，并且将端口划分到相应的 VLAN 中，配置命令如下。

```
Ruijie>enable                                              //进入特权模式
Ruijie#config                                              //进入全局模式
SW1(config)#hostname  SW1                                  //将交换机名称修改为 SW1
SW1(config)#vlan range 10,20                               //批量创建 VLAN 10、VLAN 20
SW1(config-vlan-range)#exit
SW1(config)#interface range gigabitEthernet 0/1-4 //批量进入端口 G 0/1~G 0/4
SW1(config-if-range)#switchport mode access //将端口类型转换为 Access
SW1(config-if-range)#switchport access vlan 10
                                         //在接口模式下将端口指定给对应的 VALN 10
SW1(config-if-range)#exit
SW1(config)#interface range gigabitEthernet 0/5-7
SW1(config-if-range)#switchport mode access
SW1(config-if-range)#switchport access vlan 20
SW1(config-if-range)#exit
SW1(config)#interface gigabitEthernet 0/8
SW1(config-if-GigabitEthernet 0/8)#switchport mode trunk
SW1(config-if-GigabitEthernet  0/8)#Switchport  trunk  allowed  vlan  only
10,20                                    //端口允许 VLAN 10、VLAN 20 通过
```

▶ 任务验证

（1）在交换机 SW1 上执行命令“show vlan”，检查 VLAN 的配置信息，配置命令如下。

```
SW1(config)#show vlan
VLAN      Name                          Status    Ports
------- ----------------------------- -------- --------------------------
1         VLAN0001                      STATIC    Gi0/0
10        VLAN0010                      STATIC    Gi0/1, Gi0/2, Gi0/3
                                                  Gi0/4, Gi0/8
20        VLAN0020                      STATIC    Gi0/0, Gi0/5, Gi0/6, Gi0/7
                                                  Gi0/8
```

可以看到，已经在交换机 SW1 上创建了 VLAN 10 和 VLAN 20。

（2）在交换机 SW1 上执行命令“show interfaces switchport”，检查端口的配置信息，配置命令如下。

```
SW1(config)#show interfaces switchport
Interface           Switchport Mode   Access Native Protected VLAN lists
------------------- ---------- ------ ------- ------ ---------- --------
GigabitEthernet 0/0  enabled   ACCESS   1      1       Disabled   ALL
```

```
GigabitEthernet 0/1  enabled   ACCESS    10     1         Disabled    ALL
GigabitEthernet 0/2  enabled   ACCESS    10     1         Disabled    ALL
GigabitEthernet 0/3  enabled   ACCESS    10     1         Disabled    ALL
GigabitEthernet 0/4  enabled   ACCESS    10     1         Disabled    ALL
GigabitEthernet 0/5  enabled   ACCESS    20     1         Disabled    ALL
GigabitEthernet 0/6  enabled   ACCESS    20     1         Disabled    ALL
GigabitEthernet 0/7  enabled   ACCESS    20     1         Disabled    ALL
GigabitEthernet 0/8  enabled   TRUNK     1      1         Disabled    10,20
```

可以看到，G 0/1～G 0/4 端口的类型为 Access、VLAN ID 为 10，G 0/5～G 0/7 端口的类型为 Access、VLAN ID 为 20。

任务 8-2　路由器的单臂路由配置

▶ 任务描述

根据本项目的 IP 地址规划表，为路由器的相应接口配置 IP 地址，完成路由器的单臂路由配置。

▶ 任务实施

首先在路由器 R1 的以太网接口上创建两个子接口，然后为两个子接口配置 IP 地址和子网掩码，将其作为相应 VLAN 的网关，同时启用 802.1Q。

命令“interface *interface-id*.1”主要用于创建子接口，G 0/0.1 是物理接口 G 0/0 内的逻辑子接口。命令“encapsulation dot1q *vlan-id*”主要用于配置子接口 dot1q 封装的单层 VLAN ID。在默认情况下，子接口没有配置 dot1q 封装的单层 VLAN ID。在该命令执行成功后，子接口对报文的处理如下：在接收报文时，先剥掉报文中携带的 Tag，再对其进行三层转发；在发送报文时，先将相应的 VLAN 信息添加到报文中再发送。在默认情况下，子接口会启用 ARP 广播功能。如果禁用 ARP 广播功能，子接口就不能转发广播报文了，交换机在收到广播报文后会直接丢弃该报文。

具体的配置命令如下。

```
Ruijie>enable
Ruijie#config
Ruijie(config)#hostname R1
R1(config)#interface gigabitEthernet0/0.1     //创建并进入 G 0/0.1 子接口
R1(config-subif-GigabitEthernet 0/0.1)#encapsulation dot1q 10
                           //配置封装方式为 dot1q，通过的报文外层 Tag 为 10
R1(config-subif-GigabitEthernet 0/0.1)#ip address 192.168.1.254 24
                           //配置 IP 地址为 192.168.1.254、子网掩码为 24 位
R1(config-subif-GigabitEthernet 0/0.1)#exit //退出当前模式
R1(config)#interface gigabitEthernet0/0.2
```

```
R1(config-subif-GigabitEthernet 0/0.2)#encapsulation dot1q 20
R1(config-subif-GigabitEthernet 0/0.2)#ip address 192.168.2.254 24
R1(config-subif-GigabitEthernet 0/0.2)#exit
```

► 任务验证

（1）在路由器 R1 上执行命令“show ip interface brief”，查看其子接口的 IP 地址配置信息，配置命令如下。

```
R1(config)#show ip interface brief
Interface                IP-Address(Pri)     IP-Address(Sec)  Status   Protocol
GigabitEthernet 0/0      no address          no address       up       down
GigabitEthernet 0/0.1    192.168.1.254/24    no address       up       up
GigabitEthernet 0/0.2    192.168.2.254/24    no address       up       up
VLAN 1                   no address          no address       up       down
```

可以看到，G 0/0.1 和 G 0/0.2 子接口均正确配置了 IP 地址。

（2）在路由器 R1 上执行命令“show ip route”，查看其路由表配置信息，配置命令如下。

```
R1(config)#show ip route

Codes:  C - Connected, L - Local, S - Static
        R - RIP, O - OSPF, B - BGP, I - IS-IS, V - Overflow route
        N1 - OSPF NSSA external type 1, N2 - OSPF NSSA external type 2
        E1 - OSPF external type 1, E2 - OSPF external type 2
        SU - IS-IS summary, L1 - IS-IS level-1, L2 - IS-IS level-2
        IA - Inter area, EV - BGP EVPN, A - Arp to host
        LA - Local aggregate route
        * - candidate default

Gateway of last resort is no set
C     192.168.1.0/24 is directly connected, GigabitEthernet 0/0.1
C     192.168.1.254/32 is local host.
C     192.168.2.0/24 is directly connected, GigabitEthernet 0/0.2
C     192.168.2.254/32 is local host.
```

可以看到，G 0/0.1 和 G 0/0.2 子接口的直连路由已经生效了。

任务 8-3　配置各台计算机的 IP 地址

► 任务描述

根据本项目的 IP 地址规划表，为各台计算机配置 IP 地址。

▶ 任务实施

财务部 PC1 的 IP 地址配置如图 8-5 所示，技术部 PC2 的 IP 地址配置如图 8-6 所示。

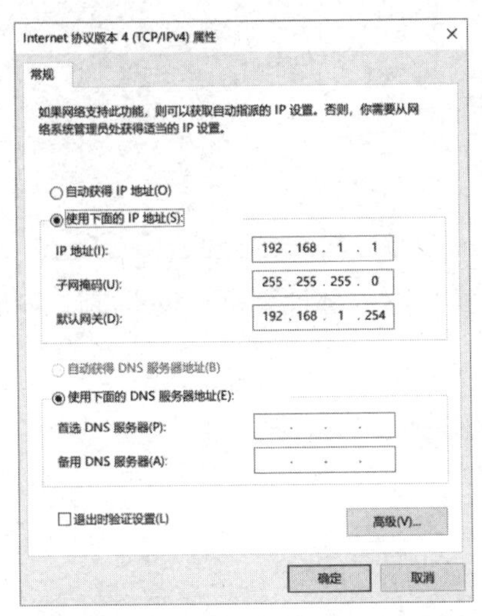

图 8-5　财务部 **PC1** 的 **IP** 地址配置

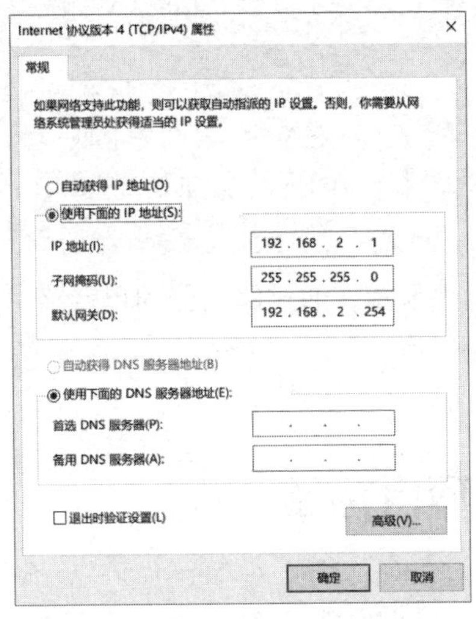

图 8-6　技术部 **PC2** 的 **IP** 地址配置

▶ 任务验证

（1）在财务部 PC1 上执行命令“ipconfig”，查看其 IP 地址的配置信息，配置命令如下。

```
C:\Users\Administrator>ipconfig      //显示本机 IP 地址的配置信息

本地连接:

   连接特定的 DNS 后缀 ................:
   IPv4 地址 .........................: 192.168.1.1(首选)
   子网掩码...........................: 255.255.255.0
   默认网关...........................: 192.168.1.254
```

可以看到，已经为财务部 PC1 正确配置了 IP 地址。

（2）在其他计算机上执行命令“ipconfig”，查看其 IP 地址的配置信息，确认已经为其正确配置了 IP 地址。

扫一扫　看微课

项目验证

使用财务部 PC1 Ping 技术部 PC2，配置命令如下。

```
C:\Users\Administrator>>ping 192.168.2.1

正在 Ping 192.168.2.1 具有 32 字节的数据:
```

```
来自 192.168.2.1 的回复：字节=32 时间=2ms TTL=63
来自 192.168.2.1 的回复：字节=32 时间=11ms TTL=63
来自 192.168.2.1 的回复：字节=32 时间=3ms TTL=63
来自 192.168.2.1 的回复：字节=32 时间=15ms TTL=63

192.168.2.1 的 Ping 统计信息：
    数据包：已发送 = 4，已接收 = 4，丢失 = 0 (0% 丢失)，
往返行程的估计时间(以毫秒为单位)：
    最短 = 2ms，最长 = 15ms，平均 = 7ms
```

结果显示，通过路由器的单臂路由功能，可以实现财务部计算机与技术部计算机之间的互相通信。

项目拓展

一、理论题

1．（多选）实现 VLAN 间路由的方法主要有（　　）。

A．多臂路由　　B．单臂路由　　C．三层交换　　D．二层交换

2．在部署单臂路由时，需要在交换机上将连接路由器的端口配置成（　　）端口，并且允许相关 VLAN 的数据帧通过。

A．Access　　B．Trunk　　C．Uplink　　D．TCP

3．如图 8-7 所示，两台计算机通过单臂路由实现 VLAN 间路由，当路由器 R1 的 G 0/0.1 子接口接收到 PC1 发送给 PC2 的数据帧时，路由器 R1 会执行的操作是（　　）。

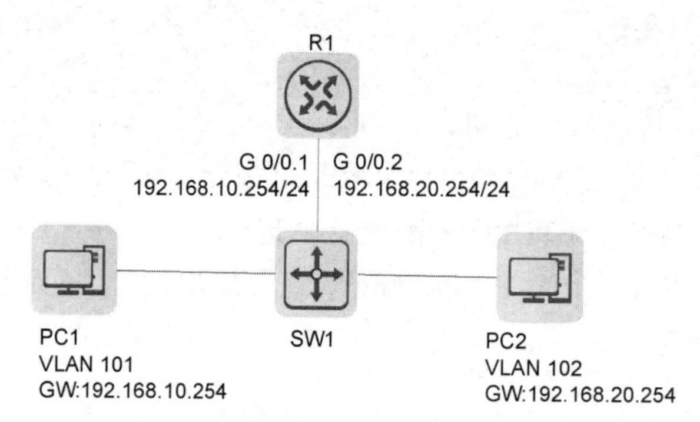

图 8-7　两台计算机通过单臂路由实现 VLAN 间路由

A．将数据帧通过 G 0/0.2 子接口直接转发出去

B．删除 VLAN 101，并且将数据帧从 G 0/0.2 子接口发送出去

C．丢弃该数据帧

D．首先删除 VLAN 101，然后添加 VLAN 102，最后将数据帧从 G 0/0.2 子接口发送出去

二、项目实训题

1．实训项目描述

企业内部网络通过划分不同的 VLAN，可以隔离不同部门之间的二层通信，从而确保各部门之间的信息安全。但出于业务需要，部分部门之间需要跨 VLAN 通信，网络管理员决定借助路由器，通过单臂路由技术实现不同部门之间的通信。

本实训项目的网络拓扑图如图 8-8 所示。

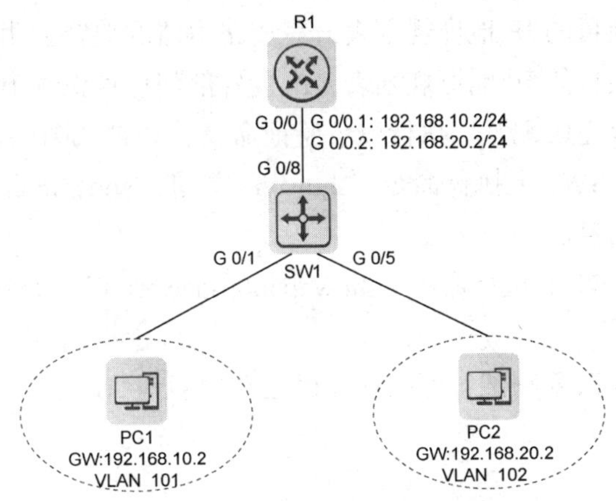

图 8-8　本实训项目的网络拓扑图

2．实训项目规划

根据本实训项目的相关描述和网络拓扑图，完成本实训项目的各个规划表。

（1）完成本实训项目的 VLAN 规划表，如表 8-4 所示。

表 8-4　本实训项目的 VLAN 规划表

VLAN ID	IP 地址段	用途

（2）完成本实训项目的 IP 地址规划表，如表 8-5 所示。

表 8-5　本实训项目的 IP 地址规划表

设备	接口	IP 地址	网关

（3）完成本实训项目的端口规划表，如表 8-6 所示。

表 8-6　本实训项目的端口规划表

本端设备	本端端口	对端设备	对端端口

续表

本端设备	本端端口	对端设备	对端端口

3．实训项目要求

（1）根据本实训项目的网络拓扑图，在交换机 SW1 上为各部门创建相应的 VLAN，并且将端口划分到相应的 VLAN 中。

（2）根据本实训项目的 IP 地址规划表，完成路由器的单臂路由配置。

（3）根据本实训项目的 IP 地址规划表，配置各部门计算机的 IP 地址。

（4）根据以上要求完成配置，执行以下验证命令，并且截图保存相关结果。

步骤 1：在交换机 SW1 上执行命令“show vlan”和“show interfaces switchport”，查看 VLAN 和端口的配置信息。

步骤 2：在路由器 R1 上执行命令“show ip interface brief ”，查看子接口的 IP 地址配置信息。

步骤 3：使用 Ping 命令测试各部门计算机之间的通信情况。

项目 9　多部门 VLAN 基于三层交换的互联部署

项目描述

Jan16 公司现在有财务部和技术部，两个部门使用一台三层交换机进行互联。为了方便管理，要求为各部门创建相应的 VLAN，并且实现 VLAN 间路由。

本项目的网络拓扑图如图 9-1 所示。

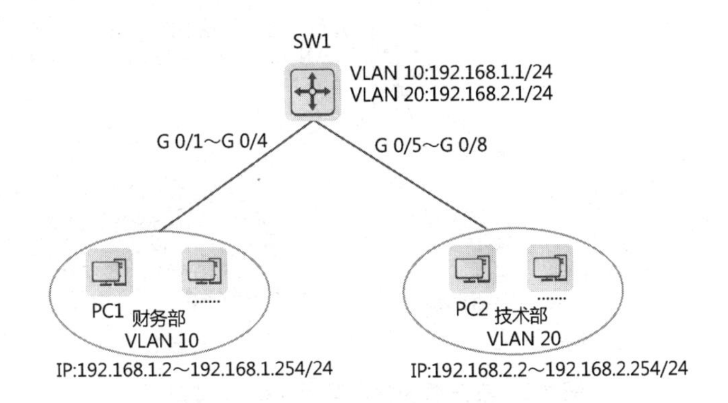

图 9-1　本项目的网络拓扑图

本项目的具体要求如下。

（1）在交换机 SW1 上，为财务部创建 VLAN 10，为技术部创建 VLAN 20。

（2）财务部的 4 台计算机连接交换机 SW1 的 G 0/1～G 0/4 端口，技术部的 4 台计算机连接交换机 SW1 的 G 0/5～G 0/8 端口。

（3）启用交换机 SW1 的三层路由功能，实现不同部门之间的互相通信。

（4）计算机和交换机的接口信息可以参考本项目的网络拓扑图。

相关知识

与多臂路由相比，单臂路由可以节约路由器的接口资源，但如果 VLAN 的数量较多，VLAN 之间的通信流量很大，那么单臂路由提供的带宽可能无法支撑这些通信流量。三层交换可以较好地解决接口数量和交换带宽问题。

三层交换是在交换机中引入路由模块，从而取代路由器+二层交换机的网络技术。这种集成了三层数据包转发功能的交换机称为三层交换机。三层交换机中的每个 VLAN 都对应一个 IP 网段，VLAN 之间是隔离的，但不同 IP 网段之间的访问需要跨越 VLAN，因此需要使用三层转发引擎提供的 VLAN 间路由功能实现。该三层转发引擎相当于传统组网中的路由器，当需要与其他 VLAN 进行通信时，会在三层交换引擎上分配一个路由接口，作为 VLAN 的网关。

三层交换机可以提供路由功能，因此它无须借助路由器转发不同 VLAN 之间的流量。三层交换机本身就拥有大量的高速端口，可以直接连接大量的终端设备。因此，使用一台三层交换机，就可以将终端隔离在不同的 VLAN 中，并且为这些终端提供 VLAN 间路由功能。

在三层交换机上配置 VLAN 接口，用于实现 VLAN 间路由功能，如图 9-2 所示。如果网络上有多个 VLAN，则需要给每个 VLAN 都配置一个 VLAN 接口，并且给每个 VLAN 接口都配置一个 IP 地址。用户设置的默认网关就是三层交换机中 VLAN 接口的 IP 地址。

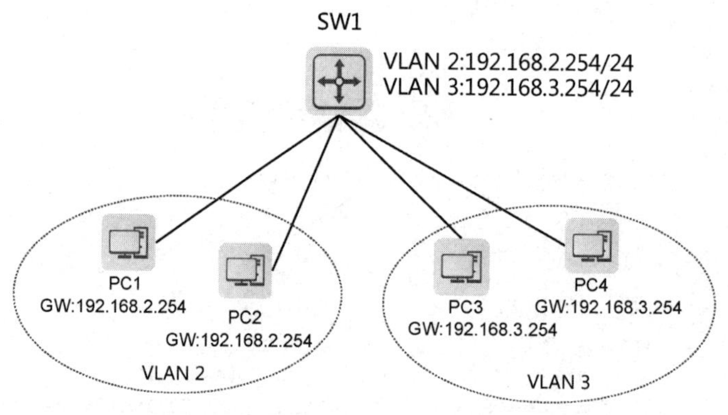

图 9-2　在三层交换上配置 VLAN 接口

项目规划

三层交换机可以通过创建 VLAN 的方式实现 VLAN 间路由。在交换机中创建 VLAN 10、VLAN 20，分别用于接入财务部、技术部的计算机。VLAN 10 使用 192.168.1.0/24 网段，VLAN 20 使用 192.168.2.0/24 网段。在交换机中创建 VLAN 10、VLAN 20 的 VLAN 接口，并且配置相应的 IP 地址，作为计算机的网关，即可实现 VLAN 间路由。

具体的配置步骤如下。

（1）在三层交换机上创建 VLAN。

（2）将端口划分到相应的 VLAN 中。

（3）配置 VLAN 接口的 IP 地址。

（4）配置各部门计算机的 IP 地址。

本项目的 VLAN 规划表如表 9-1 所示，端口规划表如表 9-2 所示，IP 地址规划表如表 9-3 所示。

表 9-1　本项目的 VLAN 规划表

VLAN ID	IP 地址段	用途
VLAN 10	192.168.1.0/24	财务部
VLAN 20	192.168.2.0/24	技术部

表 9-2　本项目的端口规划表

本端设备	本端端口	端口类型	所属 VLAN	对端设备
SW1	G 0/1	Access	VLAN 10	财务部 PC1
SW1	G 0/5	Access	VLAN 20	技术部 PC2

表 9-3　本项目的 IP 地址规划表

设备	接口	IP 地址	网关
SW1	VLAN 10	192.168.1.1/24	—
SW1	VLAN 20	192.168.2.1/24	—
财务部 PC1	—	192.168.1.10/24	192.168.1.1
技术部 PC2	—	192.168.2.10/24	192.168.2.1

项目实施

任务 9-1　在三层交换机上创建 VLAN

▶ 任务描述

根据本项目的 VLAN 规划表，在三层交换机上创建 VLAN。

▶ 任务实施

在三层交换机 SW1 上为各部门创建相应的 VLAN，配置命令如下。

```
Ruijie> enable                        //进入特权模式
Ruijie# configure terminal            //进入全局模式
Ruijie(config)# hostname SW1          //将交换机的名称修改为 SW1
SW1(config)#vlan 10                   //创建 VLAN 10
SW1(config-vlan)#exit
SW1(config)#vlan 20
SW1(config-vlan)#exit
```

▶ 任务验证

在三层交换机 SW1 上执行命令“show vlan”，查看 VLAN 的配置信息，配置命令如下。

```
SW1(config)#show vlan
VLAN      Name                              Status    Ports
```

```
------- ---------------------------- -------- --------------------------
1         VLAN0001                    STATIC    Gi0/0, Gi0/2, Gi0/3, Gi0/4
                                                Gi0/6, Gi0/7, Gi0/8
10        VLAN0010                    STATIC    Gi0/1
20        VLAN0020                    STATIC    Gi0/5
```

可以看到，已经在三层交换机 SW1 上创建了 VLAN 10 和 VLAN 20。

任务 9-2　将端口划分到相应的 VLAN 中

▶ 任务描述

根据本项目的端口规划表，对交换机上对应的端口进行配置。

▶ 任务实施

将各部门计算机使用的端口类型转换为 Access，并且配置 VLAN，将端口划分到相应的 VLAN 中，配置命令如下。

```
SW1(config)#interface GigabitEthernet 0/1    //进入 G 0/1 端口
SW1(config-if-GigabitEthernet 0/1)#switchport mode access
                                             //将端口类型转换为 Access
SW1(config-if-GigabitEthernet 0/1)#switchport access vlan 10
                                             //配置端口的默认 VALN 为 VLAN 10
SW1(config-if-GigabitEthernet 0/1)#exit
SW1(config)#interface GigabitEthernet 0/5
SW1(config-if-GigabitEthernet 0/5)#switchport mode access
SW1(config-if-GigabitEthernet 0/5)#switchport access vlan 20
SW1(config-if-GigabitEthernet 0/5)#exit
```

▶ 任务验证

在配置完成后，在交换机 SW1 上执行命令“show interfaces switchport”，检查端口的配置信息，配置命令如下。

```
SW1(config)#show interfaces switchport
Interface            Switchport Mode   Access Native  Protected  VLAN lists
-------------------- ---------- ------ ------ ------- ---------- --------
GigabitEthernet 0/0  enabled    ACCESS 1      1       Disabled   ALL
GigabitEthernet 0/1  enabled    ACCESS 10     1       Disabled   ALL
GigabitEthernet 0/2  enabled    ACCESS 1      1       Disabled   ALL
GigabitEthernet 0/3  enabled    ACCESS 1      1       Disabled   ALL
GigabitEthernet 0/4  enabled    ACCESS 1      1       Disabled   ALL
GigabitEthernet 0/5  enabled    ACCESS 20     1       Disabled   ALL
```

```
GigabitEthernet 0/6  enabled    ACCESS  1        1        Disabled  ALL
GigabitEthernet 0/7  enabled    ACCESS  1        1        Disabled  ALL
GigabitEthernet 0/8  enabled    ACCESS  1        1        Disabled  ALL
```

可以看到，G 0/1 端口的 VLAN ID 为 10，G 0/5 端口的 VLAN ID 为 20。

任务 9-3　配置 VLAN 接口的 IP 地址

▶ 任务描述

扫一扫 看微课

根据本项目的 IP 地址规划表，在交换机上创建 VLAN 接口，为其配置 IP 地址。

▶ 任务实施

在交换机 SW1 上创建 VLAN 接口，为其配置 IP 地址，并且将其作为各部门的网关地址，配置命令如下。

```
SW1(config)#interface vlan 10      //创建 VLAN 接口并进入 VLAN 接口模式
SW1(config-if-VLAN 10)#ip address 192.168.1.1 24
                                    //配置 IP 地址为 192.168.1.1、子网掩码为 24 位
SW1(config-if-VLAN 10)#exit
SW1(config)#interface vlan 20
SW1(config-if-VLAN 20)#ip address 192.168.2.1 24
SW1(config-if-VLAN 20)#exit
```

▶ 任务验证

在 SW1 上执行命令“show ip interface brief”，查看 VLAN 接口的 IP 地址配置信息，配置命令如下。

```
SW1(config)#show ip interface brief
Interface     IP-Address(Pri)     IP-Address(Sec)     Status  Protocol
VLAN 1        no address          no address          up      down
VLAN 10       192.168.1.1/24      no address          up      up
VLAN 20       192.168.2.1/24      no address          up      up
```

可以看到，已经为 VLAN 10 和 VLAN 20 的接口正确配置了 IP 地址。

任务 9-4　配置各部门计算机的 IP 地址

▶ 任务描述

根据本项目的 IP 地址规划表，为各部门的计算机配置 IP 地址。

▶ 任务实施

财务部 PC1 的 IP 地址配置如图 9-3 所示，技术部 PC2 的 IP 地址配置如图 9-4 所示。

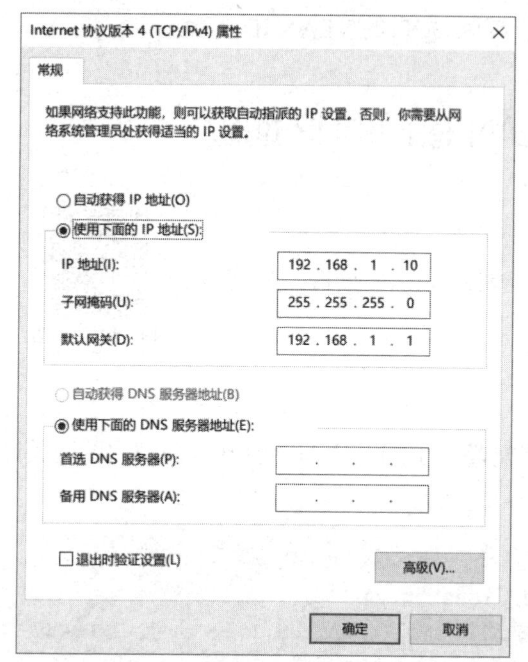

图 9-3　财务部 **PC1** 的 **IP** 地址配置

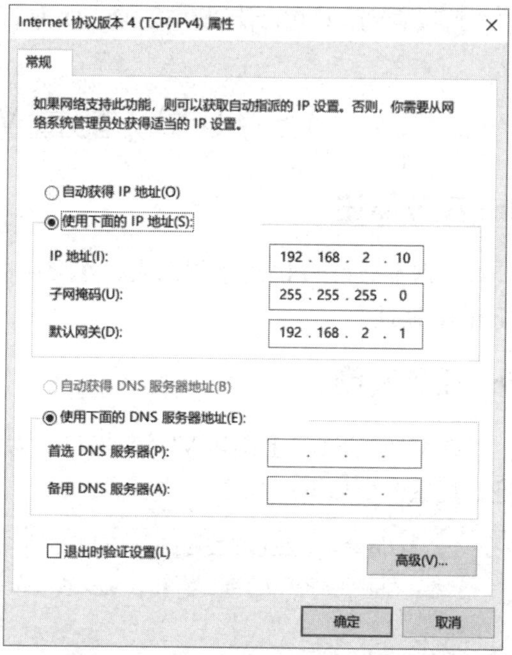

图 9-4　技术部 **PC2** 的 **IP** 地址配置

▶ 任务验证

（1）在财务部 PC1 上执行命令“ipconfig /all”，查看 PC1 的所有网络配置，配置命令如下。

```
C:\Users\Administrator>ipconfig /all

本地连接:

   连接特定的 DNS 后缀 . . . . . . . . . . . . . :
   描述 . . . . . . . . . . . . . . . . . . . . . : Realtek USB GbE Family Controller
   物理地址. . . . . . . . . . . . . . . . . . . : 54-89-98-CA-03-58
   DHCP 已启用 . . . . . . . . . . . . . . . . . : 否
   自动配置已启用. . . . . . . . . . . . . . . . : 是
   IPv4 地址 . . . . . . . . . . . . . . . . . . : 192.168.1.10(首选)
   子网掩码. . . . . . . . . . . . . . . . . . . : 255.255.255.0
   默认网关. . . . . . . . . . . . . . . . . . . : 192.168.1.1
   TCPIP 上的 NetBIOS . . . . . . . . . . . . . : 已启用
```

可以看到，已经为财务部 PC1 正确配置了 IP 地址。

（2）在其他计算机上执行命令“ipconfig /all”，查看其所有网络配置，确认已经为其正确配置了 IP 地址。

扫一扫 看微课

项目验证

（1）使用 Ping 命令测试跨部门通信情况。使用财务部 PC1 Ping 技术部 PC2，配置命令如下。

```
C:\Users\Administrator>ping 192.168.2.10

正在 Ping 192.168.2.10 具有 32 字节的数据:
来自 192.168.2.10 的回复: 字节=32 时间=1ms TTL=127
来自 192.168.2.10 的回复: 字节=32 时间=5ms TTL=127
来自 192.168.2.10 的回复: 字节=32 时间=1ms TTL=127
来自 192.168.2.10 的回复: 字节=32 时间=1ms TTL=127

192.168.2.10 的 Ping 统计信息:
    数据包: 已发送 = 4，已接收 = 4，丢失 = 0 (0% 丢失)，
往返行程的估计时间(以毫秒为单位):
    最短 = 1ms，最长 = 5ms，平均 = 2ms
```

结果显示，通过交换机的三层交换功能，实现了财务部的 VLAN 和技术部的 VLAN 之间的互相通信。

（2）使用技术部 PC2 Ping 财务部 PC1，配置命令如下。

```
C:\Users\Administrator>ping 192.168.1.10

正在 Ping 192.168.1.10 具有 32 字节的数据:
来自 192.168.1.10 的回复: 字节=32 时间=1ms TTL=127
来自 192.168.1.10 的回复: 字节=32 时间=5ms TTL=127
来自 192.168.1.10 的回复: 字节=32 时间=1ms TTL=127
来自 192.168.1.10 的回复: 字节=32 时间=1ms TTL=127

192.168.1.10 的 Ping 统计信息:
    数据包: 已发送 = 4，已接收 = 4，丢失 = 0 (0% 丢失)，
往返行程的估计时间(以毫秒为单位):
    最短 = 1ms，最长 = 5ms，平均 = 2ms
```

结果显示，通过交换机的三层交换功能，实现了技术部的 VLAN 和财务部的 VLAN 之间的互相通信。

项目拓展

一、理论题

1．执行命令“vlan range 10,20”和“vlan range 10 - 20”，创建的 VLAN 数量分别是（　　）。

A．11 和 11　　B．2 和 11　　C．2 和 2　　D．11 和 2

2．三层交换机根据（　　）对数据包进行转发。

A．MAC 地址　　B．IP 地址　　C．端口号　　D．应用协议

3．在以下设备中，可以实现不同 VLAN 之间通信的是（　　）。

A．二层交换机　　B．三层交换机

C．网络集线器　　D．生成树网桥

二、项目实训

1．实训项目描述

在企业网络中，通过使用三层交换机，可以简便地实现 VLAN 间路由。作为企业的网络管理员，你需要在三层交换机上配置 VLAN 接口的三层交换功能，实现 VLAN 间路由。

本实训项目的网络拓扑图如图 9-5 所示。

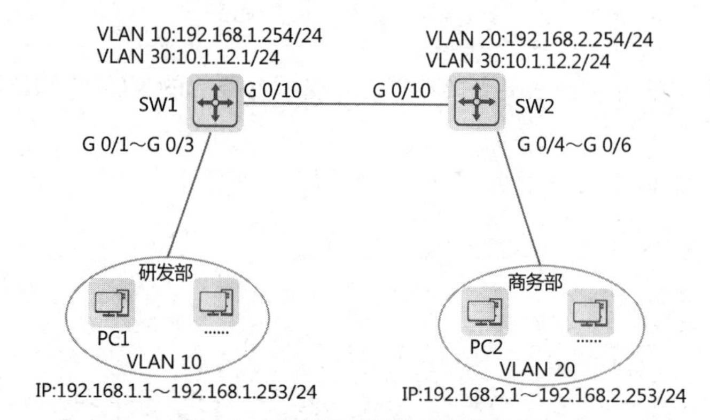

图 9-5　本实训项目的网络拓扑图

2．实训项目规划

根据本实训项目的相关描述和网络拓扑图，完成本实训项目的各个规划表。

（1）完成本实训项目的 VLAN 规划表，如表 9-4 所示。

表 9-4　本实训项目的 VLAN 规划表

VLAN ID	IP 地址段	用途

（2）完成本实训项目的端口规划表，如表 9-5 所示。

表 9-5　本实训项目的端口规划表

本端设备	本端端口	端口类型	所属 VLAN	对端设备

（3）完成本实训项目的 IP 地址规划表，如表 9-6 所示。

表 9-6　本实训项目的 IP 地址规划表

设备	接口	IP 地址	网关

3．实训项目要求

（1）根据本实训项目的网络拓扑图及规划表，在交换机 SW1 和 SW2 上创建 VLAN，并且将端口划分到相应的 VLAN 中。

（2）根据本实训项目的 IP 地址规划表，创建 VLAN 接口，并且为其配置 IP 地址信息。

（3）根据本实训项目的 IP 地址规划表，配置各部门计算机的 IP 地址。

（4）该网络拓扑图中的各部门计算机属于跨网段通信，需要在三层交换机上配置静态路由，实现通信。

（5）根据以上要求完成配置，执行以下验证命令，并且截图保存相关结果。

步骤 1：在交换机上执行命令“show vlan”和“show interfaces switchport”，检查 VLAN 和端口的配置信息。

步骤 2：在交换机上执行命令“show ip interface brief ”，检查 VLAN 接口的 IP 地址配置信息。

步骤 3：在各部门的计算机上使用 Ping 命令测试计算机之间的通信情况。

出口与安全部署篇

项目 10　AB 园区基于 PAP 认证的安全互联部署

项目描述

Jan16 公司因业务发展建立了分部，租用了专门的线路，用于进行总部与分部之间的互联。为了保障通信线路的数据安全，需要在路由器上配置安全认证。

本项目的网络拓扑图如图 10-1 所示。

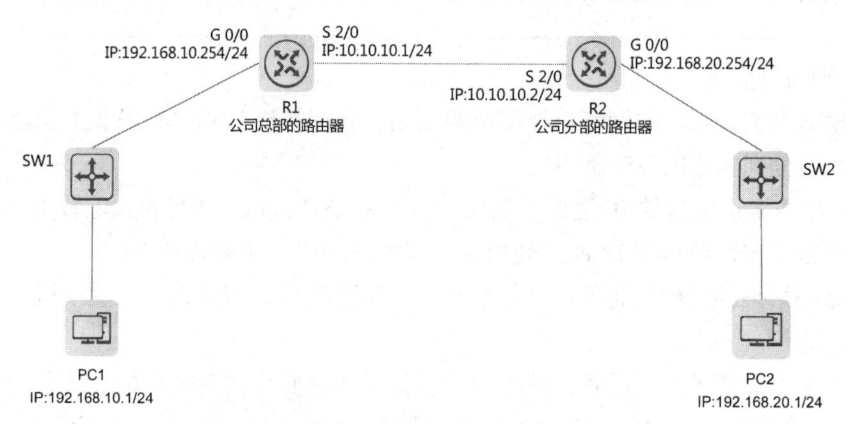

图 10-1　本项目的网络拓扑图

本项目的具体要求如下。

（1）公司总部的路由器 R1 使用 S 2/0 接口与公司分部的路由器 R2 互联。

（2）在路由器 R1 的 S 2/0 接口上使用 PPP 并启用 PAP 认证，用于保证公司分部的安全接入。

（3）全网通过 OSPF 协议互联。

（4）计算机、路由器的 IP 地址和接口信息可以参考本项目的网络拓扑图。

相关知识

PPP（Point-to-Point Protocol，点对点协议）是基于物理链路上传输网络层的报文设计的，它的校验、认证和连接协商机制可以有效解决串行线路网际协议 SLIP 的无容错控制机制、无授权和协议运行单一的问题。PPP 的可靠性和安全性较高，并且支持各类网络层协议，可以运行在不同类型的接口和链路上。

10.1　PPP 的基本概念

目前，PPP 是 TCP/IP 网络中非常重要的点对点的数据链路层协议，主要用于在支持全双工的同步链路和异步链路上进行点对点的数据传输。PPP 制定了一个适用于调制解调器、点对点专线、HDLC 比特串行线路和其他物理层的多协议帧机制，它支持错误检测、选项商定、头部压缩等机制，在目前的网络中得到了广泛的应用。

如图 10-2 所示，PPP 主要工作在串行接口和串行链路上，用于在全双工的同步链路和异步链路上进行点对点的数据传输，常见的利用 MODEM 进行拨号上网就是其典型应用。

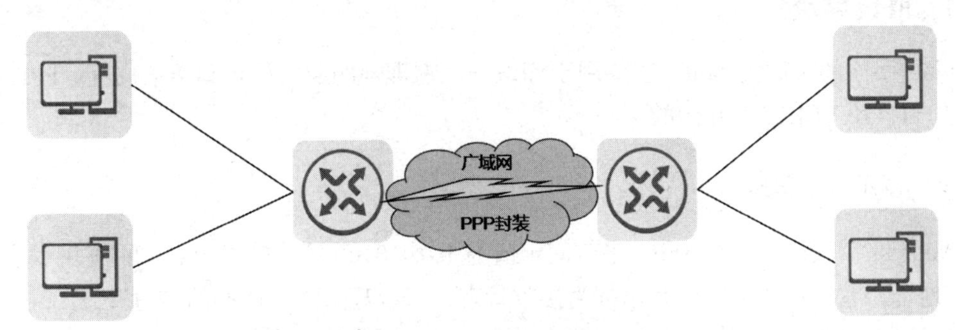

图 10-2　PPP 在点对点数据传输中的应用示例

PPP 在物理上可以使用各种不同的传输介质，包括双绞线、光纤及无线传输介质，在数据链路层提供了一套解决链路的建立、维护、拆除、上层协议协商、认证等问题的方案，支持同步串行连接、异步串行连接、ISDN 连接、HSSI 连接等连接类型，具有以下特性。

- 能够控制数据链路的建立。
- 能够对 IP 地址进行分配和使用。
- 允许同时采用多种网络层协议。
- 能够配置和测试数据链路。
- 能够进行错误检测。
- 有协商选项，能够对网络层的地址和数据压缩等进行协商。

PPP 包含若干个附属协议，这些附属协议又称为成员协议。PPP 的成员协议主要包括 LCP（Link Control Protocol，链路控制协议）和 NCP（Network Control Protocol，网络控制协议）。

- LCP 主要用于建立、拆除和监控数据链路连接，对最大传输单元（Maximum Transmission Unit，MTU）、质量协议、认证协议、魔术字（Magic Number）、协议域压缩、地址和控制域压缩协商等参数进行协商。
- NCP 主要用于对该链路上传输的数据包的格式与类型进行协商，建立和配置不同的网络层协议。

10.2 PPP 帧的格式

PPP 帧的格式如图 10-3 所示。

1B	1B	1B	1B	<1500B	2B	1B
（Flag字段） 标志字段 01111110	（Address字段） 地址字段	（Control字段） 控制字段	（Protocol字段） 协议字段	（Information字段） 信息字段	（FCS字段） 帧校验序列字段	（Flag字段） 标志字段 01111110

图 10-3 PPP 帧的格式

在 PPP 帧的格式中，各字段的含义如下。

1. Flag 字段

Flag 字段的长度为 8bit，主要用于标识一个物理帧的起始位置和结束位置。PPP 帧都是以 01111110（0X7E）开始的。

2. Address 字段

Address 字段的长度为 8bit，字节固定值为 10101010（0XFF）。该字段的值并不是一个 MAC 地址，它表示主从端的状态都为接收状态，可以理解为“所有的接口”。

PPP 帧可以在一条单一的 PPP 链路上固定地从当前接口传输到对端接口。因此，PPP 帧不像以太帧那样包含源 MAC 地址和目标 MAC 地址等信息。事实上，PPP 接口根本不需要属于自己的 MAC 地址。MAC 地址对 PPP 接口来说毫无意义。

3. Control 字段

Control 字段的长度为 8bit，字节固定为 00000010（0X03）。该字段的作用是表示 PPP 帧为无序号帧。

4. Protocol 字段

Protocol 字段的长度为 16bit，主要用于说明在 Information 字段中使用的是哪类分组，针对 LCP、NCP、IP、IPX、AppleTalk 及其他协议定义了相应的代码。例如，如果 Protocol 字段的取值为 0xc021，则表示 Information 字段是一个 LCP 报文；如果 Protocol 字段的取值为 0x0021，则表示 Information 字段是一个 IP 报文。

5. Information 字段

Information 字段是 PPP 帧的载荷数据，其长度是可变的。该字段中包含 Protocol 字段中指定协议的数据包。数据字段的默认最大长度（不包括协议字段）称为最大接收单元（Maximum Receive Unit，MRU）。MRU 的默认值为 1 500 字节。

6. FCS 字段

FCS 字段的长度为 16bit，主要用于对 PPP 帧进行差错校验。

10.3　PPP 链路的建立过程

PPP 链路的建立是通过一系列协商完成的。其中，LCP 不仅可以建立、拆除和监控 PPP 数据链路，还可以对数据链路层的特性（如 MTU、认证方式等）进行协商；NCP 主要用于协商在该数据链路上传输的数据的格式和类型，如 IP 地址。

PPP 在建立链路前，要进行一系列协商过程。PPP 链路的建立流程大致可以分为以下几个阶段：Dead（链路不可用）阶段、Establish（链路建立）阶段、Authenticate（认证）阶段、Network-Layer Protocol（网络层协议）阶段、Link Terminate（链路终止）阶段，如图 10-4 所示。

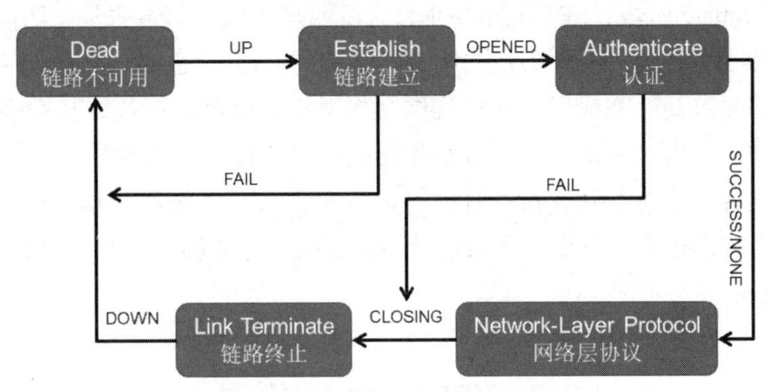

图 10-4　PPP 链路的建立流程

1. Dead 阶段

PPP 链路必须从 Dead 阶段开始和结束。当一个外部事件（如一个载波信号或网络管理员配置）检测到物理层可用时，PPP 链路就会进入 Establish 阶段。在 Dead 阶段，LCP 状态机有两个状态：Initial 和 Starting。在 PPP 链路成功地从 Dead 阶段转换为 Establish 阶段后，LCP 状态机会经历一个状态转换过程，并且可能触发一系列内部事件，其中包括表示链路已建立的 UP 状态或事件。在断开连接后，PPP 链路会自动回到 Dead 阶段。

2. Establish 阶段

在 Establish 阶段，PPP 链路会进行 LCP 参数协商，协商内容包括 MRU、认证方式、魔术字等。在 LCP 参数协商成功后，PPP 链路会进入 OPENED 状态，表示底层链路已经建立。

3. Authenticate 阶段

某些链路可能要求在对端认证其身份后，才允许网络层协议数据包在链路上传输。在

PPP 的默认设置中，身份认证是不被要求的。如果某个应用或网络管理员要求对端采用特定的认证协议进行身份认证，则必须在 Establish 阶段配置该协议。只有在身份认证通过后，PPP 链路才可以进入 Network-Layer Protocol 阶段；如果身份认证不通过，那么 PPP 可能会继续尝试认证，不会立即转到 Link Terminate 阶段。在 Authenticate 阶段，只允许 LCP、认证协议和链路质量检测的数据包进行传输，其他数据包都会被丢弃。

4. Network-Layer Protocol 阶段

在 Network-Layer Protocol 阶段，PPP 链路会进行 NCP 参数协商。通过协商，选择和配置一个网络层协议及相关参数。只有在相应的网络层协议协商成功后，才可以通过这条 PPP 链路发送报文。在 NCP 参数协商成功后，PPP 链路会保持通信状态。

5. Link Terminate 阶段

在 Link Terminate 阶段，PPP 链路终止，这可能是由载波信号丢失、认证不通过、链路质量不好、定时器超时或网络管理员关闭链路导致的。PPP 通过交换终止链路的数据包来关闭链路，在数据包交换完成后，应用程序会告诉物理层拆除连接，从而强行终止链路。但在认证失败时，发出终止请求的一方必须在收到终止应答，或者重启计数器次数超过最大终止计数次数后，才能断开连接；收到终止请求的一方必须等对方先断开连接，并且在发送终止应答之后，必须有至少一次重启计数器超时，才能断开连接。PPP 链路在终止后，会回到 Dead 阶段。

10.4 PPP 的身份认证

PPP 是通信双方身份认证的安全性协议。在网络层协商 IP 地址前，必须先通过身份认证。PPP 的身份认证有两种方式：CHAP（Challenge Handshake Authentication Protocol，挑战握手认证协议）和 PAP（Password Authentication Protocol，密码认证协议）。本节主要介绍 PAP 身份认证方式。

PAP 是两次握手协议，它通过用户名及口令进行用户身份认证，其过程如下。

（1）在进入 Authenticate 阶段时，被认证方会将自己的用户名及密码发送给认证方，认证方会根据本端的用户数据库（或 Radius 服务器），查看该用户名是否存在、密码是否正确。

（2）如果用户身份认证成功，那么认证方会发送 ACK 报文，通知对端进入下一个阶段进行协商；否则认证方会发送 NAK 报文，通知对端用户身份认证失败。

此时，并不直接将链路关闭。只有当用户身份认证失败达到一定次数后，才会将链路关闭，用于防止因网络误传、网络干扰等因素造成不必要的 LCP 重新协商。PAP 在网络上以明文的方式传送用户名及密码，因此其安全性不高。PAP 的用户身份认证过程如图 10-5 所示。

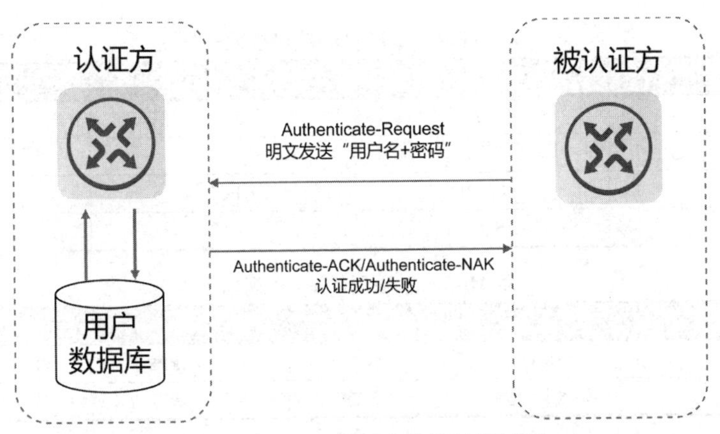

图 10-5　PAP 的用户身份认证过程

项目规划

串行链路默认采用 HDLC 协议，该协议的数据报文可以透明传输，易于使用硬件实现。现在需要配置点对点的串行通信协议，可以使用 PAP 认证方式，确保链路的建立更安全。PAP 认证使用用户名和密码进行用户身份认证。公司总部的路由器 R1 为认证方，需要将 S 2/0 接口的 PPP 认证方式配置为 PAP，并且为其创建用户，设置用户名为“Jan16”、密码为“123456”；公司分部的路由器 R2 为被认证方，需要将 S 2/0 接口的 PPP 认证方式配置为 PAP，并且为其创建与认证方一致的用户（用户名和密码保持一致）。在完成以上设置后，即可实现链路的认证接入。

具体的配置步骤如下。

（1）在路由器上配置 PPP。

（2）配置路由器接口的 IP 地址。

（3）配置 PPP 的 PAP 认证。

（4）搭建 OSPF 网络。

（5）配置各台计算机的 IP 地址。

本项目的 IP 地址规划表如表 10-1 所示，接口规划表如表 10-2 所示，PPP 规划表如表 10-3 所示，账户认证规划表如表 10-4 所示，路由规划表如表 10-5 所示。

表 10-1　本项目的 IP 地址规划表

设备	接口	IP 地址	网关
R1	G 0/0	192.168.10.254/24	—
R1	S 2/0	10.10.10.1/24	—
R2	G 0/0	192.168.20.254/24	—
R2	S 2/0	10.10.10.2/24	—
PC1	—	192.168.10.1/24	192.168.10.254
PC2	—	192.168.20.1/24	192.168.20.254

表 10-2 本项目的接口规划表

本端设备	本端接口	对端设备	对端接口
R1	G 0/0	PC1	—
R1	S 2/0	R2	S 2/0
R2	G 0/0	PC2	—
R2	S 2/0	R1	S 2/0

表 10-3 本项目的 PPP 规划表

路由器名称	角色	接口	链路层协议	认证方式
R1	认证方	S 2/0	PPP	PAP
R2	被认证方	S 2/0	PPP	PAP

表 10-4 本项目的账户认证规划表

路由器名称	角色	用户名	密码	认证方式
R1	认证方	Jan16	123456	PAP
R2	被认证方	Jan16	123456	PAP

表 10-5 本项目的路由规划表

路由器名称	OSPF 进程号	宣告的网段	子网掩码	区域 ID	接口类型
R1	1	192.168.10.0	255.255.255.0	0	S 2/0
R1	1	10.10.10.0	255.255.255.0	0	G 0/0
R2	1	192.168.20.0	255.255.255.0	0	S 2/0
R2	1	10.10.10.0	255.255.255.0	0	G 0/0

项目实施

任务 10-1 在路由器上配置 PPP

扫一扫 看微课

▶ 任务描述

根据本项目的 PPP 规划表，在路由器 R1、R2 上配置 PPP。

▶ 任务实施

（1）在 Serial 接口模式下，可以使用命令“encapsulation {FR|DHLC|LAPB|PPP|SDLC|X25}”指定接口的链路层协议。

在路由器 R1 上，将 S 2/0 接口的链路层协议配置为 PPP，配置命令如下。

```
Ruijie>enable                                  //进入特权模式
Ruijie#config                                  //进入全局模式
Ruijie(config)#hostname R1                     //将路由器名称修改为 R1
R1(config)#interface serial 2/0                //进入 S 2/0 接口
R1(config-if-Serial 2/0)#encapsulation PPP     //将接口的链路层协议配置为 PPP
```

（2）在路由器 R2 上，将 S 2/0 接口的链路层协议配置为 PPP，配置命令如下。

```
Ruijie>enable
Ruijie#config
Ruijie(config)#hostname R2
R2(config)#interface serial 2/0
R2(config-if-Serial 2/0)#encapsulation PPP
```

▶ 任务验证

（1）在路由器 R1 上检查链路状态和连通性，配置命令如下。

```
R1(config-if-Serial 2/0)#show interface serial 2/0
Index(dec):2 (hex):2
Serial 2/0 is UP  , line protocol is DOWN
Hardware is SIC-1HS HDLC CONTROLLER Serial
Interface address is: no ip address
  MTU 1500 bytes, BW 2000 Kbit
  Encapsulation protocol is PPP, loopback not set
  Keepalive interval is 10 sec ,retries 10.
  Carrier delay is 2 sec
  Rxload is 1/255, Txload is 1/255
  LCP Open
  Queueing strategy: FIFO
    Output queue 0/40, 0 drops;
    Input queue 0/75, 0 drops
    0 carrier transitions
    V35 DTE cable
    DCD=up  DSR=up  DTR=up  RTS=up  CTS=up
  5 minutes input rate 24 bits/sec, 0 packets/sec
  5 minutes output rate 24 bits/sec, 0 packets/sec
    89 packets input, 1860 bytes, 0 no buffer, 0 dropped
    Received 0 broadcasts, 0 runts, 0 giants
    0 input errors, 0 CRC, 0 frame, 0 overrun, 0 abort
    105 packets output, 2102 bytes, 0 underruns , 0 dropped
    0 output errors, 0 collisions, 3 interface resets
```

（2）在路由器 R2 上检查链路状态和连通性，配置命令如下。

```
R2(config-if-Serial 2/0)#show interface serial 2/0
Index(dec):2 (hex):2
Serial 2/0 is UP  , line protocol is DOWN
Hardware is SIC-1HS HDLC CONTROLLER Serial
Interface address is: no ip address
```

```
  MTU 1500 bytes, BW 2000 Kbit
  Encapsulation protocol is PPP, loopback set
  Keepalive interval is 10 sec ,retries 10.
  Carrier delay is 2 sec
  Rxload is 1/255, Txload is 1/255
  LCP Open
  Queueing strategy: FIFO
    Output queue 0/40, 0 drops;
    Input queue 0/75, 0 drops
    0 carrier transitions
    V35 DCE cable
    DCD=down  DSR=up  DTR=up  RTS=up  CTS=up
  5 minutes input rate 25 bits/sec, 0 packets/sec
  5 minutes output rate 25 bits/sec, 0 packets/sec
    126 packets input, 2448 bytes, 0 no buffer, 0 dropped
    Received 0 broadcasts, 0 runts, 0 giants
    0 input errors, 0 CRC, 0 frame, 0 overrun, 0 abort
    100 packets output, 2196 bytes, 0 underruns , 0 dropped
    0 output errors, 0 collisions, 3 interface resets
```

可以看到，现在路由器 R1 和 R2 之间无法正常通信，链路的物理状态正常，但是链路层协议状态不正常。这是因为，此时尚未配置 PPP 链路上的 IP 地址。

任务 10-2 配置路由器接口的 IP 地址

▶ 任务描述

根据本项目的 IP 地址规划表，为路由器的接口配置 IP 地址。

▶ 任务实施

（1）为路由器 R1 的接口配置 IP 地址，配置命令如下。

```
R1(config)#interface GigabitEthernet 0/0 //进入 G 0/0 接口
R1(config-if-GigabitEthernet 0/0)#ip add 192.168.10.254 255.255.255.0
                        //配置 IP 地址为 192.168.10.254、子网掩码为 24 位
R1(config-if-GigabitEthernet 0/0)#exit
R1(config)#interface serial 2/0
R1(config-if-Serial 2/0)#ip add 10.10.10.1 255.255.255.0
R1(config-if-Serial 2/0)#exit
```

（2）为路由器 R2 的接口配置 IP 地址，配置命令如下。

```
R2(config)#interface GigabitEthernet 0/0
R2(config-if-GigabitEthernet 0/0)#ip add 192.168.20.254 255.255.255.0
R2(config-if-GigabitEthernet 0/0)#exit
R2(config)#interface serial 2/0
R2(config-if-Serial 2/0)#Ip add 10.10.10.2 255.255.255.0
R2(config-if-Serial 2/0)#exit
```

▶ 任务验证

（1）在路由器 R1 上执行命令“show ip interface brief”，查看其接口的 IP 地址配置信息，配置命令如下。

```
R1(config-if-Serial 2/0)#show ip interface brief
Interface              IP-Address(Pri)     IP-Address(Sec)  Status   Protocol
Serial 2/0             10.10.10.1/24       no address       up       up
Serial 3/0             no address          no address       down     down
GigabitEthernet 0/0    192.168.10.254/24   no address       up       up
GigabitEthernet 0/1    no address          no address       down     down
VLAN 1                 no address          no address       up       down
```

（2）在路由器 R2 上执行命令“show ip interface brief”，查看其接口的 IP 地址配置信息，配置命令如下。

```
R2(config-if-Serial 2/0)#show ip interface brief
Interface              IP-Address(Pri)     IP-Address(Sec)  Status   Protocol
Serial 2/0             10.10.10.2/24       no address       up       up
GigabitEthernet 0/0    192.168.20.254/24   no address       up       up
GigabitEthernet 0/1    no address          no address       down     down
VLAN 1                 no address          no address       up       down
```

可以看到，路由器 R1、R2 的 S 2/0 接口的 Status 和 Protocol 均为 up，表示路由器 R1 与 R2 之间的链路层协议状态正常。

任务 10-3　配置 PPP 的 PAP 认证

扫一扫 看微课

▶ 任务描述

根据本项目的账户认证规划表，在路由器 R1、R2 上配置 PPP 的 PAP 认证。

▶ 任务实施

（1）在 Serial 接口模式下，如果链路层协议类型为 PPP，那么认证方可以使用命令“ppp authentication { pap | chap }”将 PPP 的认证方式配置为 PAP 或 CHAP。

路由器 R1 为认证方，需要将 S 2/0 接口的 PPP 认证方式设置为 PAP，并且为其创建用户，设置用户名为“Jan16”、密码为“123456”，配置命令如下。

```
R1(config)#interface serial 2/0
R1(config-if-Serial 2/0)#ppp authentication pap //认证方配置认证方式为 PAP
R1(config-if-Serial 2/0)#exit
R1(config)#username Jan16 password 123456          //设置用户名和密码
```

（2）路由器 R2 为被认证方，需要使用命令“ppp pap sent-username *name* password 0 *password*”为 PPP 配置认证用户名及密码。在 S 2/0 接口下以 PPP 方式进行用户身份认证时，配置本地发送的 PAP 用户名和密码，配置命令如下。

```
R2(config)#interface serial 2/0
R2(config-if-Serial 2/0)#ppp pap sent-username Jan16 password 0 123456
         //在以 PPP 方式进行用户身份认证时，配置本地发送的 PAP 用户名和密码
```

▶ 任务验证

（1）在路由器 R1 上执行命令“show interface serial 2/0”，查看 S 2/0 接口的 PPP 认证信息，配置命令如下。

```
R1(config)#show interface serial 2/0
Index(dec):2 (hex):2
Serial 2/0 is UP  , line protocol is UP
Hardware is SIC-1HS HDLC CONTROLLER Serial
Interface address is: 10.10.10.1/24
  MTU 1500 bytes, BW 2000 Kbit
  Encapsulation protocol is PPP, loopback not set
  Keepalive interval is 10 sec ,retries 10.
  Carrier delay is 2 sec
  Rxload is 1/255, Txload is 1/255
  LCP Open
  Open: ipcp
  Queueing strategy: FIFO
    Output queue 0/40, 0 drops;
    Input queue 0/75, 0 drops
    0 carrier transitions
    V35 DTE cable
    DCD=up  DSR=up  DTR=up  RTS=up  CTS=up
  5 minutes input rate 77 bits/sec, 0 packets/sec
  5 minutes output rate 78 bits/sec, 0 packets/sec
    561 packets input, 9189 bytes, 0 no buffer, 0 dropped
    Received 0 broadcasts, 0 runts, 0 giants
    0 input errors, 0 CRC, 0 frame, 0 overrun, 0 abort
```

```
    577 packets output, 10540 bytes, 0 underruns , 0 dropped
    0 output errors, 0 collisions, 46 interface resets
```

可以看到“Serial 2/0 is UP　, line protocol is UP”和“Encapsulation protocol is PPP”，表示 PPP 协商成功。

（2）在路由器 R2 上执行命令“show interface serial 2/0”，查看 S 2/0 接口的 PPP 认证信息，配置命令如下。

```
R2(config)#show interface serial 2/0
Index(dec):2 (hex):2
Serial 2/0 is UP  , line protocol is UP
Hardware is SIC-1HS HDLC CONTROLLER Serial
Interface address is: 10.10.10.2/24
  MTU 1500 bytes, BW 2000 Kbit
  Encapsulation protocol is PPP, loopback set
  Keepalive interval is 10 sec ,retries 10.
  Carrier delay is 2 sec
  Rxload is 1/255, Txload is 1/255
  LCP Open
  Open: ipcp
  Queueing strategy: FIFO
    Output queue 0/40, 0 drops;
    Input queue 0/75, 0 drops
    0 carrier transitions
    V35 DCE cable
    DCD=down  DSR=up  DTR=up  RTS=up  CTS=up
  5 minutes input rate 105 bits/sec, 0 packets/sec
  5 minutes output rate 87 bits/sec, 0 packets/sec
    555 packets input, 10748 bytes, 0 no buffer, 0 dropped
    Received 0 broadcasts, 0 runts, 0 giants
    0 input errors, 0 CRC, 0 frame, 0 overrun, 0 abort
    539 packets output, 8397 bytes, 0 underruns , 0 dropped
    0 output errors, 0 collisions, 7 interface resets
R2(config)#exit
```

可以看到“Serial 2/0 is UP　, line protocol is UP”和“Encapsulation protocol is PPP”，表示 PPP 协商成功。

任务 10-4　搭建 OSPF 网络

扫一扫 看微课

▶ 任务描述

根据本项目的路由规划表，在各台路由器上配置 OSPF 路由，用于搭建 OSPF 网络。

▶ 任务实施

（1）在路由器 R1 上配置 OSPF 路由，配置命令如下。

```
R1(config)#router ospf 1          //创建进程号为 1 的 OSPF 进程，进入 OSPF 区域 0
R1(config-router)#network 192.168.10.0 0.0.0.255 area 0
                                  //宣告 192.168.10.0/24 网段
R1(config-router)#network 10.10.10.0 0.0.0.255 area 0
R1(config-router)#exit
R1(config)#interface serial 2/0
R1(config-if-Serial 2/0)#ip ospf network point-to-point
R1(config-if-Serial 2/0)#exit
```

（2）在路由器 R2 上配置 OSPF 路由，配置命令如下。

```
R2(config)#router ospf 1
R2(config-router)#network 192.168.20.0 0.0.0.255 area 0
R2(config-router)#network 10.10.10.0 0.0.0.255 area 0
R2(config-router)#exit
R2(config)#interface serial 2/0
R2(config-if-Serial 2/0)#ip ospf network point-to-point
R2(config-if-Serial 2/0)#exit
```

▶ 任务验证

（1）在路由器 R1 上执行命令“show ip ospf neighbor”，查看 OSPF 路由的相关配置，配置命令如下。

```
R1(config)#show ip ospf neighbor

OSPF process 1, 1 Neighbors, 1 is Full:
Neighbor ID      Pri  State    BFD State  Dead Time  Address      Interface
192.168.20.254   1    Full/-   -          00:00:37   10.10.10.2   Serial 2/0
```

可以看到，路由器 R1 在 S 2/0 接口上与路由器 R2 建立了邻居关系。

（2）在路由器 R2 上执行命令“show ip ospf neighbor”，查看 OSPF 路由的相关配置，配置命令如下。

```
R2(config)#show ip ospf neighbor

OSPF process 1, 1 Neighbors, 1 is Full:
Neighbor ID      Pri  State    BFD State  Dead Time  Address      Interface
192.168.10.254   1    Full/-   -          00:00:39   10.10.10.1   Serial 2/0
```

可以看到，路由器 R2 在 S 2/0 接口上与路由器 R1 建立了邻居关系。

任务 10-5　配置各台计算机的 IP 地址

▶ 任务描述

根据本项目的 IP 地址规划表，为各台计算机配置 IP 地址。

▶ 任务实施

PC1 的 IP 地址配置如图 10-6 所示，PC2 的 IP 地址配置如图 10-7 所示。

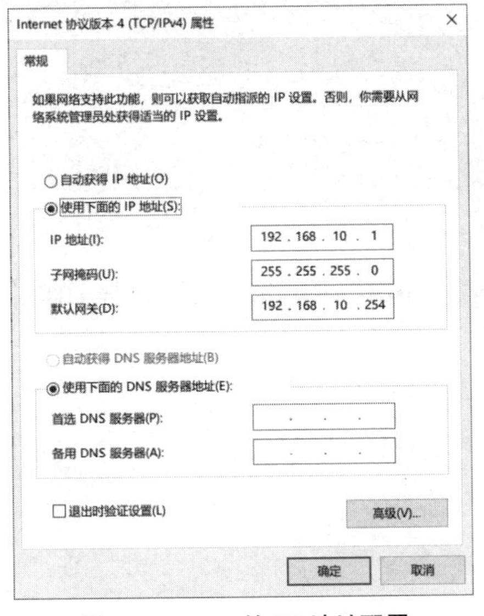

图 10-6　PC1 的 IP 地址配置

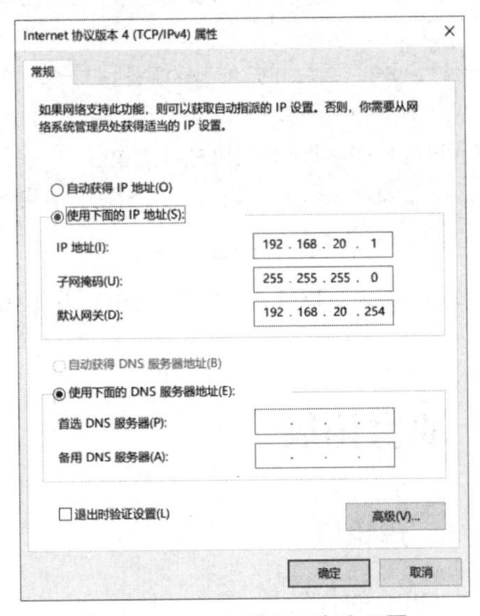

图 10-7　PC2 的 IP 地址配置

▶ 任务验证

（1）在 PC1 上执行命令“ipconfig”，查看其 IP 地址的配置信息，配置命令如下。

```
C:\Users\Administrator>ipconfig      //显示本机 IP 地址的配置信息

本地连接:

   连接特定的 DNS 后缀 ...............:
   IPv4 地址 ........................: 192.168.10.1(首选)
   子网掩码..........................: 255.255.255.0
   默认网关..........................: 192.168.10.254
```

可以看到，已经为 PC1 正确配置了 IP 地址。

（2）在其他计算机上执行命令“ipconfig”，查看其 IP 地址的配置信息，确认已经为其正确配置了 IP 地址。

项目验证

使用 PC1 Ping PC2，配置命令如下。

```
C:\Users\Administrator>ping 192.168.20.1

正在 Ping 192.168.20.1 具有 32 字节的数据:
来自 192.168.20.1 的回复: 字节=32 时间=37ms TTL=126
来自 192.168.20.1 的回复: 字节=32 时间=37ms TTL=126
来自 192.168.20.1 的回复: 字节=32 时间=38ms TTL=126
来自 192.168.20.1 的回复: 字节=32 时间=38ms TTL=126

192.168.20.1 的 Ping 统计信息:
    数据包: 已发送 = 4，已接收 = 4，丢失 = 0 (0% 丢失)，
往返行程的估计时间(以毫秒为单位):
    最短 = 36ms，最长 = 38ms，平均 = 37ms
```

结果显示，PC1 与 PC2 之间能够互相通信，表示路由器互联链路可以正常工作。

项目拓展

一、理论题

1．PPP 的含义是（　　）。

A．点对点的数据链路层协议　　B．包含多种附属协议的协议

C．一种网络层协议　　D．一种物理层协议

2．（多选）PPP 主要用于在（　　）链路上进行点对点的数据传输。

A．同步　　B．异步　　C．数字　　D．光纤

3．PPP 的成员协议主要包括（　　）协议。

A．TCP 和 UDP　　B．LCP 和 NCP

C．IP 和 ARP　　D．ICMP 和 IGMP

4．PAP 身份认证方式为（　　）。

A．密文认证　　B．不认证　　C．Null　　D．明文认证

二、项目实训题

1．实训项目描述

Jan16 公司因业务发展设立了分部，租用了专门的线路，用于进行总部与分部之间的互联。为了保障通信线路的数据安全，需要在公司总部路由器和公司分部路由器的互联接口

上开启点对点的链路安全认证。

本实训项目的网络拓扑图如图 10-8 所示。

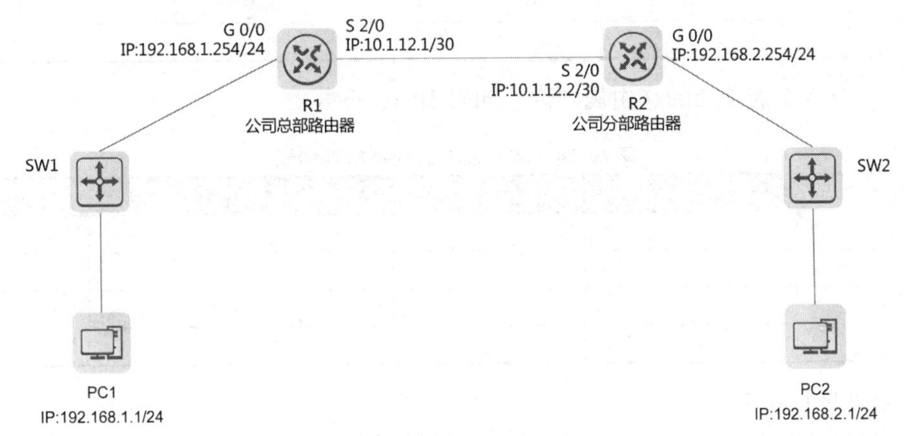

图 10-8　本实训项目的网络拓扑图

2．实训项目规划

根据本实训项目的相关描述和网络拓扑图，完成本实训项目的各个规划表。

（1）完成本实训项目的 IP 地址规划表，如表 10-6 所示。

表 10-6　本实训项目的 IP 地址规划表

设备	接口	IP 地址	网关

（2）完成本实训项目的接口规划表，如表 10-7 所示。

表 10-7　本实训项目的接口规划表

本端设备	本端接口	对端设备	对端接口

（3）完成本实训项目的 PPP 规划表，如表 10-8 所示。

表 10-8　本实训项目的 PPP 规划表

路由器名称	角色	接口	链路层协议	认证方式

（4）完成本实训项目的账户认证规划表，如表 10-9 所示。

表 10-9　本实训项目的账户认证规划表

路由器名称	角色	用户名	密码	认证方式

（5）完成本实训项目的路由规划表，如表 10-10 所示。

表 10-10　本实训项目的路由规划表

路由器名称	OSPF 进程号	宣告的网段	子网掩码	区域 ID	接口类型

3．实训项目要求

（1）根据本实训项目的 IP 地址规划表，为路由器的接口和计算机配置 IP 地址。

（2）在各台路由器上配置 OSPF 协议，使公司总部和公司分部之间可以正常通信。

（3）路由器 R1 为认证方，需要将 S 2/0 接口的 PPP 认证方式设置为 PAP，并且为其创建用户，设置用户名为“RJ”、密码为“Ruijie@123”。

（4）路由器 R2 为被认证方，在 S 2/0 接口下以 PPP 方式进行用户身份认证时，配置本地发送的 PAP 用户名和密码（用户名为“RJ”、密码为“Ruijie@123”）。

（5）根据以上要求完成配置，执行以下验证命令，并且截图保存相关结果。

步骤 1：在各台路由器上执行命令“show ip interface brief”，查看其接口的 IP 地址配置信息。

步骤 2：在路由器 R1 上执行命令“show ip ospf neighbor”，查看 OSPF 路由的相关配置。

步骤 3：检查路由器 R1、R2 的链路状态和连通性。

步骤 4：在路由器 R1 上执行命令“show interface serial 2/0”，查看 S 2/0 接口的 PPP 认证信息。

步骤 5：使用 Ping 命令测试公司总部和公司分部的计算机之间的通信情况。

项目 11　AB 园区基于 CHAP 认证的安全互联部署

项目描述

Jan16 公司因业务发展设立了分部，租用了专门的线路，用于进行总部与分部之间的互联。为了保障通信线路的数据安全，需要在路由器上配置安全认证。

本项目的网络拓扑图如图 11-1 所示。

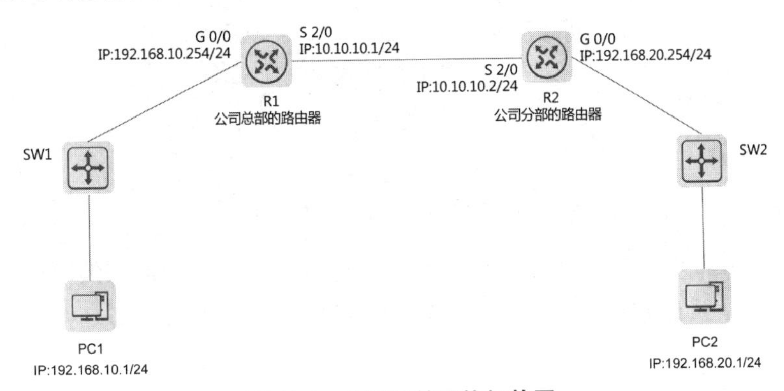

图 11-1　本项目的网络拓扑图

本项目的具体要求如下。

（1）在公司总部的路由器 R1 上使用 S 2/0 接口与公司分部的路由器 R2 互联。

（2）在路由器 R1 的 S 2/0 接口上使用 PPP 并启用 CHAP 认证，用于保证公司分部的安全接入。

（3）全网通过 OSPF 协议互联。

（4）计算机、路由器的 IP 地址和接口信息可以参考本项目的网络拓扑图。

相关知识

11.1　CHAP

CHAP 为三次握手协议，它在网络上只传递用户名，不传递用户口令，因此其安全性比 PAP 的安全性高。CHAP 进行用户身份认证的过程如下。

（1）认证方向被认证方发送一些随机的报文，然后加上自己的主机名。

（2）被认证方在收到认证方的认证请求后，可以根据收到的主机名，在本端的用户数据库中查找用户口令字（密钥），如果在用户数据库中找到和认证方主机名相同的用户，则会根据收到的随机报文、该用户的密钥和报文 ID，使用 MD5 加密算法生成相应的应答，并且将该应答和自己的主机名返回认证方。

（3）认证方在收到应答后，会根据对端的用户名，在本端的用户数据库中查找本端保留的用户口令字（密钥），然后根据本端保留的用户口令字（密钥）、随机报文和报文 ID，使用 MD5 加密算法生成相应的结果。对认证方生成的结果与被认证方的应答进行比较，如果二者相同，则表示用户身份认证成功，否则表示用户身份认证失败。如果用户身份认证失败，那么认证方会立即切断线路。

CHAP 的用户身份认证过程如图 11-2 所示。

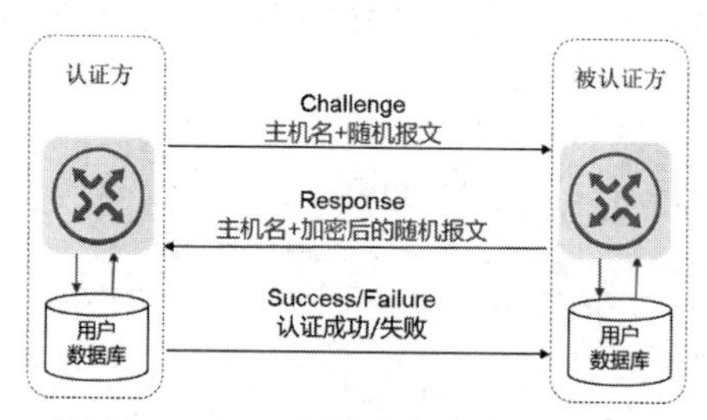

图 11-2　CHAP 的用户身份认证过程

CHAP 认证方式可以在链接建立阶段使用，也可以在以后的数据传输阶段按随机间隔继续使用，但每次认证方和被认证方的随机数据都应不同，以防被第三方猜出密钥。

项目规划

串行链路默认采用 HDLC 协议，该协议的数据报文可以透明传输，易于使用硬件实现。现在需要配置点对点的串行通信协议，可以使用 CHAP 认证方式，确保链路的建立更安全。CHAP 认证由认证服务器向被认证方提出认证需求，使用用户名和密码进行用户身份认证。公司总部的路由器 R1 为认证方，需要将 S 2/0 接口的认证方式设置为 CHAP，并且为其创建 Local-user 用户，设置用户名为“Jan16”、密码为“123456”；公司分部的路由器 R2 为被认证方，需要将 S 2/0 接口的 PPP 认证方式配置为 CHAP，并且为其添加与认证方一致的用户（用户名和密码保持一致）。在完成以上设置后，即可实现链路的认证接入。

具体的配置步骤如下。

（1）在路由器上配置 PPP。

（2）配置路由器接口的 IP 地址。

（3）配置 PPP 的 CHAP 认证。

（4）搭建 OSPF 网络。

（5）配置各台计算机的 IP 地址。

本项目的 IP 地址规划表如表 11-1 所示，接口规划表如表 11-2 所示，PPP 规划表如表 11-3 所示，账户认证规划表如表 11-4 所示，路由规划表如表 11-5 所示。

表 11-1　本项目的 IP 地址规划表

设备	接口	IP 地址	网关
R1	G 0/0	192.168.10.254/24	—
R1	S 2/0	10.10.10.1/24	—
R2	G 0/0	192.168.20.254/24	—
R2	S 2/0	10.10.10.2/24	—
PC1	—	192.168.10.1/24	192.168.10.254
PC2	—	192.168.20.1/24	192.168.20.254

表 11-2　本项目的接口规划表

本端设备	本端接口	对端设备	对端接口
R1	G 0/0	PC1	—
R1	S 2/0	R2	S 2/0
R2	G 0/0	PC2	—
R2	S 2/0	R1	S 2/0

表 11-3　本项目的 PPP 规划表

路由器名称	角色	接口	链路层协议	认证方式
R1	认证方	S 2/0	PPP	CHAP
R2	被认证方	S 2/0	PPP	CHAP

表 11-4　本项目的账户认证规划表

路由器名称	角色	用户名	密码	认证方式
R1	认证方	Jan16	123456	CHAP
R2	被认证方	Jan16	123456	CHAP

表 11-5　本项目的路由规划表

路由器名称	OSPF 进程号	宣告的网段	子网掩码	区域 ID	接口类型
R1	1	192.168.10.0	255.255.255.0	0	S 2/0
R1	1	10.10.10.0	255.255.255.0	0	G 0/0
R2	1	192.168.20.0	255.255.255.0	0	S 2/0
R2	1	10.10.10.0	255.255.255.0	0	G 0/0

项目实施

任务 11-1　在路由器上配置 PPP

▶ 任务描述

根据本项目的 PPP 规划表，在路由器 R1、R2 上配置 PPP。

▶ 任务实施

（1）在 Serial 接口模式下，可以使用命令“encapsulation {FR|DHLC|LAPB|PPP|SDLC|X25}”指定接口的链路层协议。

在路由器 R1 上，将 S 2/0 接口的链路层协议配置为 PPP，配置命令如下。

```
Ruijie>enable                                 //进入特权模式
Ruijie#config                                 //进入全局模式
Ruijie(config)#hostname R1                    //将路由器名称修改为 R1
R1(config)#interface serial 2/0               //进入 S 2/0 接口
R1(config-if-Serial 2/0)#encapsulation PPP    //将接口的链路层协议配置为 PPP
```

（2）在路由器 R2 上，将 S 2/0 接口的链路层协议配置为 PPP，配置命令如下。

```
Ruijie>enable
Ruijie#config
Ruijie(config)#hostname R2
R2(config)#interface serial 2/0
R2(config-if-Serial 2/0)#encapsulation PPP
```

▶ 任务验证

（1）在路由器 R1 上检查链路状态和连通性，配置命令如下。

```
R1(config-if-Serial 2/0)#show interface serial 2/0
Index(dec):2 (hex):2
Serial 2/0 is UP  , line protocol is DOWN
Hardware is SIC-1HS HDLC CONTROLLER Serial
Interface address is: no ip address
  MTU 1500 bytes, BW 2000 Kbit
  Encapsulation protocol is PPP, loopback not set
  Keepalive interval is 10 sec ,retries 10.
  Carrier delay is 2 sec
  Rxload is 1/255, Txload is 1/255
  LCP Open
  Queueing strategy: FIFO
    Output queue 0/40, 0 drops;
    Input queue 0/75, 0 drops
    0 carrier transitions
    V35 DTE cable
    DCD=up  DSR=up  DTR=up  RTS=up  CTS=up
  5 minutes input rate 24 bits/sec, 0 packets/sec
  5 minutes output rate 24 bits/sec, 0 packets/sec
    89 packets input, 1860 bytes, 0 no buffer, 0 dropped
```

```
    Received 0 broadcasts, 0 runts, 0 giants
    0 input errors, 0 CRC, 0 frame, 0 overrun, 0 abort
    105 packets output, 2102 bytes, 0 underruns , 0 dropped
    0 output errors, 0 collisions, 3 interface resets
```

（2）在路由器 R2 上检查链路状态和连通性，配置命令如下。

```
R2(config-if-Serial 2/0)#show interface serial 2/0
Index(dec):2 (hex):2
Serial 2/0 is UP  , line protocol is DOWN
Hardware is SIC-1HS HDLC CONTROLLER Serial
Interface address is: no ip address
  MTU 1500 bytes, BW 2000 Kbit
  Encapsulation protocol is PPP, loopback set
  Keepalive interval is 10 sec ,retries 10.
  Carrier delay is 2 sec
  Rxload is 1/255, Txload is 1/255
  LCP Open
  Queueing strategy: FIFO
    Output queue 0/40, 0 drops;
    Input queue 0/75, 0 drops
    0 carrier transitions
    V35 DCE cable
    DCD=down  DSR=up  DTR=up  RTS=up  CTS=up
  5 minutes input rate 25 bits/sec, 0 packets/sec
  5 minutes output rate 25 bits/sec, 0 packets/sec
    126 packets input, 2448 bytes, 0 no buffer, 0 dropped
    Received 0 broadcasts, 0 runts, 0 giants
    0 input errors, 0 CRC, 0 frame, 0 overrun, 0 abort
    100 packets output, 2196 bytes, 0 underruns , 0 dropped
    0 output errors, 0 collisions, 3 interface resets
```

可以看到，现在路由器 R1 和 R2 之间无法正常通信，链路的物理状态正常，但是链路层协议状态不正常。这是因为，此时尚未配置 PPP 链路上的 IP 地址。

任务 11-2　配置路由器接口的 IP 地址

▶ 任务描述

根据本项目的 IP 地址规划表，为路由器的接口配置 IP 地址。

▶ 任务实施

（1）为路由器 R1 的接口配置 IP 地址，配置命令如下。

```
R1(config)#interface GigabitEthernet 0/0 //进入 G 0/0 接口
R1(config-if-GigabitEthernet 0/0)#ip address 192.168.10.254 255.255.255.0
                    //配置 IP 地址为 192.168.10.254、子网掩码为 24 位
R1(config-if-GigabitEthernet 0/0)#exit
R1(config)#interface serial 2/0
R1(config-if-Serial 2/0)#ip add 10.10.10.1 255.255.255.0
R1(config-if-Serial 2/0)#exit
```

（2）为路由器 R2 的接口配置 IP 地址，配置命令如下。

```
R2(config)#interface GigabitEthernet 0/0
R2(config-if-GigabitEthernet 0/0)#Ip address 192.168.20.254 255.255.255.0
R2(config-if-GigabitEthernet 0/0)#exit
R2(config)#interface serial 2/0
R2(config-if-Serial 2/0)#Ip address 10.10.10.2 255.255.255.0
```

▶ 任务验证

（1）在路由器 R1 上执行命令“show ip interface brief”，查看其接口的 IP 地址配置信息，配置命令如下。

```
R1(config-if-Serial 2/0)#show ip interface brief
Interface              IP-Address(Pri)     IP-Address(Sec)  Status  Protocol
Serial 2/0             10.10.10.1/24       no address       up      up
Serial 3/0             no address          no address       down    down
GigabitEthernet 0/0    192.168.10.254/24   no address       up      up
GigabitEthernet 0/1    no address          no address       down    down
VLAN 1                 no address          no address       up      down
```

（2）在路由器 R2 上执行命令“show ip interface brief”，查看其接口的 IP 地址配置信息，配置命令如下。

```
R2(config-if-Serial 2/0)#show ip interface brief
Interface              IP-Address(Pri)     IP-Address(Sec)  Status  Protocol
Serial 2/0             10.10.10.2/24       no address       up      up
GigabitEthernet 0/0    192.168.20.254/24   no address       up      up
GigabitEthernet 0/1    no address          no address       down    down
VLAN 1                 no address          no address       up      down
```

可以看到，路由器 R1、R2 的 S 2/0 接口的 Status 和 Protocol 均为 up，表示路由器 R1 与 R2 之间的链路层协议状态正常。

任务 11-3　配置 PPP 的 CHAP 认证

▶ 任务描述

根据本项目的账户认证规划表，在路由器 R1、R2 上配置 PPP 的 CHAP 认证。

▶ 任务实施

（1）在 Serial 接口模式下，如果链路层协议为 PPP，那么认证方可以使用命令“ppp authentication { pap | chap }”将 PPP 的认证方式配置为 PAP 或 CHAP。

路由器 R1 为认证方，需要将 S 2/0 接口的 PPP 认证方式设置为 CHAP，并且为其创建用户，设置用户名为“Jan16”、密码为“123456”，配置命令如下。

```
R1(config)#interface serial 2/0
R1(config-if-Serial 2/0)#ppp authentication chap //设置认证方的认证方式为 CHAP
R1(config-if-Serial 2/0)#exit
R1(config)#username Jan16 password 123456        //设置用户名和密码
```

（2）路由器 R2 为被认证方，需要使用命令“ppp chap hostname *name*”和“ppp chap password *password*”为 PPP 配置认证的用户名及密码。在 S 2/0 接口下以 PPP 方式进行用户身份认证时，配置本地发送的 CHAP 用户名和密码，配置命令如下。

```
R2(config)#interface serial 2/0
R2(config-if-Serial 2/0)#ppp chap hostname Jan16 //配置 CHAP 认证的用户名为 Jan16
R2(config-if-Serial 2/0)#ppp chap password 123456 //配置 CHAP 认证的密文口令
```

▶ 任务验证

（1）在路由器 R1 上执行命令“show interface serial 2/0”，查看 S 2/0 接口的 PPP 认证信息，配置命令如下。

```
R1(config)#show interface serial 2/0
Index(dec):2 (hex):2
Serial 2/0 is UP  , line protocol is UP
Hardware is SIC-1HS HDLC CONTROLLER Serial
Interface address is: 10.10.10.1/24
  MTU 1500 bytes, BW 2000 Kbit
  Encapsulation protocol is PPP, loopback not set
  Keepalive interval is 10 sec ,retries 10.
  Carrier delay is 2 sec
  Rxload is 1/255, Txload is 1/255
  LCP Open
  Open: ipcp
```

```
  Queueing strategy: FIFO
    Output queue 0/40, 0 drops;
    Input queue 0/75, 0 drops
    0 carrier transitions
    V35 DTE cable
    DCD=up  DSR=up  DTR=up  RTS=up  CTS=up
  5 minutes input rate 80 bits/sec, 0 packets/sec
  5 minutes output rate 77 bits/sec, 0 packets/sec
    1175 packets input, 34652 bytes, 0 no buffer, 0 dropped
    Received 0 broadcasts, 0 runts, 0 giants
    0 input errors, 0 CRC, 0 frame, 0 overrun, 0 abort
    1310 packets output, 37984 bytes, 0 underruns , 1 dropped
    0 output errors, 0 collisions, 47 interface resets
```

可以看到，“Serial 2/0 is UP , line protocol is UP”和“Encapsulation protocol is PPP”，表示 PPP 协商成功。

（2）在路由器 R2 上执行命令“show interface serial 2/0”，查看 S 2/0 接口的 PPP 认证信息，配置命令如下。

```
R2(config)#show interface serial 2/0
Index(dec):2 (hex):2
Serial 2/0 is UP  , line protocol is UP
Hardware is SIC-1HS HDLC CONTROLLER Serial
Interface address is: 10.10.10.2/24
  MTU 1500 bytes, BW 2000 Kbit
  Encapsulation protocol is PPP, loopback set
  Keepalive interval is 10 sec ,retries 10.
  Carrier delay is 2 sec
  Rxload is 1/255, Txload is 1/255
  LCP Open
  Open: ipcp
  Queueing strategy: FIFO
    Output queue 0/40, 0 drops;
    Input queue 0/75, 0 drops
    0 carrier transitions
    V35 DCE cable
    DCD=down  DSR=up  DTR=up  RTS=up  CTS=up
  5 minutes input rate 88 bits/sec, 0 packets/sec
  5 minutes output rate 85 bits/sec, 0 packets/sec
    1331 packets input, 39096 bytes, 0 no buffer, 0 dropped
    Received 0 broadcasts, 0 runts, 0 giants
    0 input errors, 0 CRC, 0 frame, 0 overrun, 0 abort
    1196 packets output, 35764 bytes, 0 underruns , 0 dropped
```

```
    0 output errors, 0 collisions, 8 interface resets
R2(config)#exit
```

可以看到，“Serial 2/0 is UP　, line protocol is UP”和“Encapsulation protocol is PPP”，表示 PPP 协商成功。

任务 11-4　搭建 OSPF 网络

扫一扫 看微课

▶ 任务描述

根据本项目的路由规划表，在各台路由器上配置 OSPF 路由，用于搭建 OSPF 网络。

▶ 任务实施

（1）在路由器 R1 上配置 OSPF 路由，配置命令如下。

```
R1(config)#router ospf 1        //创建进程号为 1 的 OSPF 进程
R1(config-router)#network 192.168.10.0 0.0.0.255 area 0
                               //宣告 192.168.10.0/24 网段
R1(config-router)#network 10.10.10.0 0.0.0.255 area 0
R1(config-router)#exit
R1(config)#interface serial 2/0
R1(config-if-Serial 2/0)#ip ospf network point-to-point
R1(config-if-Serial 2/0)#exit
```

（2）在路由器 R2 上配置 OSPF 路由，配置命令如下。

```
R2(config)#router ospf 1
R2(config-router)#network 192.168.20.0 0.0.0.255 area 0
R2(config-router)#network 10.10.10.0 0.0.0.255 area 0
R2(config-router)#
R2(config)#interface serial 2/0
R2(config-if-Serial 2/0)#ip ospf network point-to-point
R2(config-if-Serial 2/0)#exit
```

▶ 任务验证

（1）在路由器 R1 上执行命令“show ip ospf neighbor”，查看 OSPF 路由的相关配置，配置命令如下。

```
R1(config)#show ip ospf neighbor

OSPF process 1, 1 Neighbors, 1 is Full:
Neighbor ID     Pri  State  BFD State  Dead Time   Address      Interface
192.168.20.254  1    Full/-    -       00:00:37    10.10.10.2   Serial 2/0
```

可以看到，路由器 R1 在 S 2/0 接口上与路由器 R2 建立了邻居关系。

（2）在路由器 R2 上执行命令“show ip ospf neighbor”，查看 OSPF 路由的相关配置，配置命令如下。

```
R2(config)#show ip ospf neighbor

OSPF process 1, 1 Neighbors, 1 is Full:
Neighbor ID      Pri  State   BFD State  Dead Time   Address     Interface
192.168.10.254   1    Full/-     -       00:00:39    10.10.10.1  Serial 2/0
```

可以看到，路由器 R2 在 S 2/0 接口上与路由器 R1 建立了邻居关系。

任务 11-5　配置各台计算机的 IP 地址

▶ 任务描述

根据本项目的 IP 地址规划表，为各台计算机配置 IP 地址。

▶ 任务实施

PC1 的 IP 地址配置如图 11-3 所示，PC2 的 IP 地址配置如图 11-4 所示。

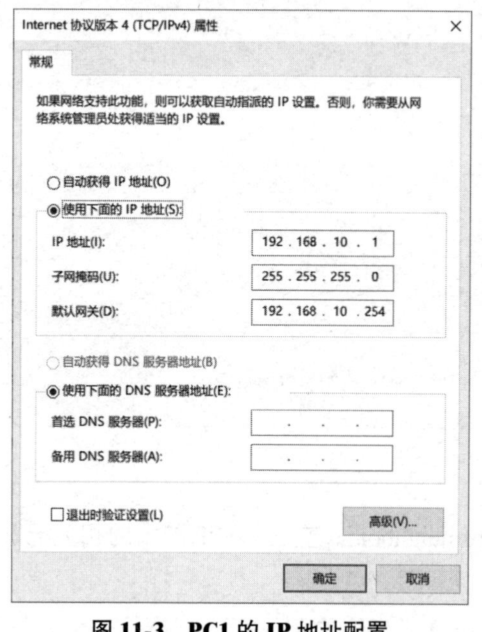

图 11-3　PC1 的 IP 地址配置

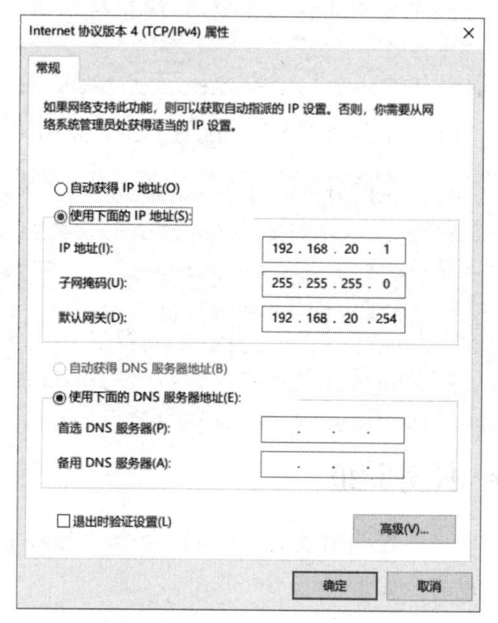

图 11-4　PC2 的 IP 地址配置

▶ 任务验证

（1）在 PC1 上执行命令“ipconfig”，查看其 IP 地址的配置信息，配置命令如下。

```
C:\Users\Administrator>ipconfig     //显示本机 IP 地址的配置信息

本地连接:

   连接特定的 DNS 后缀 ...............:
   IPv4 地址 .......................: 192.168.10.1(首选)
   子网掩码.........................: 255.255.255.0
   默认网关.........................: 192.168.10.254
```

可以看到，已经为 PC1 正确配置了 IP 地址。

（2）在其他计算机上使用“ipconfig”命令，查看其 IP 地址的配置信息，验证其 IP 地址配置是否正确。

项目验证

使用 PC1 Ping PC2，配置命令如下。

```
C:\Users\Administrator>ping 192.168.20.1

正在 Ping 192.168.20.1 具有 32 字节的数据:
来自 192.168.20.1 的回复: 字节=32 时间=37ms TTL=126
来自 192.168.20.1 的回复: 字节=32 时间=37ms TTL=126
来自 192.168.20.1 的回复: 字节=32 时间=38ms TTL=126
来自 192.168.20.1 的回复: 字节=32 时间=38ms TTL=126

192.168.20.1 的 Ping 统计信息:
    数据包: 已发送 = 4，已接收 = 4，丢失 = 0 (0% 丢失),
往返行程的估计时间(以毫秒为单位):
    最短 = 36ms，最长 = 38ms，平均 = 37ms
```

结果显示，PC1 与 PC2 之间能够互相通信，表示路由器互联链路可以正常工作。

项目拓展

一、理论题

1．在 PPP 的认证方式中，PAP 认证与 CHAP 认证之间的区别不包括（　　）。

A．CHAP 认证比 PAP 认证的安全性高

B．PAP 认证过程是两次握手，而 CHAP 认证过程是三次握手

C．PAP 认证由被认证方发起请求，而 CHAP 认证由认证方发起请求

D．PAP 认证和 CHAP 认证都是通过被认证方发起明文认证密钥和用户名完成认证的

2．CHAP 认证需要（　　）次握手。

A．2　　B．3　　C．4　　D．5

3．（　　）可以使用命令“ppp authentication chap”将 PPP 的认证方式配置为 CHAP。

A．认证方　　B．被认证方

C．认证方和被认证方都　　D．认证方和被认证方都不

二、项目实训题

1．实训项目描述

Jan16 公司因业务发展设立了分部，现在租用了专门的线路，用于进行总部与分部之间的互联。为了保障通信线路的数据安全，需要在公司总部路由器和公司分部路由器的互联接口上开启点对点的链路安全认证。

本实训项目的网络拓扑图如图 11-5 所示。

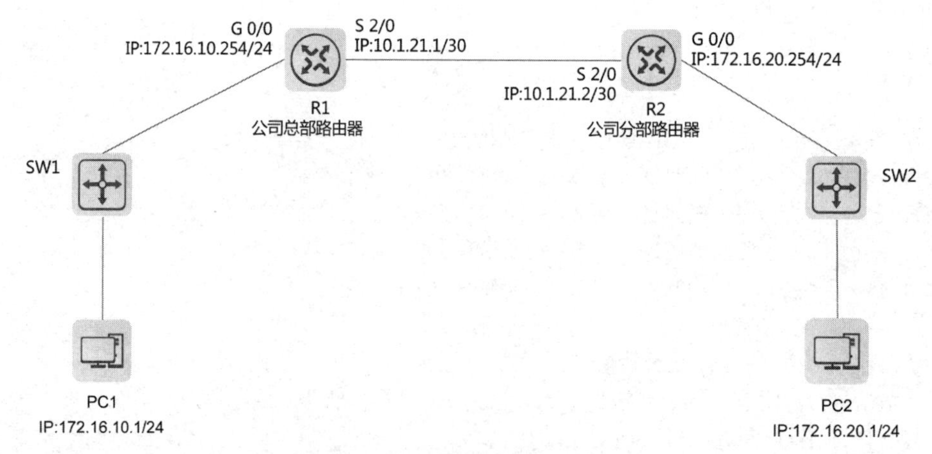

图 11-5　本实训项目的网络拓扑图

2．实训项目规划

根据本实训项目的相关描述和网络拓扑图，完成本实训项目的各个规划表。

（1）完成本实训项目的 IP 地址规划表，如表 11-6 所示。

表 11-6　本实训项目的 IP 地址规划表

设备	接口	IP 地址	网关

（2）完成本实训项目的接口规划表，如表 11-7 所示。

表 11-7　本实训项目的接口规划表

本端设备	本端接口	对端设备	对端接口

（3）完成本实训项目的 PPP 规划表，如表 11-8 所示。

表 11-8　本实训项目的 PPP 规划表

路由器名称	角色	接口	链路层协议	认证方式

（4）完成本实训项目的账户认证规划表，如表 11-9 所示。

表 11-9　本实训项目的账户认证规划表

路由器名称	角色	用户名	密码	认证方式

（5）完成本实训项目的路由规划表，如表 11-10 所示。

表 11-10　本实训项目的路由规划表

路由器名称	OSPF 进程号	宣告的网段	子网掩码	区域 ID	接口类型

3．实训项目要求

（1）根据本实训项目的 IP 地址规划表，为路由器的接口和计算机配置 IP 地址。

（2）在各台路由器上配置 OSPF 协议，使公司总部和公司分部之间可以正常通信。

（3）路由器 R1 为认证方，需要将 S 2/0 接口的 PPP 认证方式设置为 CHAP，并且为其创建用户，设置用户名为“Ruijie”、密码为“Admin@113”。

（4）路由器 R2 为被认证方，在 S 2/0 接口下以 PPP 方式进行用户身份认证时，配置本地发送的 CHAP 用户名和密码（用户名为“Ruijie”、密码为“Admin@113”）。

（5）根据以上要求完成配置，执行以下验证命令，并且截图保存相关结果。

步骤 1：在各台路由器上执行命令“show ip interface brief”，查看其接口的 IP 地址配置信息。

步骤 2：在路由器 R1 上执行命令“show ip ospf neighbor”，查看 OSPF 路由的相关配置。

步骤 3：检查路由器 R1、R2 的链路状态和连通性。

步骤 4：在路由器 R1 上执行命令“show interface serial 2/0”，查看 S 2/0 接口的 PPP 认证信息。

步骤 5：使用 Ping 命令测试公司总部和公司分部的计算机之间的通信情况。

项目 12　基于标准 ACL 的网络访问控制

项目描述

Jan16 公司有开发部、市场部和财务部，每个部门都有若干台计算机、一台财务系统服务器，使用三层交换机组建局域网，并且通过路由器连接外部网络。出于对数据安全的考虑，需要在三层交换机上进行访问控制。

本项目的网络拓扑图如图 12-1 所示。

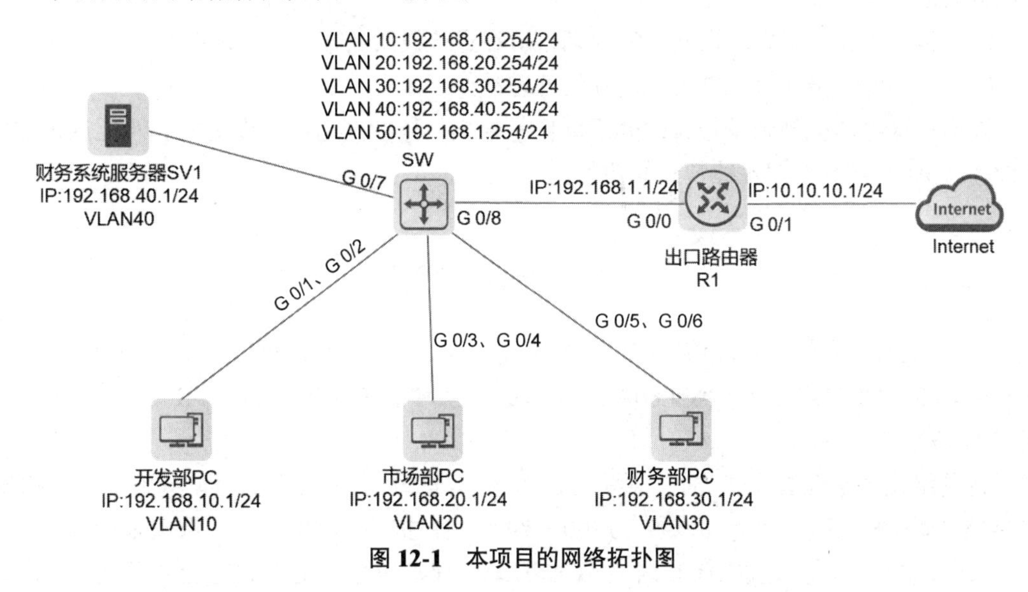

图 12-1　本项目的网络拓扑图

本项目的具体要求如下。

（1）在三层交换机 SW 上为开发部、市场部、财务部、财务系统服务器分别创建 VLAN 10、VLAN 20、VLAN 30、VLAN 40。

（2）要求财务系统服务器 SV1 仅允许财务部进行访问。

（3）财务系统服务器 SV1 仅在内网使用，不允许访问外部网络。

（4）计算机、交换机、路由器的 IP 地址和接口信息可以参考本项目的网络拓扑图。

相关知识

12.1 ACL 的基本概念

ACL（Access Control List，访问控制列表）是由一系列规则组成的，它可以根据这些规则对报文进行分类，从而使设备可以对不同种类的报文进行不同的处理。

一个 ACL 通常由若干条 deny | permit 语句组成，一条 deny | permit 语句就是该 ACL 的一条规则，deny、permit 都是与这条规则对应的处理动作。处理动作 permit 的含义是允许，处理动作 deny 的含义是拒绝。需要注意的是，ACL 技术通常是与其他技术结合在一起使用的，结合的技术不同，permit 和 deny 的含义、作用也会不同。例如，当 ACL 技术与流量过滤技术结合使用时，permit 表示允许通行，deny 表示拒绝通行。

ACL 技术是一种应用非常广泛的网络安全技术。配置了 ACL 的网络设备的工作过程可以分为以下两个步骤。

（1）根据事先设定好的报文匹配规则，对经过该设备的报文进行匹配。

（2）对匹配的报文执行事先设定好的处理动作。

注意： 这些匹配规则及相应的处理动作是根据具体的网络需求设定的。匹配规则的多样性，使 ACL 可以发挥各种各样的功效。

12.2 ACL 分类

根据 ACL 的特性，可以将 ACL 分为 IP 标准 ACL、IP 扩展 ACL、MAC 扩展 ACL、专家级 ACL、自定义 ACL（ACL80）、IPv6 ACL，其中，IP 标准 ACL 和 IP 扩展 ACL 的应用非常广泛。

在网络设备上配置 ACL 时，需要为每个 ACL 都分配一个编号，即 ACL 编号。IP 标准 ACL 编号的取值范围为 1～99、1300～1999，IP 扩展 ACL 编号的取值范围为 100～199、2000～2699。在配置 ACL 时，ACL 的编号规则应与其定义的功能或类型相匹配，每种类型都应该具有独特的编号取值范围，确保可以清晰区分和方便管理。ACL 的分类如表 12-1 所示。

表 12-1　ACL 的分类

ACL 类型	编号取值范围	规则制定的主要依据
IP 标准 ACL	1～99、1300～1999	IP 报文数据包的源 IP 地址
IP 扩展 ACL	100～199、2000～2699	IP 报文的源 IP 地址、目标 IP 地址、报文优先级、IP 承载的协议类型及特性等
MAC 扩展 ACL	700～799	IP 报文的源 MAC 地址、目标 MAC 地址、802.1p 优先级、链路层协议类型等
专家级 ACL	2700～2899	IP 扩展、MAC 扩展、VLAN ID 等

12.3　标准 ACL 的命令格式

标准 ACL 只能基于 IP 数据包的源 IP 地址、IP 数据包分片标记和时间段信息定义规则。配置标准 ACL 的命令格式如下。

```
access-list access-list-number standard { permit | deny } { any | source source-wildcard } [ time-range time-range-name ]
```

在以上命令格式中，各项参数的说明如下。

- access-list-number：ACL 编号，标准 ACL 编号的取值范围为 1～99 和 1300～1999。
- permit | deny：permit 表示允许数据包通过，deny 表示拒绝数据包通过。
- any：表示任何源 IP 地址。
- *source*：源 IP 地址或网段。
- *source-wildcard*：源 IP 地址的反向子网掩码。
- *time-range time-range-name*：指定规则生效的时间范围及时间范围名称。

项目规划

三层交换机的访问控制策略主要通过 ACL 对不同 VLAN 的 IP 地址段进行流量匹配控制。标准 ACL 可以对 IP 数据包进行源地址匹配，即检查 IP 数据包中的源 IP 地址信息，如果源 IP 地址与 ACL 中的规则相匹配，就执行相应的放行或拦截操作。在本项目中，为了让除财务部外的其他部门的 IP 地址段无法访问财务系统服务器，可以在三层交换机中配置允许财务部 IP 地址段通过，拒绝其他 IP 地址段的 ACL，并且在 G 0/7 接口的 OUT 方向上应用；拒绝财务部系统服务器访问外部网络，添加拒绝财务部系统服务器 IP 地址段的 ACL，并且在 G 0/8 接口的 OUT 方向上应用。在外部网络连接方面，可以在三层交换机中配置默认路由指向出口路由器。出口路由器可以根据 ISP（Internet Service Provider，互联网服务提供商）接入方式采用对应的路由协议，这里不进行描述。

具体的配置步骤如下。

（1）配置交换机的基础环境。

（2）配置路由器的基础环境。

（3）配置标准 ACL。

（4）配置各部门计算机的 IP 地址。

本项目的 VLAN 规划表如表 12-2 所示，IP 地址规划表如表 12-3 所示，接口规划表如表 12-4 所示。

表 12-2　本项目的 VLAN 规划表

VLAN ID	IP 地址段	用途
VLAN 10	192.168.10.0/24	开发部 PC

续表

VLAN ID	IP 地址段	用途
VLAN 20	192.168.20.0/24	市场部 PC
VLAN 30	192.168.30.0/24	财务部 PC
VLAN 40	192.168.40.0/24	财务系统服务器 SV1
VLAN 50	192.168.1.0/24	连接外部网络

表 12-3　本项目的 IP 地址规划表

设备	接口	IP 地址	网关
R1	G 0/0	192.168.1.1/24	—
R1	G 0/1	10.10.10.1/24	—
SW	VLAN 10	192.168.10.254/24	—
SW	VLAN 20	192.168.20.254/24	—
SW	VLAN 30	192.168.30.254/24	—
SW	VLAN 40	192.168.40.254/24	—
SW	VLAN 50	192.168.1.254/24	—
财务系统服务器 SV1	—	192.168.40.1/24	192.168.40.254
开发部 PC	—	192.168.10.1/24	192.168.10.254
市场部 PC	—	192.168.20.1/24	192.168.20.254
财务部 PC	—	192.168.30.1/24	192.168.30.254

表 12-4　本项目的接口规划表

本端设备	本端接口	对端设备	对端接口
SW	G 0/1、G 0/2	开发部 PC	—
SW	G 0/3、G 0/4	市场部 PC	—
SW	G 0/5、G 0/6	财务部 PC	—
SW	G 0/7	财务系统服务器 SV1	—
SW	G 0/8	R1	G 0/0
R1	G 0/0	SW	G 0/8
R1	G 0/1	Internet	—
财务系统服务器 SV1	—	SW	G 0/7
开发部 PC	—	SW	G 0/1、G 0/2
市场部 PC	—	SW	G 0/3、G 0/4
财务部 PC	—	SW	G 0/5、G 0/6

任务 12-1　配置交换机的基础环境

▶ 任务描述

根据本项目的 VLAN 规划表，在三层交换机 SW 上为各部门创建相应的 VLAN，配置交换机的基础环境。

▶ 任务实施

（1）在三层交换机 SW 上为各部门创建相应的 VLAN，配置命令如下。

```
SW>enable                                 //进入特权模式
SW#config                                 //进入全局模式
SW(config)#hostname SW                    //将交换机名称修改为 SW
SW(config)#vlan range 10,20,30,40,50
                     //批量创建 VLAN 10、VLAN 20、VLAN 30、VLAN 40、VLAN 50
```

（2）在三层交换机 SW 上将各部门计算机使用的端口类型转换为 Access，设置端口的 VLAN ID，将端口划分到相应的 VLAN 中，配置命令如下。

```
SW(config)#interface range gigabitEthernet 0/1-2
                                          //批量进入 G 0/1 端口、G 0/2 端口
SW(config-if-range)#switchport mode access    //将端口类型转换为 Access
SW(config-if-range)#switchport access vlan 10 //配置端口的默认 VLAN 为 VLAN 10
SW(config-if-range)#exit
SW(config)#interface range gigabitEthernet 0/3-4
SW(config-if-range)#switchport mode access
SW(config-if-range)#switchport access vlan 20
SW(config-if-range)#exit
SW(config)#interface range gigabitEthernet 0/5-6
SW(config-if-range)#switchport mode access
SW(config-if-range)#switchport access vlan 30
SW(config-if-range)#exit
SW(config)#interface gigabitEthernet 0/7
SW(config-if-GigabitEthernet 0/7)#switchport mode access
SW(config-if-GigabitEthernet 0/7)#switchport access vlan 40
SW(config-if-GigabitEthernet 0/7)#exit
SW(config)#interface  gigabitEthernet 0/8
SW(config-if-GigabitEthernet 0/8)#switchport mode access
SW(config-if-GigabitEthernet 0/8)#switchport access vlan 50
SW(config-if-GigabitEthernet 0/8)#exit
```

（3）在三层交换机 SW 上配置 VLAN 接口的 IP 地址，并且将其作为各部门的网关地址，配置命令如下。

```
SW(config)#interface vlan 10       //创建 VLAN 接口并进入 VLAN 接口模式
SW(config-if-VLAN 10)#ip address 192.168.10.254 24
                        //配置 IP 地址为 192.168.10.254、子网掩码为 24 位
SW(config-if-VLAN 10)#exit
SW(config)#interface vlan 20
```

```
SW(config-if-VLAN 20)#ip address 192.168.20.254 24
SW(config-if-VLAN 20)#exit
SW(config)#interface vlan 30
SW(config-if-VLAN 30)#ip address 192.168.30.254 24
SW(config-if-VLAN 30)#exit
SW(config)#interface vlan 40
SW(config-if-VLAN 40)#ip address 192.168.40.254 24
SW(config-if-VLAN 40)#exit
SW(config)#interface vlan 50
SW(config-if-VLAN 50)#ip address 192.168.1.254 24
SW(config-if-VLAN 50)#exit
```

（4）在三层交换机 SW 上配置默认路由，配置命令如下。

```
SW(config)#ip route 0.0.0.0 0.0.0.0 192.168.1.1
                              //配置默认路由，指定下一跳的 IP 地址为 192.168.1.1
```

► 任务验证

（1）在三层交换机 SW 上执行命令“show vlan”和“show interfaces switchport”，查看 VLAN 和端口的配置信息，配置命令如下。

```
SW(config)#show vlan
VLAN      Name                          Status    Ports
------- ---------------------------- -------- --------------------------
1         VLAN0001                      STATIC    Gi0/0
10        VLAN0010                      STATIC    Gi0/1, Gi0/2
20        VLAN0020                      STATIC    Gi0/3, Gi0/4
30        VLAN0030                      STATIC    Gi0/5, Gi0/6
40        VLAN0040                      STATIC    Gi0/7
50        VLAN0050                      STATIC    Gi0/8
SW(config)#show interfaces switchport
Interface           Switchport Mode    Access  Native  Protected  VLAN lists
----------------- ---------- ----- ------ ------ --------- ----------
GigabitEthernet 0/0  enabled    ACCESS    1       1        Disabled    ALL
GigabitEthernet 0/1  enabled    ACCESS    10      1        Disabled    ALL
GigabitEthernet 0/2  enabled    ACCESS    10      1        Disabled    ALL
GigabitEthernet 0/3  enabled    ACCESS    20      1        Disabled    ALL
GigabitEthernet 0/4  enabled    ACCESS    20      1        Disabled    ALL
GigabitEthernet 0/5  enabled    ACCESS    30      1        Disabled    ALL
GigabitEthernet 0/6  enabled    ACCESS    30      1        Disabled    ALL
GigabitEthernet 0/7  enabled    ACCESS    40      1        Disabled    ALL
GigabitEthernet 0/8  enabled    ACCESS    50      1        Disabled    ALL
```

可以看到，已经在三层交换机 SW 上创建了 VLAN 10、VLAN 20、VLAN 30、VLAN

40 和 VLAN 50，并且将端口指定给了相应的 VLAN。

（2）在三层交换机 SW 上执行命令“show ip interface brief”，查看 VLAN 接口的 IP 地址配置信息，配置命令如下。

```
SW(config)#show ip interface brief
Interface          IP-Address(Pri)      IP-Address(Sec)      Status   Protocol
VLAN 1             no address           no address           up       down
VLAN 10            192.168.10.254/24    no address           up       up
VLAN 20            192.168.20.254/24    no address           up       up
VLAN 30            192.168.30.254/24    no address           up       up
VLAN 40            192.168.40.254/24    no address           up       up
VLAN 50            192.168.1.254/24     no address           up       up
```

可以看到，已经在三层交换机 SW 上为 5 个 VLAN 接口都正确配置了 IP 地址。

任务 12-2　配置路由器的基础环境

扫一扫 看微课

▶ 任务描述

根据本项目的 IP 地址规划表，为出口路由器 R1 的接口配置 IP 地址。

▶ 任务实施

（1）为出口路由器 R1 的接口配置 IP 地址，配置命令如下。

```
Ruijie>enable
Ruijie#config
Ruijie(config)#hostname R1
R1(config)#interface gigabitEthernet 0/0
R1(config-if-GigabitEthernet 0/0)#ip address 192.168.1.1 24
R1(config-if-GigabitEthernet 0/0)#exit
```

（2）在出口路由器 R1 上配置静态路由，配置命令如下。

```
R1(config)#ip route 192.168.10.0 255.255.255.0 192.168.1.254
R1(config)#ip route 192.168.20.0 255.255.255.0 192.168.1.254
R1(config)#ip route 192.168.30.0 255.255.255.0 192.168.1.254
R1(config)#ip route 192.168.40.0 255.255.255.0 192.168.1.254
```

▶ 任务验证

（1）在出口路由器 R1 上执行命令“show ip interface brief”，查看其接口的 IP 地址配置信息，配置命令如下。

```
R1(config)#show ip interface brief
```

```
Interface             IP-Address(Pri)      IP-Address(Sec)  Status  Protocol
GigabitEthernet0/0    192.168.1.1/24       no address       up      up
GigabitEthernet0/1    10.10.10.1/24        no address       up      up
VLAN 1                no address           no address       up      down
```

可以看到，已经在出口路由器 R1 的接口上正确配置了 IP 地址。

（2）在出口路由器 R1 上执行命令“show ip route”，查看其路由表配置信息，配置命令如下。

```
R1(config)#show ip route

Codes:  C - Connected, L - Local, S - Static
        R - RIP, O - OSPF, B - BGP, I - IS-IS, V - Overflow route
        N1 - OSPF NSSA external type 1, N2 - OSPF NSSA external type 2
        E1 - OSPF external type 1, E2 - OSPF external type 2
        SU - IS-IS summary, L1 - IS-IS level-1, L2 - IS-IS level-2
        IA - Inter area, EV - BGP EVPN, A - Arp to host
        LA - Local aggregate route
        * - candidate default

Gateway of last resort is no set
C     10.10.10.0/24 is directly connected, GigabitEthernet 0/1
C     10.10.10.1/32 is local host.
C     192.168.1.0/24 is directly connected, GigabitEthernet 0/0
C     192.168.1.1/32 is local host.
S     192.168.10.0/24 [1/0] via 192.168.1.254
S     192.168.20.0/24 [1/0] via 192.168.1.254
S     192.168.30.0/24 [1/0] via 192.168.1.254
S     192.168.40.0/24 [1/0] via 192.168.1.254
```

可以看到，在出口路由器 R1 上配置的静态路由已经生效了。

任务 12-3　配置标准 ACL

扫一扫 看微课

▶ 任务描述

在三层交换机 SW 上配置标准 ACL。

▶ 任务实施

（1）在三层交换机 SW 上配置标准 ACL，允许数据包源 IP 网段为 192.168.30.0/24 的报文通过。将该 ACL 应用到 G 0/7 端口上，配置命令如下。

```
SW(config)#ip access-list standard 20             //创建一个编号 20 的基本 ACL
```

```
SW(config-std-nacl)#permit 192.168.30.0 0.0.0.255
                          //允许数据包源 IP 网段为 192.168.30.0/24 的报文通过
SW(config-std-nacl)#deny any                          //拒绝所有访问
SW(config-std-nacl)#exit
SW(config)#interface gigabitEthernet 0/7
SW(config-if-GigabitEthernet 0/7)#ip access-group 20 out
                          //在接口出方向上基于 ACL 20 进行报文过滤
SW(config-if-GigabitEthernet 0/7)#exit
```

（2）在三层交换机 SW 上配置标准 ACL，拒绝数据包源网段为 192.168.40.0 的报文通过。将该 ACL 应用到 G 0/8 端口上，配置命令如下。

```
SW(config)#ip access-list standard 21
SW(config-std-nacl)#deny 192.168.40.0 0.0.0.255
SW(config-std-nacl)#permit any
SW(config-std-nacl)#exit
SW(config)#interface gigabitEthernet 0/8
SW(config-if-GigabitEthernet 0/8)#ip access-group 21 out
SW(config-if-GigabitEthernet 0/8)#exit
```

▶ 任务验证

在三层交换机 SW 上执行命令“show access-lists”，查看标准 ACL 的配置信息，配置命令如下。

```
SW(config)#show access-lists

ip access-list standard 20
 10 permit 192.168.30.0 0.0.0.255
 20 deny any

ip access-list standard 21
 10 deny 192.168.40.0 0.0.0.255
 20 permit any
```

可以看到，已经根据项目规划配置了所需的标准 ACL。

任务 12-4　配置各部门计算机的 IP 地址

▶ 任务描述

根据本项目的 IP 地址规划表，为各部门的计算机配置 IP 地址。

▶ 任务实施

财务系统服务器 SV1 的 IP 地址配置如图 12-2 所示，同理，完成其他计算机的 IP 地址配置。

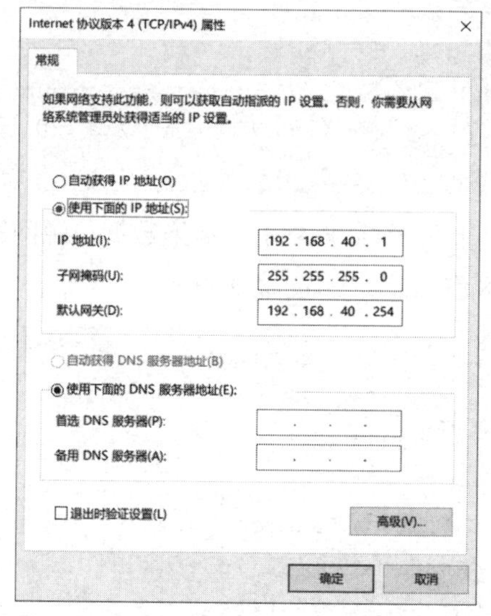

图 12-2　财务系统服务器 SV1 的 IP 地址配置

▶ 任务验证

（1）在财务系统服务器 SV1 上执行命令“ipconfig”，查看其 IP 地址的配置信息，配置命令如下。

```
C:\Users\Administrator>ipconfig

本地连接:

   连接特定的 DNS 后缀 . . . . . . . . . . . . . . :
   IPv4 地址 . . . . . . . . . . . . . . . . . . . . : 192.168.40.1(首选)
   子网掩码. . . . . . . . . . . . . . . . . . . . . : 255.255.255.0
   默认网关. . . . . . . . . . . . . . . . . . . . . : 192.168.40.254
```

可以看到，已经为财务系统服务器 SV1 正确配置了 IP 地址。

（2）在其他计算机上执行命令“ipconfig”，查看其 IP 地址的配置信息，确认是否已经为其正确配置了 IP 地址。

项目验证

（1）使用 Ping 命令，测试不同部门之间的通信情况。

使用开发部 PC Ping 市场部 PC、财务部 PC，配置命令如下。

```
C:\Users\Administrator>ping 192.168.20.1

正在 Ping 192.168.20.1 具有 32 字节的数据:
来自 192.168.20.1 的回复: 字节=32 时间=2ms TTL=127
来自 192.168.20.1 的回复: 字节=32 时间=1ms TTL=127
来自 192.168.20.1 的回复: 字节=32 时间=1ms TTL=127
来自 192.168.20.1 的回复: 字节=32 时间=1ms TTL=127

192.168.20.1 的 Ping 统计信息:
    数据包: 已发送 = 4, 已接收 = 4, 丢失 = 0 (0% 丢失),
往返行程的估计时间(以毫秒为单位):
    最短 = 1ms, 最长 = 2ms, 平均 = 1ms

C:\Users\Administrator>ping 192.168.30.1

正在 Ping 192.168.30.1 具有 32 字节的数据:
来自 192.168.30.1 的回复: 字节=32 时间=1ms TTL=127
来自 192.168.30.1 的回复: 字节=32 时间=1ms TTL=127
来自 192.168.30.1 的回复: 字节=32 时间=1ms TTL=127
来自 192.168.30.1 的回复: 字节=32 时间=1ms TTL=127

192.168.30.1 的 Ping 统计信息:
    数据包: 已发送 = 4, 已接收 = 4, 丢失 = 0 (0% 丢失),
往返行程的估计时间(以毫秒为单位):
    最短 = 1ms, 最长 = 1ms, 平均 = 1ms
```

结果显示，开发部的计算机可以与市场部、财务部的计算机进行通信。

（2）使用 Ping 命令，测试各部门计算机与财务系统服务器 SV1 之间的连接性。

步骤 1：使用开发部 PC Ping 财务系统服务器 SV1，配置命令如下。

```
C:\Users\Administrator>ping 192.168.40.1

正在 Ping 192.168.40.1 具有 32 字节的数据:
请求超时。
请求超时。
请求超时。
请求超时。

192.168.40.1 的 Ping 统计信息:
    数据包: 已发送 = 4, 已接收 = 0, 丢失 = 4 (100% 丢失),
```

结果显示，开发部 PC 无法与财务系统服务器 SV1 进行通信。

步骤 2：使用市场部 PC Ping 财务系统服务器 SV1，配置命令如下。

```
C:\Users\Administrator>ping 192.168.40.1

正在 Ping 192.168.40.1 具有 32 字节的数据:
请求超时。
请求超时。
请求超时。
请求超时。

192.168.40.1 的 Ping 统计信息:
    数据包: 已发送 = 4，已接收 = 0，丢失 = 4 (100% 丢失),
```

结果显示，市场部 PC 无法与财务系统服务器 SV1 进行通信。

步骤 3：使用财务部 PC Ping 财务系统服务器 SV1，配置命令如下。

```
C:\Users\Administrator>ping 192.168.40.1

正在 Ping 192.168.40.1 具有 32 字节的数据:
来自 192.168.40.1 的回复: 字节=32 时间=2ms TTL=127
来自 192.168.40.1 的回复: 字节=32 时间=2ms TTL=127
来自 192.168.40.1 的回复: 字节=32 时间=2ms TTL=127
来自 192.168.40.1 的回复: 字节=32 时间=1ms TTL=127

192.168.40.1 的 Ping 统计信息:
    数据包: 已发送 = 4，已接收 = 4，丢失 = 0 (0% 丢失),
往返行程的估计时间(以毫秒为单位):
    最短 = 1ms，最长 = 2ms，平均 = 1ms
```

结果显示，财务部 PC 可以与财务系统服务器 SV1 进行通信。

（3）使用 Ping 命令，测试各部门计算机及财务系统服务器 SV1 是否能够访问外部网络。

步骤 1：使用开发部 PC Ping 外部网络，配置命令如下。

```
C:\Users\Administrator>ping 10.10.10.1

正在 Ping 10.10.10.1 具有 32 字节的数据:
来自 10.10.10.1 的回复: 字节=32 时间=6ms TTL=63
来自 10.10.10.1 的回复: 字节=32 时间=2ms TTL=63
来自 10.10.10.1 的回复: 字节=32 时间=1ms TTL=63
来自 10.10.10.1 的回复: 字节=32 时间=2ms TTL=63
```

```
10.10.10.1 的 Ping 统计信息:
    数据包: 已发送 = 4, 已接收 = 4, 丢失 = 0 (0% 丢失),
往返行程的估计时间(以毫秒为单位):
    最短 = 1ms, 最长 = 6ms, 平均 = 2ms
```

结果显示，开发部 PC 可以访问外部网络。

步骤 2：使用市场部 PC、财务部 PC Ping 外部网络，命令同上。结果显示，市场部 PC、财务部 PC 可以访问外部网络。

步骤 3：使用财务系统服务器 SV1 Ping 外部网络，配置命令如下。

```
C:\Users\Administrator>ping 10.10.10.1

正在 Ping 10.10.10.1 具有 32 字节的数据:
请求超时。
请求超时。
请求超时。
请求超时。

192.168.40.1 的 Ping 统计信息:
    数据包: 已发送 = 4, 已接收 = 0, 丢失 = 4 (100% 丢失),
```

结果显示，财务系统服务器 SV1 无法访问外部网络。

项目拓展

一、理论题

1．MAC 扩展 ACL 编号的取值范围是（　　）。

A．1～99、1300～1999　　B．100～199、2000～2699

C．700～799　　D．2700～2899

2．关于 ACL 编号与类型的对应关系，下面描述正确的是（　　）。

A．标准 ACL 编号的取值范围是 100～199、2000～2699

B．扩展 ACL 编号的取值范围是 1～99、1300～1999

C．基于 MAC 的 ACL 编号的取值范围是 700～799

D．标准 ACL 编号的取值范围是 2700～2899

3．（多选）ACL 的类型包括（　　）。

A．基于时间段的包过滤　　B．标准 ACL

C．扩展 ACL　　D．基于 MAC 的 ACL

二、项目实训题

1．实训项目描述

Jan16 公司有研发部、商务部、财务部，每个部门都有若干台计算机、一台财务系统服务器，使用三层交换机进行局域网组建，并且通过路由器连接至外部网络。出于对数据安全的考虑，需要在三层交换机上进行访问控制。

本实训项目的网络拓扑图如图 12-3 所示。

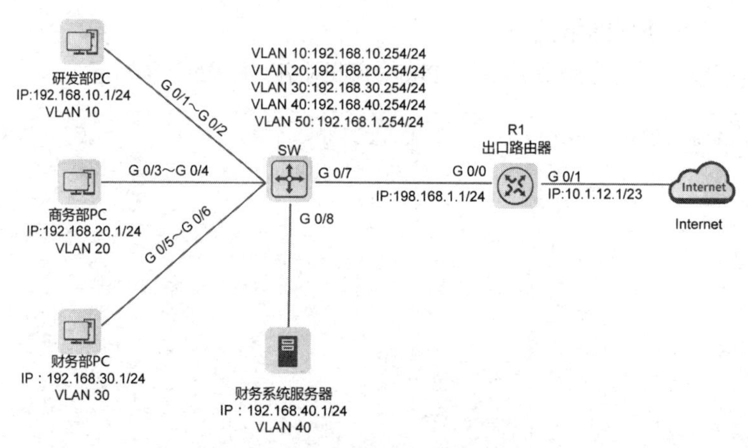

图 12-3 本实训项目的网络拓扑图

2．实训项目规划

根据本实训项目的相关描述和网络拓扑图，完成本实训项目的各个规划表。

（1）完成本实训项目的 VLAN 规划表，如表 12-5 所示。

表 12-5 本实训项目的 VLAN 规划表

VLAN ID	IP 地址段	用途

（2）完成本实训项目的 IP 地址规划表，如表 12-6 所示。

表 12-6 本实训项目的 IP 地址规划表

设备	接口	IP 地址	网关

续表

设备	接口	IP 地址	网关

（3）完成本实训项目的接口规划表，如表 12-7 所示。

表 12-7　本实训项目的接口规划表

本端设备	本端接口	对端设备	对端接口

3．实训项目要求

（1）根据本实训项目的规划表，在交换机 SW 上为各部门创建相应的 VLAN，将连接各部门的端口配置为 Access 端口，并且将端口划分到相应的 VLAN 中。

（2）根据本实训项目的 IP 地址规划表，在交换机 SW 上创建逻辑 VLAN 接口，为其配置 IP 地址，并且将其作为各部门的网关。

（3）在交换机 SW 上配置一条默认路由，设置下一跳指向出口路由器，使其可以正常访问出口路由器。

（4）根据本实训项目的 IP 地址规划表，为出口路由器 R1 的接口配置 IP 地址。

（5）在出口路由器 R1 上配置与各部门互访的静态路由。

（6）根据本实训项目的 IP 地址规划表，为各部门的计算机配置 IP 地址。

（7）根据本实训项目描述，在交换机 SW 上创建 ACL。

步骤 1：在交换机 SW 上配置标准 ACL，允许数据包源网段为 172.16.10.0/24 的报文通过。将规则应用到 G 0/2 端口。

步骤 2：财务系统服务器仅供在内部使用。在交换机 SW 上配置 ACL，拒绝数据包源 IP 网段为 192.168.10.0 的报文通过。将规则应用到 G 0/1 端口上。

（8）根据以上要求完成配置，执行以下验证命令，并且截图保存相关结果。

步骤 1：在交换机 SW 上执行命令“show vlan”和“show interfaces switchport”，查看 VLAN 和端口的配置信息。

步骤 2：在交换机 SW 上执行命令“show ip interface brief”，查看交换机 SW 的逻辑 VLAN 接口的 IP 地址配置信息。

步骤 3：在出口路由器 R1 上执行命令“show ip route”，查看其路由表配置信息。

步骤 4：在交换机 SW 上执行命令“show access-lists”，查看标准 ACL 的配置信息。

步骤 5：在研发部 PC 上使用 Ping 命令测试与商务部计算机和财务部计算机之间的通信情况。

步骤 6：在财务部 PC 上使用 Ping 命令测试与财务系统服务器之间的通信情况。

步骤 7：在研发部 PC 上使用 Ping 命令测试与财务系统服务器之间的通信情况。

步骤 8：在商务部 PC 上使用 Ping 命令测试与财务系统服务器之间的通信情况。

步骤 9：使用 Ping 命令测试各部门计算机及财务系统服务器是否能够访问外部网络。

项目 13　基于扩展 ACL 的网络访问控制

项目描述

在 Jan16 公司中，财务部有若干台计算机，架设了专用的财务系统服务器，现在计划组建财务部局域网，并且通过路由器连接至互联网。出于对财务系统数据安全的考虑，需要在路由器上配置访问控制策略，确保只有财务部 PC1 能够访问财务系统服务器 SV1 的前端网站，并且财务系统服务器 SV1 不可以访问外部网络。

本项目的网络拓扑图如图 13-1 所示。

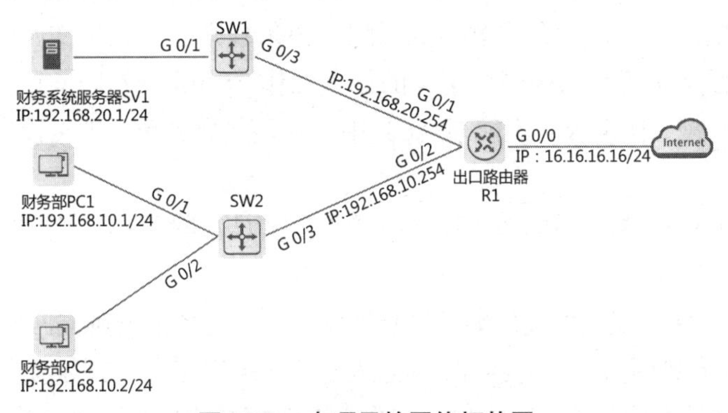

图 13-1　本项目的网络拓扑图

本项目的具体要求如下。

（1）仅允许财务部 PC1 访问财务系统服务器 SV1 的前端网站。

（2）财务系统服务器 SV1 仅在内部网络使用，不允许访问外部网络。

（3）计算机、路由器的 IP 地址和接口信息可以参考本项目的网络拓扑图。

相关知识

13.1　ACL 的规则

ACL 负责管理用户配置的所有规则，并且提供报文匹配规则的算法。ACL 规则管理的基本思想如下。

- 每个 ACL 都是一个规则组，一般可以包含多条规则。
- ACL 中的每条规则都使用规则 ID（Rule ID）进行标识。规则 ID 可以由用户自行设置；也可以由系统根据步长自动生成。也就是说，系统会在创建 ACL 的过程中自动为每条规则都分配一个 ID。
- 在默认情况下，ACL 中的所有规则均按照规则 ID 从小到大的顺序进行匹配。
- 规则 ID 之间会留下一定的间隔。如果不指定规则 ID 之间的间隔，那么具体间隔大小由规则 ID 的步长设定。例如，如果将规则 ID 的步长设定为 10（规则 ID 步长的默认值为 5），那么规则 ID 会按照 10、20、30、40 …的规律自动进行分配；如果将规则 ID 的步长设定为 2，那么规则 ID 会按照 2、4、6、8 …的规律自动进行分配。步长的大小反映了相邻规则 ID 之间的间隔大小。间隔的存在，实际上是为了方便在两条相邻的规则之间插入新的规则。

13.2 ACL 的规则匹配

配置了 ACL 的设备在接收到一个报文后，会将该报文与 ACL 中的规则逐条进行匹配。如果不能与当前规则匹配，则会继续尝试匹配下一条规则。一旦报文匹配上了某条规则，那么设备会对该报文执行这条规则中定义的处理动作（permit 或 deny），并且不再继续尝试与后续规则进行匹配。如果报文不能与 ACL 中的任何规则匹配，那么设备会对该报文执行 permit 处理动作。

在将一个数据包和 ACL 中的规则进行匹配时，由规则的匹配顺序决定规则的优先级。锐捷设备支持以下匹配顺序。

按照用户配置 ACL 规则的先后顺序进行匹配，即先配置的规则先匹配。根据 ACL 规则的顺序，对数据包和判断条件进行匹配，一旦匹配，就采用相应 ACL 规则中的动作并结束比较过程，不再检查后面的条件判断语句；如果没有匹配任何规则，那么数据包会被放行。

13.3 扩展 ACL 的命令格式

扩展 ACL 可以根据 IP 报文的源 IP 地址、IP 报文的目标 IP 地址、IP 报文的协议字段的值、IP 报文的优先级的值、IP 报文的长度值、TCP 报文的源端口号、TCP 报文的目标端口号、UDP 报文的源端口号、UDP 报文的目标端口号等信息定义规则。基本 ACL 的功能只是扩展 ACL 的功能的一个子集。与基本 ACL 相比，扩展 ACL 可以定义更精准、更复杂、更灵活的规则。

扩展 ACL 中的规则配置比基本 ACL 中的规则配置要复杂得多，并且配置命令的格式也会因 IP 报文的载荷数据的类型不同而有所差异。例如，针对不同类型的报文（如 ICMP 报文、TCP 报文、UDP 报文等），配置命令的格式也是不同的。下面是针对所有 IP 报文的一种简化的配置命令格式。

```
access-list access-list-number { deny | permit } protocol { any | source source-wildcard } { operator port } { any | destination destination-wildcard } [operator port ] [ precedence precedence ] [ tos tos ] [ time-range time-range-name ] [ dscp dscp ] [fragment]
rule[rule-id]{permit|deny}ip[destination{destination-address destination-wildcard|any}][source{source-address source-wildcard|any}]
```

在以上命令格式中，各项参数的说明如下。

- *access-list-number*：扩展 ACL 编号，取值范围为 100～199 和 2000～2699。
- deny | permit：符合规则的数据包的处理方式，deny 表示拒绝数据包通过，permit 表示允许数据包通过。
- protocol：协议，如 IP、ICMP、UDP、TCP 等。
- any：表示任何 IP 地址。
- *source*：数据包的源 IP 地址。使用 any 表示任何源 IP 地址
- *source-wildcard*：源 IP 地址的反向子网掩码。
- operator：操作符，lt 表示小于，eq 表示等于，gt 表示大于，neg 表示不等于，range 表示范围。只有在协议为 TCP 或 UDP 时，才会有该选项。
- *port*：源端口号，可以使用数字表示，也可以使用服务名称表示，如 www、ftp 等。
- *destination*：数据包的目标 IP 地址。使用 any 表示任何目标 IP 地址。
- *destination-wildcard*：目标 IP 地址的反向子网掩码。
- precedence *precedence*：报文的 IP 优先级别，取值范围为 0～7。
- tos *tos*：报文的服务类型，取值范围为 0～15。
- time-range *time-range-name*：指定规则生效的时间范围及时间范围名称。
- dscp *dscp*：数据包的区分服务码点（Differentiated Services Code Point，DSCP）值，取值范围为 0～64。
- fragment：表示非初始分段数据包。在使用该参数后，当前 ACL 规则只会对非初始分段数据包进行检查，不会检查初始分段数据包。

项目规划

扩展 ACL 可以对 IP 数据包的源 IP 地址、目标 IP 地址、协议、源端口号、目标端口号进行匹配，即检查 IP 数据包的地址信息，如果地址信息与 ACL 中的规则相匹配，则执行相应的放行或拦截操作。在本项目中，访问控制策略主要集中在对财务系统服务器 SV1 的访问权限上，通过在路由器上应用扩展 ACL 策略，可以实现该效果。访问控制策略的主要内容如下。

- 创建允许财务部 PC1 对财务系统服务器 80 端口进行访问的规则。
- 创建拒绝财务系统服务器 SV1 对外部网络进行访问的规则。

具体的配置步骤如下。

（1）配置路由器接口的 IP 地址。

（2）配置扩展 ACL。

（3）配置各部门计算机的 IP 地址。

本项目的 IP 地址规划表如表 13-1 所示，接口规划表如表 13-2 所示。

表 13-1　本项目的 IP 地址规划表

设备	接口	IP 地址	网关
R1	G 0/0	16.16.16.16/24	—
R1	G 0/1	192.168.20.254/24	—
R1	G 0/2	192.168.10.254/24	—
财务系统服务器 SV1	—	192.168.20.1/24	192.168.20.254
财务部 PC1	—	192.168.10.1/24	192.168.10.254
财务部 PC2	—	192.168.10.2/24	192.168.10.254

表 13-2　本项目的接口规划表

本端设备	本端接口	对端设备	对端接口
R1	G 0/0	Internet	—
R1	G 0/1	SW1	G 0/3
R1	G 0/2	SW2	G 0/3
SW1	G 0/3	R1	G 0/1
SW1	G 0/1	财务系统服务器 SV1	—
SW2	G 0/1	财务部 PC1	—
SW2	G 0/2	财务部 PC2	—
SW2	G 0/3	R1	G 0/2

项目实施

任务 13-1　配置路由器接口的 IP 地址

▶ 任务描述

根据本项目的 IP 地址规划表，为出口路由器 R1 的接口配置 IP 地址。

▶ 任务实施

为出口路由器 R1 的接口配置 IP 地址，配置命令如下。

```
Ruijie>enable                                   //进入特权模式
Ruijie#configure                                //进入全局模式
Router(config)#hostname R1                      //将路由器名称修改为 R1
```

```
R1(config)#interface gigabitEthernet 0/0    //进入 G 0/0 接口
R1(config-if-GigabitEthernet 0/0)#ip address 16.16.16.16 255.255.255.0
                    //配置 IP 地址为 16.16.16.16、子网掩码为 24 位
R1(config-if-GigabitEthernet 0/0)#exit
R1(config)#interface gigabitEthernet 0/1
R1(config-if-GigabitEthernet 0/1)#ip address 192.168.20.254 255.255.255.0
R1(config-if-GigabitEthernet 0/1)#exit
R1(config)#interface gigabitEthernet 0/2
R1(config-if-GigabitEthernet 0/2)#ip address 192.168.10.254 255.255.255.0
```

▶ 任务验证

在出口路由器 R1 上执行命令“show ip interface brief”，查看其接口的 IP 地址配置信息，配置命令如下。

```
R1(config-if-GigabitEthernet 0/2)#show ip interface brief
Interface             IP-Address(Pri)    IP-Address(Sec) Status Protocol
GigabitEthernet 0/0   16.16.16.16/24     no address      up     up
GigabitEthernet 0/1   192.168.20.254/24  no address      up     up
GigabitEthernet 0/2   192.168.10.254/24  no address      up     up
...     //省略部分内容
```

可以看到，已经在出口路由器 R1 的接口上正确配置了 IP 地址。

任务 13-2　配置扩展 ACL

扫一扫　看微课

▶ 任务描述

在出口路由器 R1 上配置扩展 ACL。

▶ 任务实施

（1）在出口路由器 R1 上配置扩展 ACL，允许财务部 PC1 对财务系统服务器 SV1 的 80 端口进行访问。将该 ACL 应用到 G 0/1 接口上，配置命令如下。

```
R1(config)#ip access-list extended 100  //创建一个编号 100 的扩展 ACL
R1(config-ext-nacl)#10  permit  tcp  192.168.10.1  0.0.0.0  192.168.20.1
0.0.0.0 eq 80
       //允许源 IP 网段为 192.168.10.1/24、目标 IP 地址为 192.168.20.1、目标端口为 80
端口的 TCP 报文访问
R1(config-ext-nacl)#exit
R1(config)#interface gigabitEthernet 0/1
R1(config-if-GigabitEthernet 0/1)#ip access-group 100 out
                         //在接口出方向上基于 ACL 100 进行报文过滤
```

（2）在出口路由器 R1 上配置扩展 ACL，拒绝财务系统服务器 SV1 对外部网络进行访问。将该 ACL 应用到 G 0/0 接口上，配置命令如下。

```
R1(config)#ip access-list extended 101
R1(config-ext-nacl)# 10 deny ip 192.168.20.0 0.0.0.255 16.16.16.0 0.0.0.255
R1(config-ext-nacl)# 20 permit ip any any
R1(config-ext-nacl)#exit
R1(config)#interface gigabitEthernet 0/0
R1(config-if-GigabitEthernet 0/0)#ip access-group 101 out
```

▶ 任务验证

在出口路由器 R1 上执行命令“show access-lists”，查看扩展 ACL 的配置信息，配置命令如下。

```
R1(config)#show access-lists

ip access-list extended 100
 10 permit tcp host 192.168.10.1 host 192.168.20.1 eq www

ip access-list extended 101
 10 deny ip 192.168.20.0 0.0.0.255 16.16.16.0 0.0.0.255
 20 permit ip any any
```

可以看到，已经根据项目规划配置了所需的扩展 ACL。

任务 13-3　配置各部门计算机的 IP 地址

▶ 任务描述

根据本项目 IP 地址规划表，为各部门的计算机配置 IP 地址。

▶ 任务实施

财务系统服务器 SV1 的 IP 地址配置如图 13-2 所示，同理，完成其他计算机的 IP 地址配置。

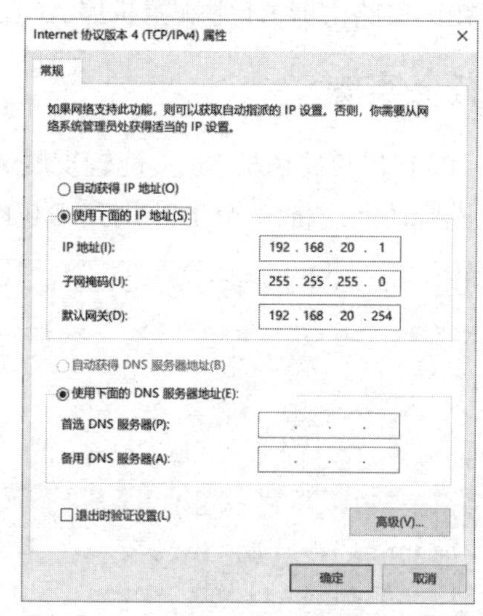

图 13-2　财务系统服务器 SV1 的 IP 地址配置

▶ 任务验证

（1）在财务系统服务器 SV1 上执行命令“ipconfig”，查看其 IP 地址的配置信息，配置命令如下。

```
C:\Users\Administrator>ipconfig      //显示本机 IP 地址的配置信息

本地连接:

   连接特定的 DNS 后缀 . . . . . . . . . . . . . . :
   IPv4 地址 . . . . . . . . . . . . . . . . . . . . : 192.168.20.1(首选)
   子网掩码 . . . . . . . . . . . . . . . . . . . . : 255.255.255.0
   默认网关 . . . . . . . . . . . . . . . . . . . . : 192.168.20.254
```

可以看到，已经为财务系统服务器 SV1 正确配置了 IP 地址。

（2）在其他计算机上执行命令“ipconfig”，查看其 IP 地址的配置信息，确认是否已经为其正确配置了 IP 地址。

扫一扫 看微课

项目验证

（1）测试财务部 PC1 与财务系统服务器 SV1 的 80 端口之间的连通性。

步骤 1：配置财务系统服务器 SV1，启用 80 端口，如图 13-3 所示。

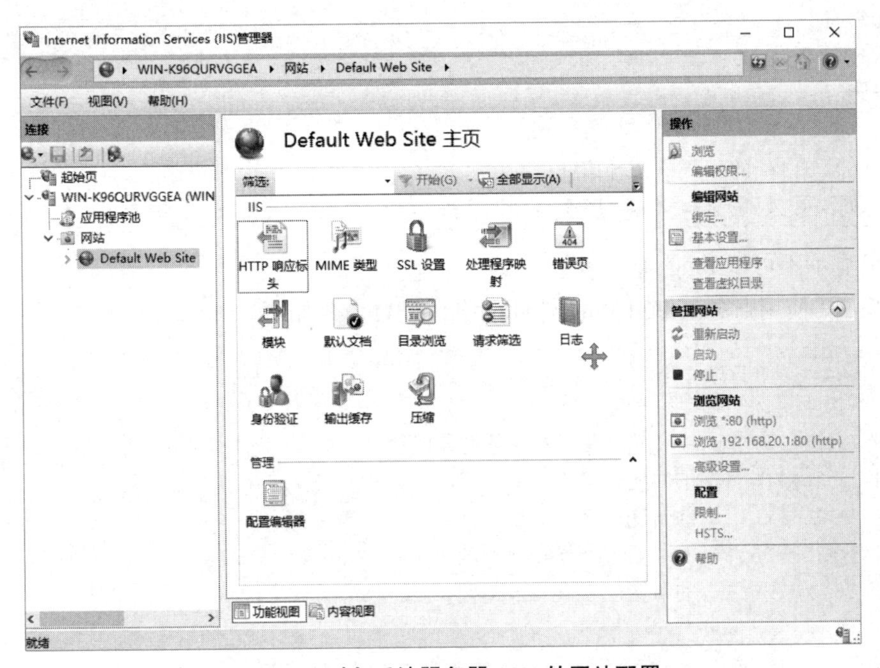

图 13-3　财务系统服务器 SV1 的网站配置

步骤 2：使用财务部 PC1 访问财务系统服务器 SV1 的 HTTP 服务，如图 13-4 所示，结果显示可以访问。

步骤 3：使用财务部 PC2 访问财务系统服务器 SV1 的 HTTP 服务，如图 13-5 所示，结果显示不可以访问。

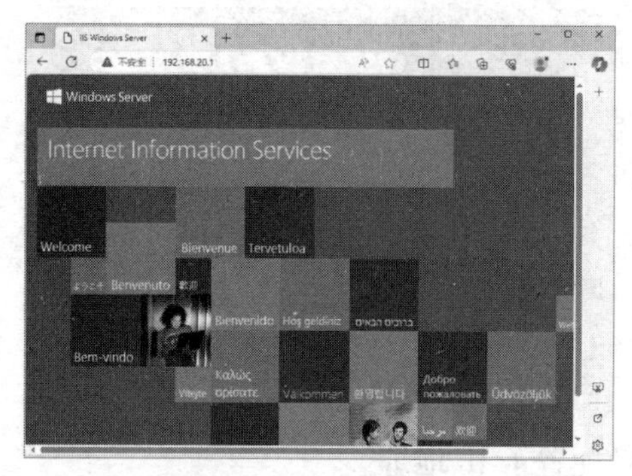

图 13-4　财务部 PC1 访问财务系统服务器 SV1 的 HTTP 服务

图 13-5　财务部 PC2 访问财务系统服务器 SV1 的 HTTP 服务

（2）测试财务系统服务器 SV1 与外部网络之间的连通性。

步骤 1：使用财务系统服务器 SV1 Ping 外部网络，配置命令如下。

```
C:\Users\Administrator>ping 16.16.16.16

正在 Ping 16.16.16.16 具有 32 字节的数据:
请求超时。
请求超时。
请求超时。
请求超时。

16.16.16.16 的 Ping 统计信息:
    数据包: 已发送 = 4，已接收 = 0，丢失 = 4 (100% 丢失)，
```

结果显示不可以 Ping 通。

步骤 2：使用财务部 PC1 Ping 外部网络，配置命令如下。

```
C:\Users\Administrator>ping 16.16.16.16

正在 Ping 16.16.16.16 具有 32 字节的数据:
来自 16.16.16.16 的回复: 字节=32 时间=1ms TTL=64
来自 16.16.16.16 的回复: 字节=32 时间=1ms TTL=64
来自 16.16.16.16 的回复: 字节=32 时间=1ms TTL=64
来自 16.16.16.16 的回复: 字节=32 时间=1ms TTL=64

16.16.16.16 的 Ping 统计信息:
    数据包: 已发送 = 4，已接收 = 4，丢失 = 0 (0% 丢失)，
往返行程的估计时间(以毫秒为单位):
    最短 = 1ms，最长 = 1ms，平均 = 1ms
```

结果显示可以 Ping 通。

项目拓展

一、理论题

1．下列说法正确的是（　　）。

A．默认的 ACL 匹配顺序是从上往下（rule 序号从小到大）匹配 ACL 条目

B．对 ACL 规则按照精确度从低到高的顺序进行排序，并且按照精确度从低到高的顺序进行报文匹配

C．无论报文匹配 ACL 的结果是"不匹配""允许"，还是"拒绝"，该报文最终是否允许通过，实际是由应用 ACL 的各个业务模块决定的

D．在默认情况下，从 ACL 编号最小的规则开始查找，即使匹配规则，也会继续查询后续规则

2．IP 标准 ACL 使用（　　）作为匹配条件。

A．数据报的大小　　B．数据报的源 IP 地址

C．数据报的端口号　　D．数据报的目标 IP 地址

3．路由器的某个 ACL 存在以下规则。

```
ip access-list extended 120
 10 deny ip 192.168.1.0 0.0.0.255 172.13.1.0 0.0.0.255
 20 deny ip any any
```

下列说法正确的是（　　）。

A．拒绝源 IP 地址为 192.168.1.0/24 网段、目标 IP 地址为 172.13.1.0/24 网段的 TCP 报文通过

B．允许源 IP 地址为 192.168.1.0/24 网段、目标 IP 地址为 172.13.1.0/24 网段的 TCP 报文通过

C．允许源 IP 地址为 172.13.1.0/24 网段、目标 IP 地址为 192.168.1.0/24 网段的 TCP 报文通过

D．拒绝源 IP 地址为 172.13.1.0/24 网段、目标 IP 地址为 192.168.1.0/24 网段的 TCP 报文通过

二、项目实训题

1．实训项目描述

在 Jan16 公司中，财务部有若干台计算机，架设了专用的财务系统服务器，现在计划组建财务部局域网，并且通过路由器连接至互联网。出于对财务系统数据安全的考虑，需要在路由器上配置访问控制策略，确保只有财务部 PC1 能够访问财务系统服务器 SV1 的前端网站，并且财务系统服务器 SV1 不可以访问外部网络。

本实训项目的网络拓扑图如图 13-6 所示。

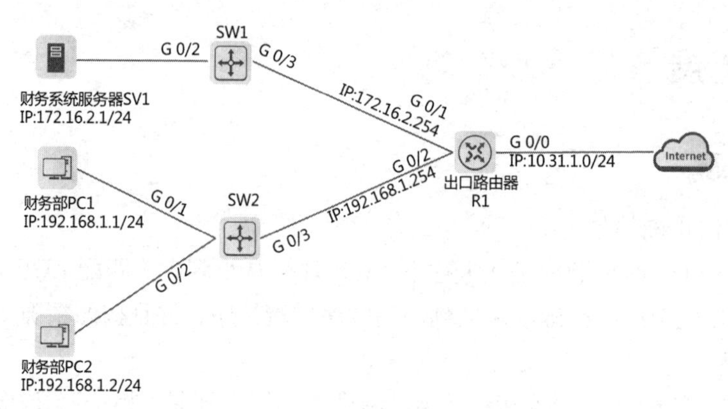

图 13-6　本实训项目的网络拓扑图

2．实训项目规划

根据本实训项目的相关描述和网络拓扑图，完成本实训项目的各个规划表。

（1）完成本实训项目的 IP 地址规划表，如表 13-3 所示。

表 13-3　本实训项目的 IP 地址规划表

设备	接口	IP 地址	网关

（2）完成本实训项目的接口规划表，如表 13-4 所示。

表 13-4　本实训项目的接口规划表

本端设备	本端接口	对端设备	对端接口

3．实训项目要求

（1）根据本实训项目的 IP 地址规划表，为出口路由器 R1 的接口配置 IP 地址。

（2）根据本实训项目的 IP 地址规划表，为各台计算机配置 IP 地址。

（3）根据本实训项目描述，在出口路由器 R1 上创建扩展 ACL。

步骤 1：在出口路由器 R1 上配置扩展 ACL，允许财务部 PC1 对服务器的 80 端口进行访问。将该规则应用到 G 0/1 接口上。

步骤 2：在出口路由器 R1 上配置扩展 ACL，拒绝财务系统服务器 SV1 对外部网络的访问。将该规则应用到 G 0/0 接口上。

（4）根据本实训项目描述，完成财务系统服务器 SV1 的 HTTP 配置。

（5）根据以上要求完成配置，执行以下验证命令，并且截图保存相关结果。

步骤 1：在出口路由器 R1 上执行命令“show ip interface brief”，检查其接口的 IP 地址配置信息。

步骤 2：在出口路由器 R1 上执行命令“show access-lists”，查看 ACL 的配置信息。

步骤 3：使用财务部 PC1 访问财务系统服务器 SV1 的 HTTP 服务，验证扩展 ACL。

步骤 4：使用财务部 PC2 访问财务系统服务器 SV1 的 HTTP 服务，验证扩展 ACL。

步骤 5：使用 Ping 命令测试财务系统服务器 SV1 是否能够访问外部网络。

项目 14　基于静态 NAT 发布公司网站服务器

项目描述

Jan16 公司搭建了一个网站服务器，用于对外发布公司官网。为了保障内部网络的安全,解决私网 IP 地址在互联网上进行通信的安全问题,需要在出口路由器上配置静态 NAT,使网站服务器映射到公网 IP 地址上。

本项目的网络拓扑图如图 14-1 所示。

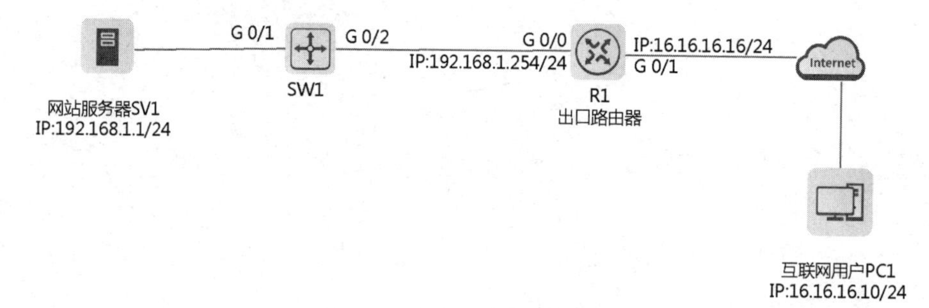

图 14-1　本项目的网络拓扑图

本项目的具体要求如下。

（1）公司内部网络使用 192.168.1.0/24 网段，出口路由器使用 16.16.16.0/24 网段。

（2）为出口路由器申请一个 IP 地址 16.16.16.1，用于与网站服务器进行 NAT（Network Address Translation，网络地址转换）映射。

（3）计算机、路由器的 IP 地址和接口信息可以参考本项目的网络拓扑图。

相关知识

通过对广域网技术的学习，我们可以知道，在网络的不同类型中，除了私有网络，还有公用网络，它们之间需要互相关联，才能充分发挥各自的功能。NAT 不仅可以实现私有网络和公用网络中的资源互访，还能提供一定的安全访问功能。本节会从 NAT 的工作原理入手，介绍 NAT 的不同类型及相应的配置方法。

14.1　NAT 的基本概念

NAT 是一种 IETF（Internet Engineering Task Force，因特网工程任务组）标准，是一种将内部私网 IP 地址映射为合法的外部公网 IP 地址的技术。

现在的 Internet 使用 TCP/IP 协议实现了全世界的计算机互联互通，连入 Internet 的计算机要和别的计算机通信，必须拥有一个唯一的、合法的 IP 地址，该 IP 地址由 Internet 管理机构 NIC（Network Information Center，网络信息中心）统一进行管理和分配。而 NIC 分配的 IP 地址为公有、合法的 IP 地址，这些 IP 地址具有唯一性，连入 Internet 的计算机只要拥有 NIC 分配的 IP 地址，就可以与其他计算机进行通信。

当前大部分 TCP/IP 的版本是 IPv4，它具有天生的缺陷：IP 地址的数量不够多，难以满足目前爆炸性增长的 IP 地址需求。因此，不是每台计算机都能申请并获得 NIC 分配的 IP 地址。在一般情况下，需要连接 Internet 的个人或家庭用户，可以通过 Internet 的 ISP 间接获得合法的公网 IP 地址。例如，用户通过 ADSL（Asymmetric Digital Subscriber Line，非对称数字用户线）线路拨号，从网络运营商处获得临时租用的公网 IP 地址。对于大型机构，它们可以直接向 Internet 管理机构申请并使用永久的公网 IP 地址，也可以通过 ISP 间接获得永久或临时的公网 IP 地址。

无论通过哪种方式获得公网 IP 地址，实际上当前的可用 IP 地址数量依然不足。为了使计算机能够具有 IP 地址并在专用网络（内部网络）中进行通信，Internet 管理机构 NIC 定义了供专用网络内的计算机使用的私网 IP 地址。这些私网 IP 地址是在局部使用的（非全局的、不具有唯一性）、非公用网络（私有网络）的 IP 地址，这些私网 IP 地址的范围如下。

- A 类私网 IP 地址：10.0.0.0～10.255.255.255。
- B 类私网 IP 地址：172.16.0.0～172.31.255.255。
- C 类私网 IP 地址：192.168.0.0～192.168.255.255。

组织或企业可以根据其园区网络的大小及所需连接的计算机数量，选择使用不同类型的私网 IP 地址范围或它们的组合。但是，这些 IP 地址不可以出现在 Internet 上，也就是说，源 IP 地址或目标 IP 地址为这些私网 IP 地址的数据包不可以在 Internet 上进行传输，这样的数据包只能在内部专用网络中进行传输。

如果专用网络中的计算机要访问 Internet，那么组织或企业在连接 Internet 的设备上至少需要一个公网 IP 地址，然后采用 NAT 技术，将内部专用网络中计算机的私网 IP 地址映射为公网 IP 地址，从而让使用私网 IP 地址的计算机能够和 Internet 中的计算机进行通信。使用 NAT 设备，可以将专用网络中的私网 IP 地址和公用网络中的公网 IP 地址互相转换，从而使专用网络中使用私网 IP 地址的计算机能够和 Internet 中的计算机进行通信。使用 NAT 设备进行 IP 地址映射的示意图如图 14-2 所示。

NAT 就是将网络地址从一个地址空间转换到另一个地址空间的技术。从技术原理的角度来看，NAT 分为 4 种：静态 NAT、动态 NAT、超载 NAT 和静态 NAPT。

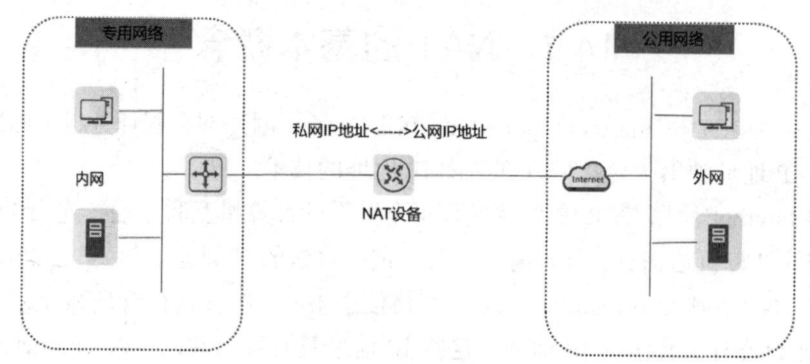

图 14-2 使用 NAT 设备进行 IP 地址映射的示意图

14.2 静态 NAT

静态 NAT 是指在路由器中，将私网 IP 地址映射为固定的公网 IP 地址，通常应用在允许公用网络网用户访问专用网络服务器的场景中。

静态 NAT 的工作过程如图 14-3 所示。

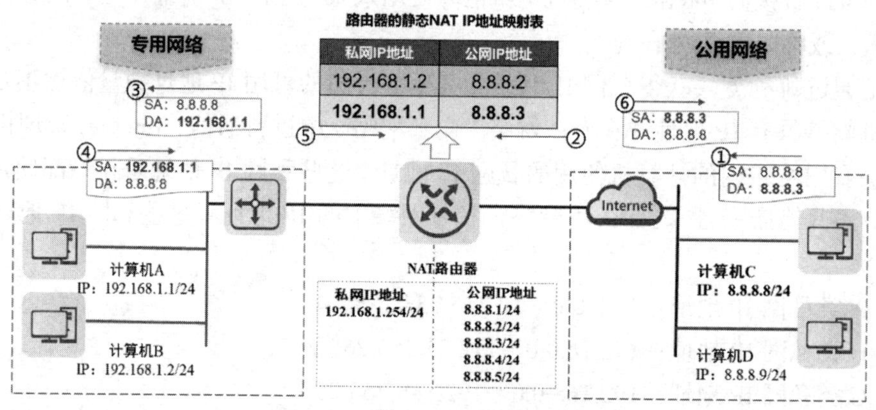

图 14-3 静态 NAT 的工作过程

专用网络中的计算机采用 C 类私网 IP 网段 192.168.1.0/24。专用网络采用带有 NAT 功能的路由器和 Internet（公用网络）互联，路由器的左网卡连接专用网络（左 IP 地址是 192.168.1.254/24），右网卡连接 Internet（右 IP 地址是 8.8.8.1/24），而且路由器还有多个公网 IP 地址可供转换使用（8.8.8.2～8.8.8.5/24）。在 Internet 中，计算机 C 的 IP 地址是 8.8.8.8/24。假设 Internet 中的计算机 C 需要和专用网络中的计算机 A 进行通信，那么其通信过程如下。

（1）计算机 C 向计算机 A 发送数据包，数据包的源 IP 地址为 8.8.8.8，目标 IP 地址为 8.8.8.3（在 Internet 中，计算机 A 的 IP 地址为 8.8.8.3）。

（2）在数据包到达路由器后，路由器会查询本地的 NAT 映射表，在找到相应的映射条目后，将数据包的目标 IP 地址（8.8.8.3）转换为私网 IP 地址（192.168.1.1），源 IP 地址保持不变。NAT 路由器中有一个公网 IP 地址池，在本次通信前，网络管理员已经在 NAT 路由器中设置了静态 NAT 地址映射关系，指定将 192.168.1.1 映射为 8.8.8.3。

（3）在经过 NAT 地址映射后，数据包（此时的目标 IP 地址已从 8.8.8.3 转换为私网 IP 地址 192.168.1.1，源 IP 地址仍为 8.8.8.8）会在专用网络中进行传输。当数据包到达专用网络中计算机 A 所在的网段时，由于计算机 A 的 IP 地址与数据包的目标 IP 地址（192.168.1.1）相匹配，因此数据包会被路由至计算机 A 并被其接收。

（4）计算机 A 在收到数据包后，会将响应内容封装在目标 IP 地址为 8.8.8.8 的数据包中，然后将该数据包发送出去。

（5）在目标 IP 地址为 8.8.8.8 数据包到达路由器后，路由器会根据本地的 NAT 映射表找到相应的映射条目，将源 IP 地址 192.168.1.1 转换为目标 IP 地址 8.8.8.3，然后将该数据包发送到 Internet 中。

（6）目标 IP 地址为 8.8.8.8 的数据包在 Internet 中传送，最终到达计算机 C。计算机 C 根据数据包的源 IP 地址（8.8.8.3），只知道该数据包是由路由器发送过来的，实际上，该数据包是计算机 A 发送的。

静态 NAT 主要应用于专用网络中的服务器需要对外提供服务的场景中。由于静态 NAT 中的私网 IP 地址和公网 IP 地址采用固定的一对一的映射关系，因此，Internet 中的计算机可以通过访问公网 IP 地址，访问相应的专用网络服务器。

项目规划

通过静态 NAT 映射内部服务器，需要使用公网 IP 地址，因此需要申请 2 个或更多个公网 IP 地址，一个用于进行服务器映射，一个用于在专用网络中进行通信，这里使用 16.16.16.1 和 16.16.16.16 作为公网 IP 地址。网站服务器处于专用网络中，IP 地址为 192.168.1.1。可以在出口路由器上配置静态 NAT，将网站服务器的私网 IP 地址与公网 IP 地址 16.16.16.1 实现一对一映射，从而通过公网 IP 地址直接访问网站服务器。在互联网连接方面，出口路由器可以根据 ISP 服务商的网络环境配置相应的路由协议。

具体的配置步骤如下。

（1）配置路由器接口的 IP 地址。

（2）配置静态 NAT。

（3）配置各台计算机的 IP 地址。

本项目的 IP 地址规划表如表 14-1 所示，端口规划表如表 14-2 所示。

表 14-1　本项目的 IP 地址规划表

设备	接口	IP 地址	网关
R1	G 0/0	192.168.1.254/24	—
R1	G 0/1	16.16.16.16/24	—
网站服务器 SV1	—	192.168.1.1/24	192.168.1.254
互联网用户 PC1	—	16.16.16.10/24	—

表 14-2　本项目的端口规划表

本端设备	本端端口	对端设备	对端端口
R1	G 0/0	SW1	G 0/2
R1	G 0/1	互联网用户 PC1	—
SW1	G 0/1	网站服务器 SV1	—
SW1	G 0/2	R1	G 0/0

任务 14-1　配置路由器接口的 IP 地址

▶ 任务描述

根据本项目的 IP 地址规划表，为出口路由器的接口配置 IP 地址。

▶ 任务实施

为出口路由器 R1 的接口配置 IP 地址，配置命令如下。

```
Router>enable
Router#config
Enter configuration commands, one per line.  End with CNTL/Z.
Router(config)#hostname R1
R1(config)#interface gigabitEthernet 0/0
R1(config-if-GigabitEthernet 0/0)#ip address 192.168.1.254 255.255.255.0
R1(config-if-GigabitEthernet 0/0)#exit
R1(config)#interface gigabitEthernet 0/1
R1(config-if-GigabitEthernet 0/1)#ip address 16.16.16.16 255.255.255.0
R1(config-if-GigabitEthernet 0/1)#exit
```

▶ 任务验证

在出口路由器 R1 上执行命令“show ip interface brief”，查看其接口的 IP 地址配置信息，配置命令如下。

```
R1(config)#show ip interface brief
Interface              IP-Address(Pri)     IP-Address(Sec)  Status Protocol
GigabitEthernet 0/0    192.168.1.254/24    no address       up     up
GigabitEthernet 0/1    16.16.16.16/24      no address       up     up
GigabitEthernet 0/2    no address          no address       up     down
```

可以看到，已经为出口路由器 R1 的接口正确配置了 IP 地址。

任务 14-2　配置静态 NAT

▶ 任务描述

在出口路由器 R1 上配置静态 NAT。

▶任务实施

在出口路由器 R1 的全局模式下执行命令“ip nat inside source static *local-ip* { interface *interface* | *global-ip* }”，将私网 IP 地址 *local-ip* 与接口 IP 地址 interface *interface* 或指定的公网 IP 地址 *global-ip* 进行一对一转换，配置命令如下。

```
R1(config)#ip nat inside source static 192.168.1.1 16.16.16.1
      //配置 NAT 静态转换，将私网 IP 地址 192.168.1.1 转换为公网 IP 地址 16.16.16.1
R1(config)#interface gigabitEthernet 0/0
R1(config-if-GigabitEthernet 0/0)#ip nat inside    //配置当前接口为 NAT 的内部接口
R1(config-if-GigabitEthernet 0/0)#exit
R1(config)#interface gigabitEthernet 0/1
R1(config-if-GigabitEthernet 0/1)#ip nat outside   //配置当前接口为 NAT 的外部接口
R1(config-if-GigabitEthernet 0/1)#exit
```

▶ 任务验证

在出口路由器 R1 上执行命令“show running-config | include nat”，查看静态 NAT 的配置信息，配置命令如下。

```
R1(config)#show running-config | include nat
 ip nat inside
 ip nat outside
ip nat inside source static 192.168.1.1 16.16.16.1
```

可以看到，已经在出口路由器 R1 上正确配置了静态 NAT。

任务 14-3　配置各台计算机的 IP 地址

▶ 任务描述

根据本项目的 IP 地址规划表，为各台计算机配置 IP 地址。

▶ 任务实施

网站服务器 SV1 的 IP 地址配置如图 14-4 所示，互联网用户 PC1 的 IP 地址配置如图 14-5 所示。

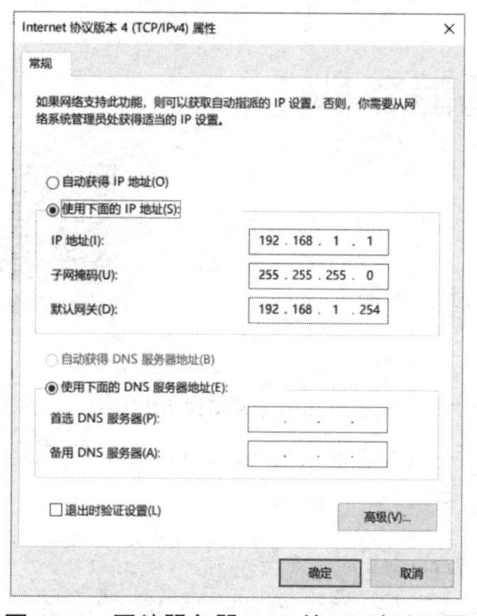

图 14-4 网站服务器 SV1 的 IP 地址配置

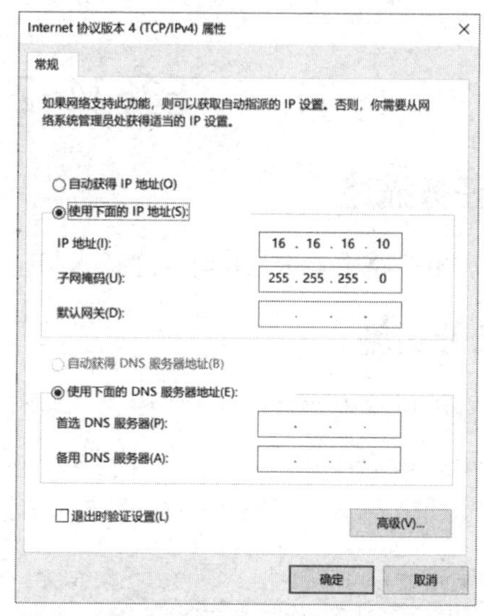

图 14-5 互联网用户 PC1 的 IP 地址配置

▶ 任务验证

（1）在网站服务器 SV1 上执行命令“ipconfig”，查看其 IP 地址的配置信息，配置命令如下。

```
C:\Users\Administrator>ipconfig      //显示本机 IP 地址的配置信息

本地连接:

   连接特定的 DNS 后缀 ...............:
   IPv4 地址 ........................: 192.168.1.1(首选)
   子网掩码.........................: 255.255.255.0
   默认网关.........................: 192.168.1.254
```

可以看到，已经为网站服务器 SV1 的接口正确配置了 IP 地址。

（2）在互联网用户 PC1 上执行命令“ipconfig”，查看其 IP 地址的配置信息，确认是否已经为其正确配置了 IP 地址。

扫一扫 看微课

项目验证

（1）互联网用户 PC1 使用 Ping 命令测试网站服务器 SV1 映射的公网 IP 地址能否访问，配置命令如下。

```
C:\Users\Administrator>ping 16.16.16.1
```

```
正在 Ping 16.16.16.1 具有 32 字节的数据:
来自 16.16.16.1 的回复: 字节=32 时间=2ms TTL=63
来自 16.16.16.1 的回复: 字节=32 时间=2ms TTL=63
来自 16.16.16.1 的回复: 字节=32 时间=1ms TTL=63
来自 16.16.16.1 的回复: 字节=32 时间=1ms TTL=63

16.16.16.1 的 Ping 统计信息:
    数据包: 已发送 = 4，已接收 = 4，丢失 = 0 (0% 丢失)，
往返行程的估计时间(以毫秒为单位):
    最短 = 1ms，最长 = 2ms，平均 = 1ms
```

结果显示，互联网用户 PC1 可以和网络服务器 SV1 的 NAT 映射地址进行通信，TTL 为 63。

（2）在出口路由器 R1 上执行命令“show ip nat translations”，查看 NAT 的映射信息，配置命令如下。

```
R1(config)#show ip nat translations
Pro  Inside global        Inside local     Outside local    Outside global
icmp 16.16.16.1:1         192.168.1.1:1    16.16.16.10      16.16.16.10
```

结果显示，出口路由器 R1 在收到互联网访问目标 IP 地址为 16.16.16.1 的请求数据包时，会将目标 IP 地址映射为 192.168.1.1，使其可以访问网站服务器 SV1。

项目拓展

一、理论题

1．下列属于私网 IP 地址的是（　　）。

A．10.0.0.4　　B．172.32.0.4　　C．192.168.4.1　　D．172.31.4.5

2．关于 NAT 技术产生的目的，以下描述准确的是（　　）。

A．为了隐藏局域网内部服务器的真实 IP 地址

B．为了缓解 IP 地址的空间枯竭速度

C．为了扩大 IP 地址空间

D．一项专有技术，为了增加网络的可利用率

3．将私网 IP 地址 192.168.1.2 转换为公网 IP 地址 193.1.1.2 的正确命令为（　　）。

A．ip nat inside source static 193.1.1.2 192.168.1.2

B．nat inside source static 193.1.1.2 192.168.1.2

C．ip nat inside source static 192.168.1.2　193.1.1.2

D．nat inside source static 192.168.1.2　193.1.1.2

4．查看静态 NAT 映射信息的命令是（　　）。

A．show ip nat translations　　B．show ip nat

C．show nat static inside　　D．show static nat

二、项目实训题

1．实训项目描述

Jan16 公司搭建了一个网站服务器，用于对外发布公司官网。为了保障内部网络的安全，解决私网 IP 地址在互联网上进行通信的安全问题，需要在出口路由器上配置静态 NAT，使网站服务器映射到公网 IP 地址上，并且内网 PC1 可以直接访问外部网络，因此公司申请两个公网 IP 地址，用于进行 NAT 映射。

本实训项目的网络拓扑图如图 14-6 所示。

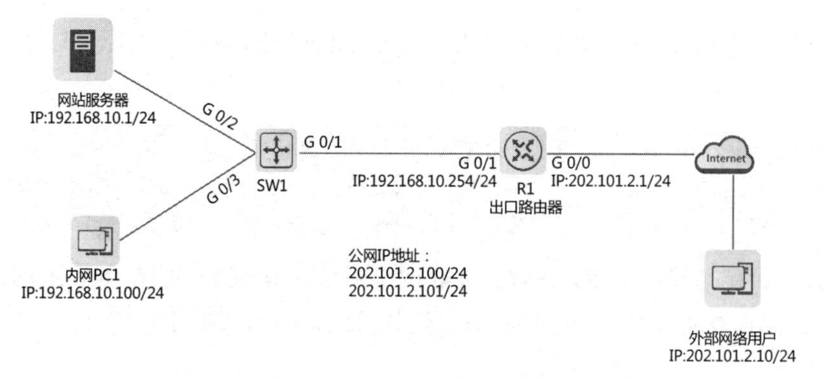

图 14-6　本实训项目的网络拓扑图

2．实训项目规划

根据本实训项目的相关描述和网络拓扑图，完成本实训项目的各个规划表。

（1）完成本实训项目的 IP 地址规划表，如表 14-3 所示。

表 14-3　本实训项目的 IP 地址规划表

设备	接口	IP 地址	网关

（2）完成本实训项目的端口规划表，如表 14-4 所示。

表 14-4　本实训项目的端口规划表

本端设备	本端端口	对端设备	对端端口

续表

本端设备	本端端口	对端设备	对端端口

3．实训项目要求

（1）根据本实训项目的 IP 地址规划表，为出口路由器 R1 的接口配置 IP 地址。

（2）根据本实训项目的 IP 地址规划表，为网站服务器及各台计算机配置 IP 地址。

（3）在出口路由器 R1 上配置静态 NAT，将网站服务器的私网 IP 地址映射为公网 IP 地址 202.101.2.101，将内网 PC1 的私网 IP 地址映射为公网 IP 地址 202.101.2.100，完成一对一映射。

（4）根据以上要求完成配置，执行以下验证命令，并且截图保存相关结果。

步骤 1：在出口路由器 R1 上执行命令“show ip interface brief”，检查其接口的 IP 地址配置信息。

步骤 2：在网站服务器及 PC 上执行命令“ipconfig /all”，查看其所有网络配置，确认已经为其正确配置了 IP 地址。

步骤 3：在出口路由器 R1 上执行命令“show running-config | include nat”，验证静态 NAT 的配置信息。

步骤 4：在出口路由器 R1 上执行命令“show ip nat translations”，查看 NAT 的映射信息。

项目 15　基于动态 NAT 的公司出口链路配置

项目描述

Jan16 公司有若干台计算机，利用交换机建立了局域网，并且通过出口路由器连接互联网。为了保障内部网络的安全，解决私网 IP 地址在互联网上进行通信的安全问题，需要在出口路由器上配置动态 NAT，将内部计算机的私网 IP 地址映射为公网 IP 地址，以便访问互联网。

本项目的网络拓扑图如图 15-1 所示。

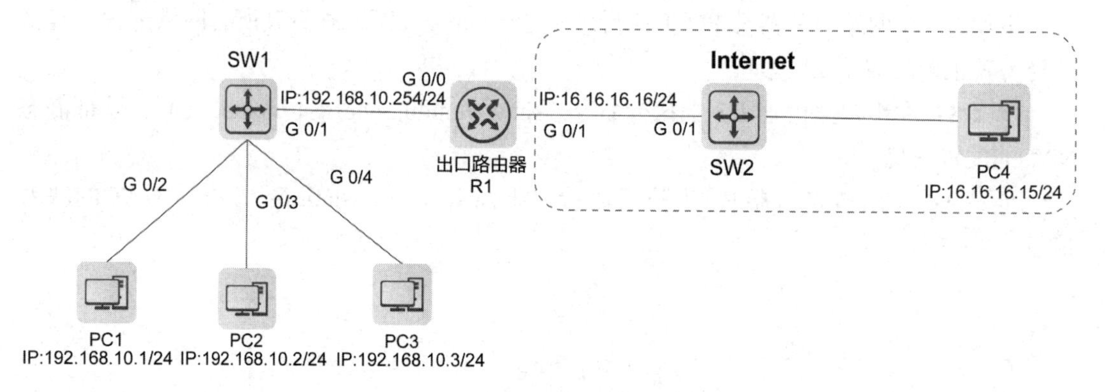

图 15-1　本项目的网络拓扑图

本项目的具体要求如下。

（1）公司内部网络使用 192.168.1.0/24 网段，出口路由器使用 16.16.16.0/24 网段。

（2）为出口路由器申请 16.16.16.1～16.16.16.5 等公网 IP 地址，用于进行 NAT 转换。

（3）计算机、路由器的 IP 地址和接口信息可以参考本项目的网络拓扑图。

15.1　动态 NAT

动态 NAT 是指将一个私网 IP 地址映射为一组公网 IP 地址池中的一个 IP 地址（公网

IP 地址）。动态 NAT 和静态 NAT 在 IP 地址映射上非常相似，唯一的区别是动态 NAT 可用的公网 IP 地址不是被某个专用网络中的计算机永久独自占有的。

动态 NAT 的工作过程如图 15-2 所示。

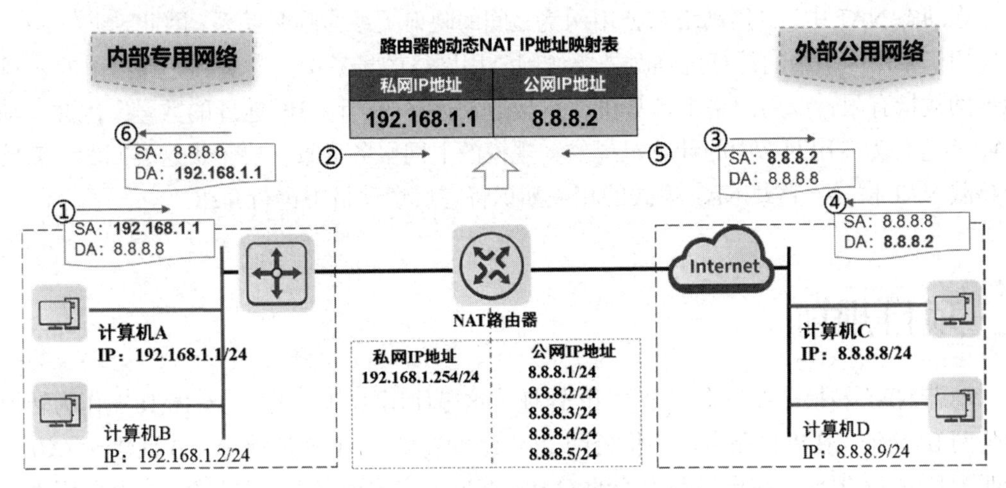

图 15-2　动态 NAT 的工作过程

与静态 NAT 类似，动态 NAT 的路由器中有一个公网 IP 地址池，其中有 4 个公网 IP 地址，即 8.8.8.2/24～8.8.8.5/24。假设专用网络中的计算机 A 需要和互联网中的计算机 C 进行通信，其通信过程如下。

（1）计算机 A 向计算机 C 发送源 IP 地址为 192.168.1.1 的数据包。

（2）在数据包经过路由器时，路由器会采用 NAT 技术，将数据包的源 IP 地址（192.168.1.1）转换为公网 IP 地址（8.8.8.2）。在本案例中，路由器的 IP 地址池中有多个公网 IP 地址，当需要进行 IP 地址映射时，路由器会在 IP 地址池中选择一个未被占用的公网 IP 地址进行转换。这里假设 4 个公网 IP 地址都未被占用，路由器挑选了第一个未被占用的公网 IP 地址。如果紧接着计算机 A 向 Internet 发送数据包，那么路由器会挑选第二个未被占用的公网 IP 地址（8.8.8.3）进行转换。IP 地址池中公网 IP 地址的数量决定了专用网络中可以同时访问 Internet 的计算机的数量，如果 IP 地址池中的公网 IP 地址都被占用了，那么专用网络中的其他计算机就不能与 Internet 中的计算机进行通信了。在专用网络中的计算机与公用网络中的计算机之间的通信结束后，路由器就会释放被占用的公网 IP 地址。这样，被释放的公网 IP 地址就又可以为其他专用网络中的计算机提供公网接入服务了。

（3）源 IP 地址为 8.8.8.2 的数据包在 Internet 上进行转发，最终被计算机 C 接收。

（4）计算机 C 在收到源 IP 地址为 8.8.8.2 的数据包后，会将响应内容封装在目标 IP 地址为 8.8.8.2 的数据包中，然后将该数据包发送出去。

（5）目标 IP 地址为 8.8.8.2 数据包经过路由转发，到达连接专用网络的路由器。路由器会对照自身的 NAT 映射表，找出对应关系，将目标 IP 地址为 8.8.8.2 的数据包转换为目标 IP 地址为 192.168.1.1 的数据包，然后将其发送到相应的专用网络中。

（6）目标 IP 地址为 192.168.1.1 的数据包在专用网络中进行传送，最终到达计算机 A。计算机 A 通过数据包的源 IP 地址（8.8.8.8）知道该数据包是 Internet 中的计算机 C 发送过来的。

在动态 NAT 中，专用网络与公用网络之间的映射关系为临时关系。因此，动态 NAT 主要应用于专用网络中的计算机临时需要访问公用网络的场景中。考虑到企业申请的公网 IP 地址的数量有限，专用网络中计算机的数量通常远多于公网 IP 地址的数量。因此，动态 NAT 不适合为专用网络中的计算机提供大规模的上网服务场景。要解决这类问题，需要使用超载 NAT 模式。超载 NAT 模式的相关知识将在后续项目中进行介绍。

项目规划

动态 NAT 转换需要有多个公网 IP 地址，这里使用 16.16.16.1～16.16.16.5 作为转换后的公网 IP 地址。在出口路由器中将公网 IP 地址配置到 NAT 地址池中，并且建立 ACL，用于匹配私网 IP 地址。在出口路由器的 G 0/1 接口上应用动态 NAT 转换。在互联网连接方面，出口路由器可以根据 ISP 服务商的网络环境配置相应的路由协议。

具体的配置步骤如下。

（1）配置路由器接口的 IP 地址。

（2）配置动态 NAT。

（3）配置各台计算机的 IP 地址。

本项目的 IP 地址规划表如表 15-1 所示，端口规划表如表 15-2 所示。

表 15-1　本项目的 IP 地址规划表

设备	接口	IP 地址	网关
R1	G 0/0	192.168.10.254/24	—
R1	G 0/1	16.16.16.16/24	—
PC1	—	192.168.10.1/24	192.168.10.254
PC2	—	192.168.10.2/24	192.168.10.254
PC3	—	192.168.10.3/24	192.168.10.254
PC4	—	16.16.16.15/24	—

表 15-2　本项目的端口规划表

本端设备	本端端口	对端设备	对端端口
R1	G 0/0	SW1	G 0/1
R1	G 0/1	SW2	G 0/1
SW1	G 0/1	R1	G 0/0
SW1	G 0/2	PC1	—
SW1	G 0/3	PC2	—
SW1	G 0/4	PC3	—
SW2	G 0/1	R1	G 0/1

任务 15-1　配置路由器接口的 IP 地址

▶ 任务描述

根据本项目的 IP 地址规划表，为出口路由器的接口配置 IP 地址。

▶ 任务实施

为出口路由器 R1 的接口配置 IP 地址，配置命令如下。

```
Ruijie>enable                                        //进入用户模式
Ruijie>configure terminal                            //进入全局模式
Router(config)#hostname R1                           //将路由器名称修改为 R1
R1(config)#interface GigabitEthernet 0/0             //进入 G 0/0 接口
R1(config-if-GigabitEthernet 0/0)#ip address 192.168.10.254 255.255.255.0
                         //配置 IP 地址为 192.168.10.254、子网掩码为 24 位
R1(config-if-GigabitEthernet 0/0)#exit
R1(config)#interface GigabitEthernet 0/1
R1(config-if-GigabitEthernet 0/1)#ip address 16.16.16.16 255.255.255.0
```

▶ 任务验证

在出口路由器 R1 上执行命令“show ip interface brief”，查看其接口的 IP 地址配置信息，配置命令如下。

```
R1(config-if-GigabitEthernet 0/1)#show ip interface brief
Interface              IP-Address(Pri)      IP-Address(Sec)   Status  Protocol
GigabitEthernet 0/0    192.168.10.254/24    no address        up      up
GigabitEthernet 0/1    16.16.16.16/24       no address        up      up
GigabitEthernet 0/2    no address           no address        up      down
```

可以看到，已经为出口路由器 R1 的接口正确配置了 IP 地址。

任务 15-2　配置动态 NAT

扫一扫 看微课

▶ 任务描述

在出口路由器 R1 上配置动态 NAT。

▶ 任务实施

（1）命令“ip nat pool *pool-name start-ip end-ip* { netmask *netmask* | prefix-length *prefix-*

length }”主要用于配置 NAT 地址池（申请到的公网 IP 地址不能全部纳入地址池，必须至少保留 1 个，用于实现路由器与公网之间的互相通信）。

在出口路由器 R1 上执行命令“ip nat pool ruijie 16.16.16.1 16.16.16.5 netmask 255.255.255.0”，配置 NAT 地址池，将起始地址和结束地址分别设置为 16.16.16.1 和 16.16.16.5，配置命令如下。

```
R1(config)#ip nat pool ruijie 16.16.16.1 16.16.16.5 netmask 255.255.255.0
                //配置 NAT 地址池，名称为 ruijie，IP 地址段为 16.16.16.1~16.16.16.5
```

（2）创建标准 ACL 20（编号为 20 的标准 ACL），配置命令如下。

```
R1(config)#ip access-list standard 20          //创建一个编号为 20 的标准 ACL
R1(config-std-nacl)#permit 192.168.10.0 0.0.0.255
                                     //允许源 IP 网段为 192.168.10.0/24 的报文通过
R1(config-std-nacl)#deny any      //拒绝所有访问
```

（3）命令“ip nat inside source list *access-list-number* { interface *interface* | pool *pool-name* }”主要用于将一个 ACL 和一个 NAT 地址池相关联，表示 ACL 中规定的 IP 地址可以使用 NAT 地址池进行 IP 地址映射。

在 G 0/1 接口上，执行命令“ip nat inside source list 20 pool ruijie”，将标准 ACL 20 与 NAT 地址池相关联，ACL 中规定的 IP 地址可以使用 NAT 地址池进行 IP 地址映射，配置命令如下。

```
R1(config)#interface GigabitEthernet 0/0
R1(config-if-GigabitEthernet 0/0)#ip nat inside      //配置当前接口为 NAT 的内部接口
R1(config-if-GigabitEthernet 0/0)#exit
R1(config)#interface GigabitEthernet 0/1
R1(config-if-GigabitEthernet 0/1)#ip nat outside     //配置当前接口为 NAT 的外部接口
R1(config-if-GigabitEthernet 0/1)#exit
R1(config)#ip nat inside source list 20 pool ruijie
          //配置符合 ACL 20 规则的主机，使其可以自动映射到公网 IP 地址池 ruijie 中
```

▶ 任务验证

在出口路由器 R1 上执行命令“show running-config | include nat”，查看动态 NAT 的配置信息，配置命令如下。

```
R1(config)#show  running-config | include nat
 ip nat inside
 ip nat outside
ip nat pool ruijie 16.16.16.1 16.16.16.5 netmask 255.255.255.0
ip nat inside source list 20 pool ruijie
```

可以看到，已经在出口路由器 R1 上正确配置了动态 NAT。

任务 15-3　配置各台计算机的 IP 地址

▶ 任务描述

根据本项目的 IP 地址规划表，为各台计算机配置 IP 地址。

▶ 任务实施

PC1 的 IP 地址配置如图 15-3 所示，同理，完成其他计算机的 IP 地址配置。

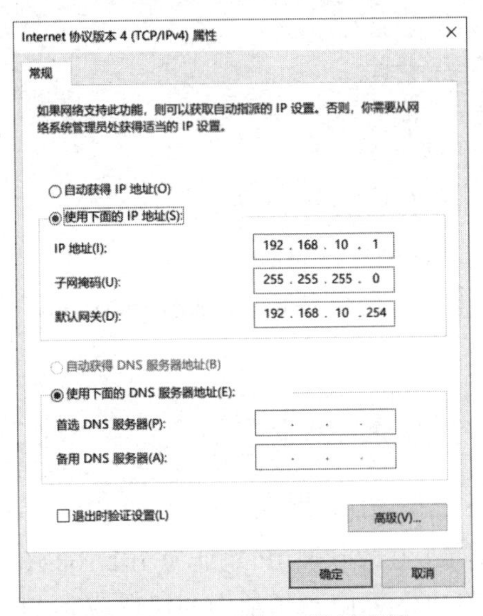

图 15-3　PC1 的 IP 地址配置

▶ 任务验证

（1）在 PC1 上执行命令“ipconfig”，查看其 IP 地址的配置信息，配置命令如下。

```
C:\Users\Administrator>ipconfig

本地连接:

   连接特定的 DNS 后缀 . . . . . . . . . . . . . . :
   IPv4 地址 . . . . . . . . . . . . . . . . . . . . . : 192.168.10.1(首选)
   子网掩码 . . . . . . . . . . . . . . . . . . . . . . : 255.255.255.0
   默认网关 . . . . . . . . . . . . . . . . . . . . . . : 192.168.10.254
```

可以看到，已经为 PC1 正确配置了 IP 地址。

（2）在其他计算机上执行命令“ipconfig”，查看其 IP 地址的配置信息，确认是否已经为其正确配置了 IP 地址。

项目验证

（1）使用 Ping 命令测试 PC1 能否访问互联网中的 PC4，配置命令如下。

```
C:\Users\Administrator>ping 16.16.16.15

正在 Ping 16.16.16.15 具有 32 字节的数据:
来自 16.16.16.15 的回复: 字节=32 时间=76ms TTL=63
来自 16.16.16.15 的回复: 字节=32 时间=2ms TTL=63
来自 16.16.16.15 的回复: 字节=32 时间=2ms TTL=63
来自 16.16.16.15 的回复: 字节=32 时间=2ms TTL=63

16.16.16.15 的 Ping 统计信息:
    数据包: 已发送 = 4，已接收 = 4，丢失 = 0 (0% 丢失),
往返行程的估计时间(以毫秒为单位):
    最短 = 2ms，最长 = 76ms，平均 = 20ms
```

结果显示，PC1 可以与互联网进行通信。

（2）在出口路由器 R1 上执行命令“show ip nat translations”，查看 NAT 的映射信息，配置命令如下。

```
R1(config)#show ip nat translations
Pro  Inside global       Inside local      Outside local     Outside global
icmp 16.16.16.2:1        192.168.10.1:1    16.16.16.15       16.16.16.15
```

结果显示，出口路由器 R1 在收到源 IP 地址为 192.168.10.1 的互联网访问请求数据包后，会将它的源 IP 地址映射为公网 IP 地址池中的任意一个公网 IP 地址，此处映射为公网 IP 地址 16.16.16.2，使其可以正常访问互联网。

项目拓展

一、理论题

1．动态 NAT 和静态 NAT 的区别是（　　）。

A．动态 NAT 只能将一个私网 IP 地址映射为一个公网 IP 地址，而静态 NAT 可以将多个私网 IP 地址映射为一个公网 IP 地址。

B．动态 NAT 和静态 NAT 在 IP 地址映射上非常相似，唯一的区别是动态 NAT 可用的公网 IP 地址不会被某个专用网络中的计算机永久独自占有。

C．动态 NAT 只能用于内网计算机临时对外提供服务的场景，而静态 NAT 适用于内网计算机的大规模上网服务场景。

D．动态 NAT 和静态 NAT 没有任何区别，只是名称不同。

2．在动态 NAT 的工作过程中，当需要进行 IP 地址映射时，路由器选择公网 IP 地址的方法是（　　）。

A．选择地址池中的第一个 IP 地址

B．选择地址池中的最后一个 IP 地址

C．随机选择地址池中的一个 IP 地址

D．选择地址池中未被占用的第一个 IP 地址

3.（多选）动态 NAT 地址映射的配置步骤包括（　　）。

A．创建 NAT 地址池　　　B．端口应用动态 NAT

C．创建 ACL　　　　　　D．配置路由

二、项目实训题

1．实训项目描述

Jan16 公司有 1 台网站服务器和若干台计算机，利用交换机建立了局域网，并且通过出口路由器连接互联网。为了保障内部网络的安全，解决私网 IP 地址在互联网上进行通信的安全问题，需要在出口路由器中配置动态 NAT，用于进行私网 IP 地址和公网 IP 地址的动态映射。

本实训项目的网络拓扑图如图 15-4 所示。

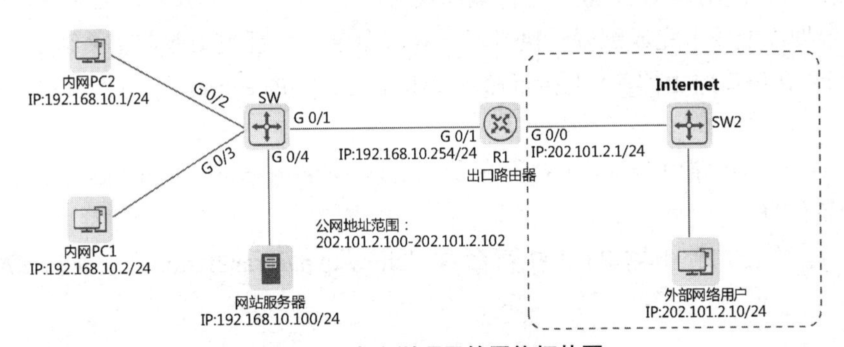

图 15-4　本实训项目的网络拓扑图

2．实训项目规划

根据本实训项目的相关描述和网络拓扑图，完成本实训项目的各个规划表。

（1）完成本实训项目的 IP 地址规划表，如表 15-3 所示。

表 15-3　本实训项目的 IP 地址规划表

设备	接口	IP 地址	网关

（2）完成本实训项目的端口规划表，如表 15-4 所示。

表 15-4　本实训项目的端口规划表

本端设备	本端端口	对端设备	对端端口

3．实训项目要求

（1）根据本实训项目的 IP 地址规划表，为出口路由器 R1 的接口配置 IP 地址。

（2）在出口路由器 R1 上配置动态 NAT。

步骤 1：在出口路由器 R1 上使用 ip nat pool 命令配置 NAT 地址池，将起始 IP 地址和结束 IP 地址分别设置为 202.101.2.100 和 202.101.2.102。

步骤 2：创建标准 ACL 21。

步骤 3：使用 ip nat inside 命令将 ACL 21 与 NAT 地址池相关联，根据制定的 ACL 中的 IP 地址，可以使用 NAT 地址池进行地址映射。

（3）根据以上要求完成配置，执行以下验证命令，并且截图保存相关结果。

步骤 1：在出口路由器 R1 上执行命令“show ip interface brief”，查看其接口的 IP 地址配置信息。

步骤 2：在出口路由器 R1 上执行命令“show running-config | include nat”，查看动态 NAT 的配置信息。

步骤 3：在出口路由器 R1 上执行命令“show ip nat translations”，查看 NAT 的映射信息。

项目 16　基于静态 NAPT 的公司门户网站发布

项目描述

Jan16 公司搭建了一个网站服务器，用于对外发布官方网站。公司只租用了一个公网 IP 地址，用于访问互联网。为了保障内部专用网络的安全，在公网 IP 地址不足的情况下，需要在出口路由器上配置静态 NAPT，用于将网站服务器映射到公网 IP 地址上。

本项目的网络拓扑图如图 16-1 所示。

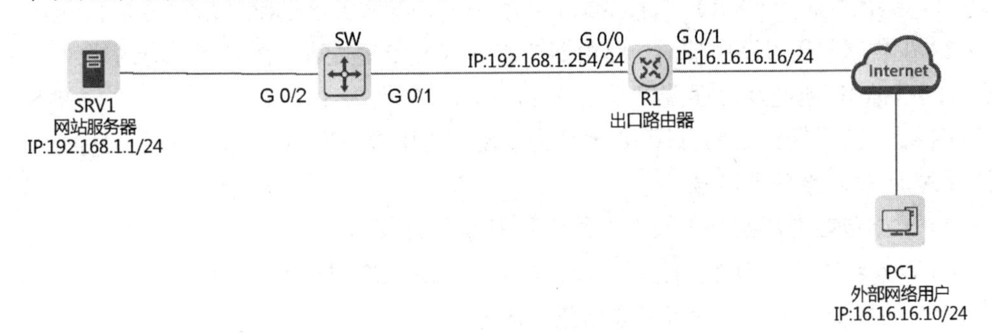

图 16-1　本项目的网络拓扑图

本项目的具体要求如下。

（1）公司内部网络使用 192.168.1.0/24 网段，出口路由器使用 16.16.16.0/24 网段。

（2）因为公司只申请了一个公网 IP 地址，所以需要在出口路由器上配置静态 NAPT，将网站服务器的 80 端口映射到公网 IP 地址上。

（3）计算机、路由器的 IP 地址和接口信息可以参考本项目的网络拓扑图。

相关知识

16.1　静态 NAPT

静态 NAPT 是指在路由器中以 IP 地址+端口的形式，将私网 IP 地址及端口转换为固定的公网 IP 地址及端口，主要应用于允许公用网络中的用户访问专用网络中计算机的特定服务场景中。

静态 NAPT 的工作过程如图 16-2 所示。

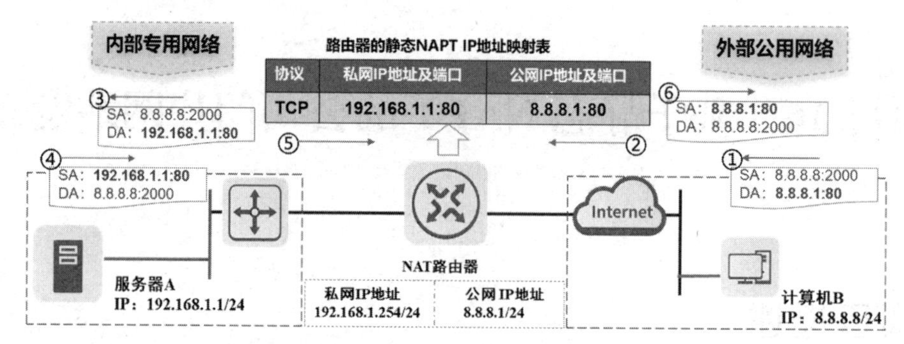

图 16-2　静态 NAPT 的工作过程

假设公用网络中的计算机 B 需要访问专用网络中服务器 A 的 Web 站点，其通信过程如下。

（1）计算机 B 向服务器 A 发送数据包，该数据包的源 IP 地址为 8.8.8.8，源端口号为 2000；目标 IP 地址为 8.8.8.1，目标端口号为 80（Web 服务器的默认端口号是 80）。

（2）在数据包经过路由器时，路由器会查询 NAPT 地址表，在找到对应的映射条目后，数据包的目标 IP 地址及目标端口号会从 8.8.8.1:80 转换为 192.168.1.1:80，源 IP 地址及源端口号不变。这里转换后的目标 IP 地址为专用网络中服务器 A 的 IP 地址，目标端口号为服务器 A 的 Web 服务端口号。

（3）数据包在专用网络上转发，最终被服务器 A 接收。

（4）服务器 A 在收到数据包后，会将响应内容封装在目标 IP 地址为 8.8.8.8、目标端口号为 2000 的数据包中，然后将该数据包发送出去。

（5）响应数据包经过路由转发，会到达路由器。路由器会对照静态 NAPT 映射表，找出对应关系，将源 IP 地址及源端口号为 192.168.1.1:80 的数据包转换为源 IP 地址及源端口号为 8.8.8.1:80 的数据包，然后将其发送到 Internet 中。

（6）目标 IP 地址及目标端口号为 8.8.8.8:2000 的数据包在 Internet 中传送，最终到达计算机 B。计算机 B 通过数据包的源 IP 地址及源端口号（8.8.8.1:80）知道这是它访问 Web 服务的响应数据包。但是，计算机 B 并不知道 Web 服务其实是由专用网络中的服务器 A 提供的，它只知道 Web 服务是由 Internet 中 IP 地址为 8.8.8.1 的机器提供的。

在静态 NAPT 中，专用网络与公用网络之间 IP 地址+端口的映射关系是永久性的。因此，静态 NAPT 主要应用于专用网络服务器的指定服务（如 Web、FTP 等）向公用网络提供服务的场景中，其典型应用为，公司将专用网络的门户网站映射到公网 IP 地址的 80 端口上，从而满足互联网用户访问公司门户网站的需求。

项目规划

在只有一个公网 IP 地址的情况下进行内部服务对外映射，需要采用静态 NAPT 的方式。静态 NAPT 是通过 IP 地址和端口对应映射的方式，将专用网络中服务器的某个服务发布到互联网上的。出口路由器的 G 0/1 接口的 IP 地址为 16.16.16.16/24，通过配置静态 NAPT，将专用网络中服务器的 80 端口对应映射到 G 0/1 接口的 IP 地址的 80 端口上，即可对外发布服务。在互联网连接方面，出口路由器可以根据 ISP 服务商的网络环境配置相应的路由协议。

具体的配置步骤如下。

（1）配置路由器接口的 IP 地址。

（2）配置静态 NAPT。

（3）配置各台计算机的 IP 地址。

本项目的 IP 地址规划表如表 16-1 所示，端口规划表如表 16-2 所示。

表 16-1　本项目的 IP 地址规划表

设备	端口	IP 地址	网关
R1	G 0/0	192.168.1.254/24	—
R1	G 0/1	16.16.16.16/24	—
SRV1	—	192.168.1.1/24	192.168.1.254
PC1	—	16.16.16.10/24	—

表 16-2　本项目的端口规划表

本端设备	本端端口	对端设备	对端端口
R1	G 0/0	SW	G 0/1
R1	G 0/1	PC1	—
SW	G 0/1	R1	G 0/0
SW	G 0/2	SRV1	—

任务 16-1　配置路由器接口的 IP 地址

▶ 任务描述

根据本项目的 IP 地址规划表，为出口路由器的接口配置 IP 地址。

▶ 任务实施

为出口路由器 R1 的接口配置 IP 地址，配置命令如下。

```
Router>enable                                   //进入用户模式
Router#config                                   //进入全局模式
Router(config)#hostname R1                      //将设备名称修改为 R1
R1(config)#interface GigabitEthernet 0/0        //进入 G 0/0 接口
```

```
R1(config-if-GigabitEthernet 0/0)#ip address 192.168.1.254 255.255.255.0
                              //配置 IP 地址为 192.168.1.254、子网掩码为 24 位
R1(config-if-GigabitEthernet 0/0)#exit
R1(config)#interface GigabitEthernet 0/1
R1(config-if-GigabitEthernet 0/1)#ip address 16.16.16.16 255.255.255.0
R1(config-if-GigabitEthernet 0/1)#exit
```

▶ 任务验证

在出口路由器 R1 上执行命令“show ip interface brief”，查看其接口的 IP 地址配置信息，配置命令如下。

```
R1(config)#show ip interface brief
Interface              IP-Address(Pri)     IP-Address(Sec)  Status  Protocol
GigabitEthernet 0/0    192.168.1.254/24    no address       up      up
GigabitEthernet 0/1    16.16.16.16/24      no address       up      up
GigabitEthernet 0/2    no address          no address       up      down
```

可以看到，已经为出口路由器 R1 的接口正确配置了 IP 地址。

任务 16-2　配置静态 NAPT

扫一扫 看微课

▶ 任务描述

在出口路由器 R1 上配置静态 NAPT。

▶ 任务实施

命令“ip nat inside source static {tcp|udp} *local-IP-address Local-UDP/TCP-port global-IP-address Global-UDP/TCP-port*”主要用于定义专用网络中服务器的映射表，其中，{tcp|udp}用于指定服务器的通信协议类型，*local-IP-address* 用于指定服务器的私网 IP 地址，*Local-UDP/TCP-port* 用于指定私网端口号，*global-IP-address* 用于指定服务器的公网 IP 地址，*Global-UDP/TCP-port* 用于指定公网端口号。

在出口路由器 R1 的 G 0/1 接口上，执行命令“ip nat inside source static tcp 192.168.1.1 80 16.16.16.1 80”，定义网站服务器的映射表，指定网站服务器的通信协议为 TCP、私网 IP 地址为 192.168.1.1、私网端口号为 80、公网 IP 地址为 16.16.16.1、公网端口号为 80，配置命令如下。

```
R1(config)#interface GigabitEthernet 0/0
R1(config-if-GigabitEthernet 0/0)#ip nat inside     //配置当前接口为 NAT 的内部接口
R1(config-if-GigabitEthernet 0/0)#exit
R1(config)#interface GigabitEthernet 0/1
```

```
R1(config-if-GigabitEthernet 0/1)#ip nat outside //配置当前接口为 NAT 外部接口
R1(config-if-GigabitEthernet 0/1)#exit
R1(config)#ip nat inside source static tcp 192.168.1.1 80 16.16.16.1 80
                        //定义网站服务器的映射表
```

▶ 任务验证

在出口路由器 R1 上执行命令“show running-config | include nat”，查看静态 NAPT 的配置信息，配置命令如下。

```
R1(config)#show  running-config  |  include nat
 ip nat inside
 ip nat outside
ip nat inside source static tcp 192.168.1.1 80 16.16.16.1 80
```

结果显示，静态 NAPT 的配置已经生效了。

任务 16-3　配置各台计算机的 IP 地址

▶ 任务描述

根据本项目的 IP 地址规划表，为各台计算机配置 IP 地址。

▶ 任务实施

网站服务器 SRV1 的 IP 地址配置如图 16-3 所示，外部网络用户 PC1 的 IP 地址配置如图 16-4 所示。

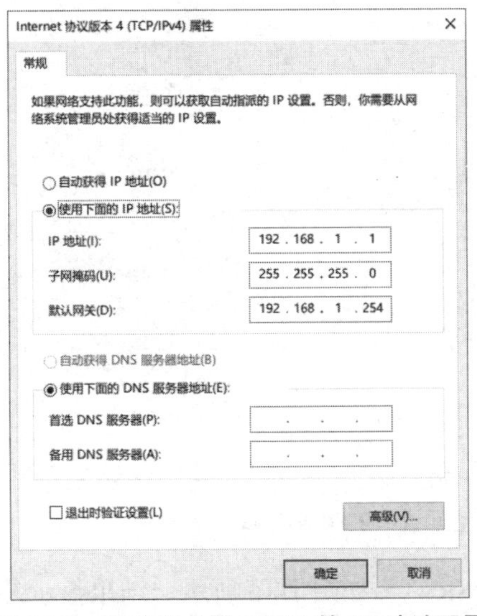

图 16-3　网站服务器 SRV1 的 IP 地址配置

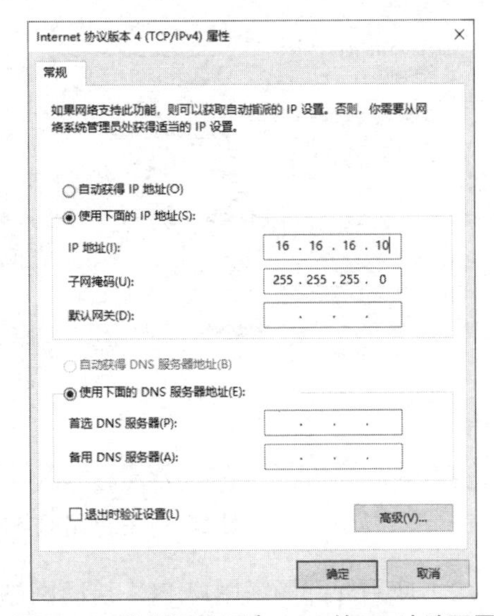

图 16-4　外部网络用户 PC1 的 IP 地址配置

▶ 任务验证

（1）在网站服务器 SRV1 上执行命令“ipconfig”，查看其 IP 地址的配置信息，配置命令如下。

```
C:\Users\Administrator>>ipconfig      //显示本机 IP 地址的配置信息

本地连接:

   连接特定的 DNS 后缀 ..............:
   IPv4 地址 .......................: 192.168.1.1(首选)
   子网掩码........................: 255.255.255.0
   默认网关........................: 192.168.1.254
```

可以看到，已经为网站服务器 SRV1 正确配置了 IP 地址。

（2）在外部网络用户 PC1 上执行命令“ipconfig”，查看其 IP 地址的配置信息，确认是否已经为其正确配置了 IP 地址。

扫一扫 看微课

项目验证

（1）在网络服务器 SRV1 上配置 HTTP Server，如图 16-5 所示。

图 16-5　在网络服务器 SRV1 上配置 HTTP Server

（2）使用外部网络用户 PC1 访问网站服务器 SRV1，如图 16-6 所示。结果显示外部网络用户 PC1 可以成功访问网站服务器 SRV1。

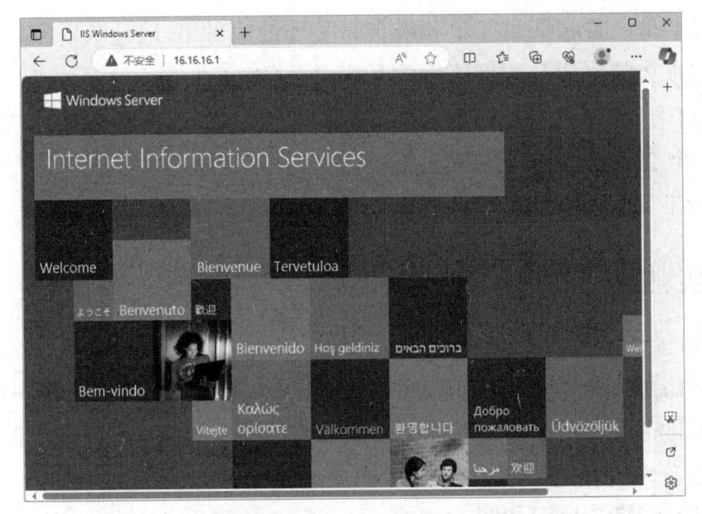

图 16-6　使用外部网络用户 PC1 访问网站服务器 SRV1

（3）在出口路由器 R1 上执行命令“show ip nat translations”，查看 NAT 的映射信息，配置命令如下。

```
R1(config)#show ip nat translations
Pro  Inside global     Inside local      Outside local       Outside global
tcp  16.16.16.1:80     192.168.1.1:80    16.16.16.10:63226   16.16.16.10:63226
tcp  16.16.16.1:80     192.168.1.1:80    16.16.16.10:63225   16.16.16.10:63225
```

结果显示，出口路由器 R1 在收到源 IP 地址为 192.168.1.1:80 的互联网访问请求数据包后，会将它的源 IP 地址映射为公网 IP 地址 16.16.16.1:80，使其可以正常访问互联网。

项目拓展

一、理论题

1．关于 NAPT，以下说法错误的是（　　）。

A．需要有向外网提供信息服务的计算机

B．永久的一对一“IP 地址+端口”映射关系

C．临时的一对一“IP 地址+端口”映射关系

D．固定转换端口

2．将私网 IP 地址映射到公用网络的一个 IP 地址的不同接口上的技术是（　　）。

A．静态 NAT　　B．动态 NAT　　C．NAPT　　D．一对一映射

3．关于 NAT，以下说法错误的是（　　）。

A．NAT 允许一个机构专用 Intranet 中的计算机透明地连接到公共域中的计算机，无须内部主机拥有注册的（已经越来越缺乏的）全局互联网地址

B. 静态 NAT 是设置起来最简单和最容易实现的一种 IP 地址映射方式，专用网络中的每台计算机都被永久映射成公用网络中的某个合法的 IP 地址

C. 动态 NAT 主要用于进行拨号和频繁的远程连接，在远程连接上用户后，动态 NAT 会为该用户分配一个 IP 地址，在用户断开连接后，这个 IP 地址就会被释放，留待以后使用

D. 动态 NAT 又称为网络地址端口转换 NAPT

二、项目实训题

1. 实训项目描述

Jan16 公司有若干台计算机，利用交换机建立了局域网，并且通过出口路由器连接互联网。因业务开展的需要，为了保障内部网络的安全，避免出现公网 IP 地址不足的情况，在出口路由器上部署 NAPT，实现内部网络访问互联网。

本实训项目的网络拓扑图如图 16-7 所示。

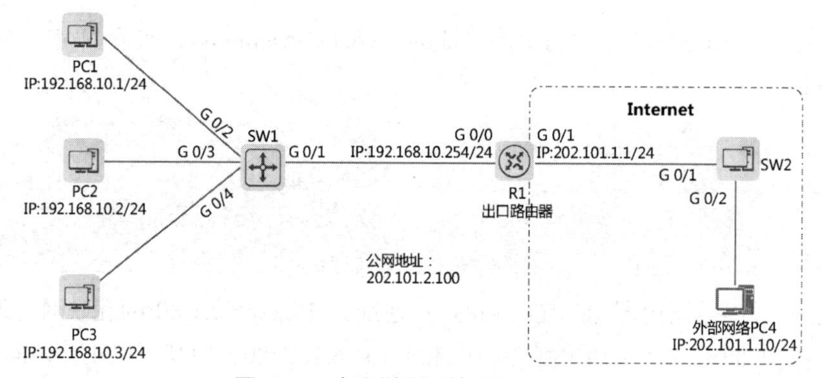

图 16-7　本实训项目的网络拓扑图

2. 实训项目规划

根据本实训项目的相关描述和网络拓扑图，完成本实训项目的各个规划表。

（1）完成本实训项目的 IP 地址规划表，如表 16-3 所示。

表 16-3　本实训项目的 IP 地址规划表

设备	端口	IP 地址	网关

（2）完成本实训项目的端口规划表，如表 16-4 所示。

表 16-4　本实训项目的端口规划表

本端设备	本端端口	对端设备	对端端口

续表

本端设备	本端端口	对端设备	对端端口

3．实训项目要求

（1）根据本实训项目的 IP 地址规划表，为出口路由器 R1 的接口配置 IP 地址。

（2）根据本实训项目的 IP 地址规划表，为各台计算机配置 IP 地址。

（3）在出口路由器 R1 上配置静态 NAPT，将网站服务器 IP 地址的 80 端口映射到 202.101.2.101 的 80 端口，完成 NAPT 映射。

（4）根据以上要求完成配置，执行以下验证命令，并且截图保存相关结果。

步骤 1：在出口路由器 R1 上执行命令“show ip interface brief”，检查其接口的 IP 地址配置信息。

步骤 2：在各台上执行命令“ipconfig /all”，查看其所有网络配置，确认已经为其正确配置了 IP 地址。

步骤 3：在出口路由器 R1 上执行命令“show running-config | include nat”，查看静态 NAPT 的配置信息。

步骤 4：在出口路由器 R1 上执行命令“show ip nat translations”，查看 NAT 的映射关系。

项目 17　基于超载 NAT 的公司出口链路配置

项目描述

Jan16 公司有若干台计算机，利用交换机建立了局域网，并且通过出口路由器连接互联网。因为业务开展的需要，公司申请了一个公网 IP 地址，现在需要配置出口路由器，使内部网络用户可以访问互联网。

本项目的网络拓扑图如图 17-1 所示。

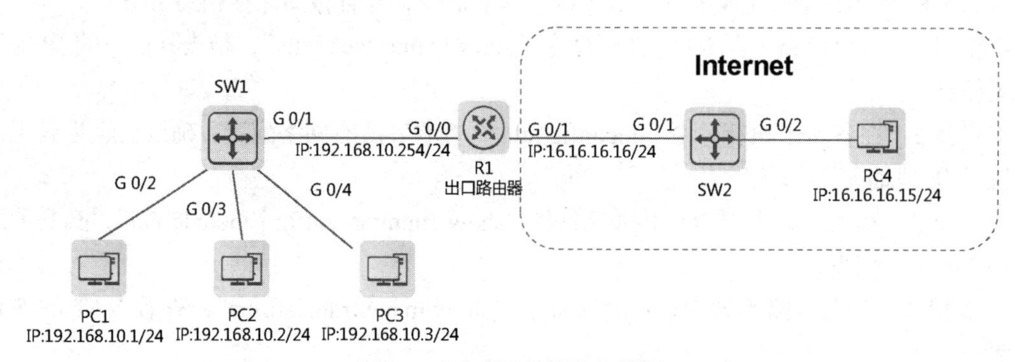

图 17-1　本项目的网络拓扑图

本项目的具体要求如下。

（1）公司内部网络使用 192.168.10.0/24 网段，出口路由器 R1 使用 16.16.16.0/24 网段。

（2）在出口路由器上配置超载 NAT，使内部网络中的计算机可以根据路由器的 IP 地址访问互联网。

（3）计算机、路由器的 IP 地址和接口信息可以参考本项目的网络拓扑图。

相关知识

17.1　超载 NAT

超载 NAT 是 NAPT 的一种简化情况。超载 NAT 无须建立公网 IP 地址池，因为超载 NAT 只使用一个公网 IP 地址，该 IP 地址就是路由器连接公用网络的出口 IP 地址。超载

NAT 会建立并维护一个动态 IP 地址与端口映射表，并且将该映射表中的公网 IP 地址绑定路由器的出口 IP 地址。如果路由器的出口 IP 地址发生了变化，那么动态 IP 地址与端口映射表中的公网 IP 地址也会随之发生变化。路由器的出口 IP 地址可以是手动配置的，也可以是动态分配的。

超载 NAT 适合应用于小规模局域网中计算机访问 Internet 的场景中。小规模局域网通常部署在小型的网吧或办公室中，这些地方的内部计算机不多，路由器的出接口可以通过拨号方式获取一个临时的公网 IP 地址。使用超载 NAT 可以使小规模局域网中的计算机使用这个临时的公网 IP 地址访问 Internet。

一个典型的小型公司的超载 NAT 的拓扑示意图如图 17-2 所示，超载 NAT 的工作过程与 NAPT 完全一样，这里不再赘述。

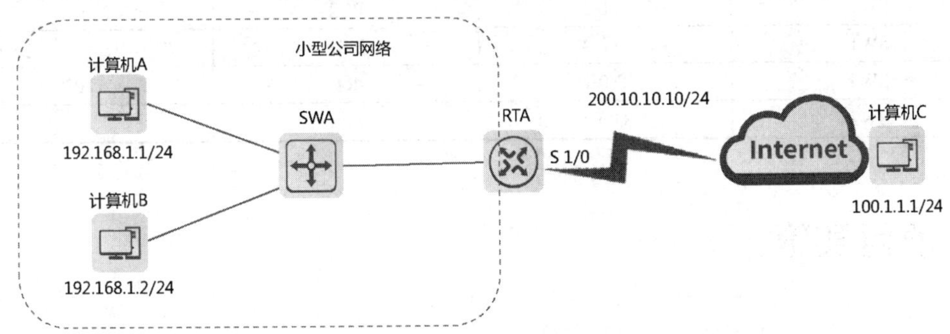

图 17-2　一个典型的小型公司的超载 NAT 的拓扑示意图

项目规划

超载 NAT 可以使用端口复用的方式，实现多个内部设备共享一个公网 IP 地址，从而访问互联网，具有节省 IP 地址资源和提高安全性的优势。在本项目中，出口路由器的 G 0/1 接口的 IP 地址为 16.16.16.1、子网掩码为 24 位，通过创建 ACL，匹配内部计算机的 IP 地址段，在出口路由器的 G 0/1 接口上进行超载 NAT 的 NAT 转换，即可实现共享上网。在互联网连接方面，出口路由器可以根据 ISP 服务商的网络环境配置相应的路由协议。

具体的配置步骤如下。

（1）配置路由器接口的 IP 地址。

（2）配置超载 NAT。

（3）配置各台计算机的 IP 地址。

本项目的 IP 地址规划表如表 17-1 所示，端口规划表如表 17-2 所示。

表 17-1　本项目的 IP 地址规划表

设备	接口	IP 地址	网关
R1	G 0/0	192.168.10.254/24	—
R1	G 0/1	16.16.16.16/24	—
PC1	—	192.168.10.1/24	192.168.10.254

续表

设备	接口	IP 地址	网关
PC2	—	192.168.10.2/24	192.168.10.254
PC3	—	192.168.10.3/24	192.168.10.254
PC4	—	16.16.16.15/24	—

表 17-2　本项目的端口规划表

本端设备	本端端口	对端设备	对端端口
R1	G 0/0	SW1	G 0/1
R1	G 0/1	SW2	G 0/1
SW1	G 0/1	R1	G 0/0
SW1	G 0/2	PC1	—
SW1	G 0/3	PC2	—
SW1	G 0/4	PC3	—
SW2	G 0/1	R1	G 0/1
SW2	G 0/2	PC4	—

项目实施

任务 17-1　配置路由器接口的 IP 地址

扫一扫 看微课

▶ 任务描述

根据本项目的 IP 地址规划表，为出口路由器的接口配置 IP 地址。

▶ 任务实施

为出口路由器 R1 的接口配置 IP 地址，配置命令如下。

```
Router>enable                                        //进入用户模式
Router#config                                        //进入全局模式
Router(config)#hostname R1                           //将设备名称修改为 R1
R1(config)#interface GigabitEthernet 0/0             //进入 G 0/0 接口
R1(config-if-GigabitEthernet 0/0)#ip address 192.168.10.254 255.255.255.0
                        //配置 IP 地址为 192.168.10.254、子网掩码为 24 位
R1(config-if-GigabitEthernet 0/0)#exit
R1(config)#interface GigabitEthernet 0/1
R1(config-if-GigabitEthernet 0/1)#ip address 16.16.16.16 255.255.255.0
R1(config-if-GigabitEthernet 0/1)#exit
```

▶ 任务验证

在出口路由器 R1 上执行命令“show ip interface brief”，查看其接口的 IP 地址配置信

息，配置命令如下。

```
R1(config)#show ip interface brief
Interface             IP-Address(Pri)    IP-Address(Sec)  Status  Protocol
GigabitEthernet 0/0   192.168.10.254/24  no address       up      up
GigabitEthernet 0/1   16.16.16.16/24     no address       up      up
```

可以看到，已经为出口路由器 R1 的各个接口成功配置了 IP 地址。

任务 17-2　配置超载 NAT

扫一扫 看微课

▶ 任务描述

在出口路由器 R1 上配置超载 NAT。

▶ 任务实施

（1）在出口路由器 R1 上创建标准 ACL 10，配置命令如下。

```
R1(config)#access-list 10 permit 192.168.10.0 0.0.0.255
            //创建一个标准 ACL 10，允许源 IP 网段为 192.168.10.0/24 的报文通过
```

（2）命令“ip nat inside source list *access-list-number* {interface *interface* | pool *pool-name*} overload”主要用于配置超载 NAT 地址映射。超载 NAT 与动态 NAT 的配置基本一致，唯一不同的是必须要指定 overload 关键字。

在 G 0/0 接口上使用命令“ip nat inside”配置当前接口为 NAT 的内部接口；在 G 0/1 接口上使用命令“ip nat outside”配置当前接口为 NAT 的外部接口；使用 ACL 10 定义的私网 IP 地址，通过 G 0/1 接口进行网络地址转换（NAT），并且采用 PAT 技术，允许多个私网 IP 地址共享同一个公网 IP 地址的不同端口，配置命令如下。

```
R1(config)#interface GigabitEthernet 0/0
R1(config-if-GigabitEthernet 0/0)#ip address 192.168.10.254 255.255.255.0
R1(config-if-GigabitEthernet 0/0)#ip nat inside
R1(config-if-GigabitEthernet 0/0)#exit
R1(config)#interface GigabitEthernet 0/1
R1(config-if-GigabitEthernet 0/1)#ip address 16.16.16.16 255.255.255.0
R1(config-if-GigabitEthernet 0/1)#ip nat outside
R1(config-if-GigabitEthernet 0/1)#exit
R1(config)#ip nat inside source list 10 interface GigabitEthernet 0/1
overload
```

▶ 任务验证

在出口路由器 R1 上执行命令“show running-config | include nat”，查看超载 NAT 的配置信息，配置命令如下。

```
R1(config)#show  running-config | include nat
 ip nat inside
 ip nat outside
ip nat inside source list 10 interface GigabitEthernet 0/1 overload
```

结果显示，超载 NAT 配置已生效。

任务 17-3　配置各台计算机的 IP 地址

▶ 任务描述

根据本项目的 IP 地址规划表，为各台计算机配置 IP 地址。

▶ 任务实施

PC1 的 IP 地址配置如图 17-3 所示，同理，完成其他计算机的 IP 地址配置。

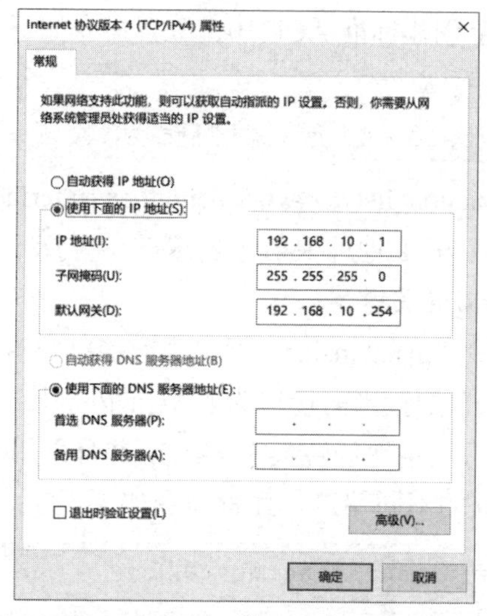

图 17-3　PC1 的 IP 地址配置

▶ 任务验证

（1）在 PC1 上执行命令“ipconfig”，查看器 IP 地址的配置信息，配置命令如下。

```
C:\Users\Administrator>ipconfig

本地连接:

   连接特定的 DNS 后缀 . . . . . . . . . . . . . . :
   IPv4 地址 . . . . . . . . . . . . . . . . . . . . : 192.168.10.1(首选)
   子网掩码. . . . . . . . . . . . . . . . . . . . . : 255.255.255.0
   默认网关. . . . . . . . . . . . . . . . . . . . . : 192.168.10.254
```

可以看到，已经为 PC1 正确配置了 IP 地址。

（2）在其他计算机上执行命令“ipconfig”，查看其 IP 地址的配置信息，确认是否已经为其正确配置了 IP 地址。

扫一扫 看微课

项目验证

（1）在 PC4 上使用 TCP&UDP 测试工具创建服务器，设置本机端口号为 10，如图 17-4 所示。

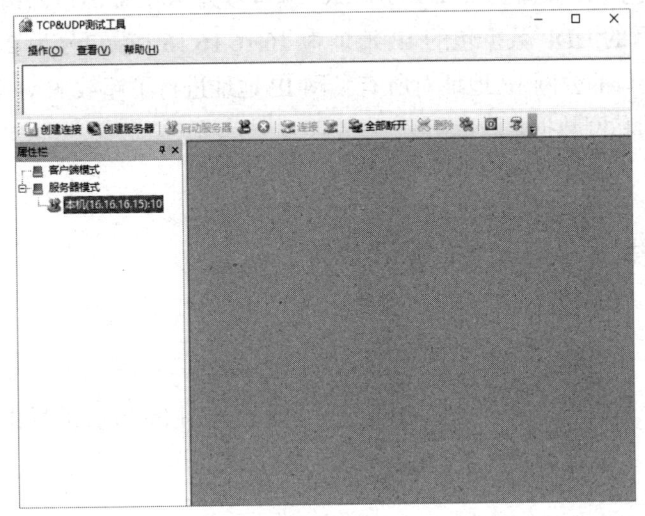

图 17-4　在 PC4 上使用 TCP&UDP 测试工具创建服务器并设置本机端口号为 10

（2）在 PC1 和 PC2 上使用 TCP&UDP 测试工具向公网 IP 地址 16.16.16.15 发送 UDP 数据包，配置好目标 IP 地址和 UDP 源、目标端口号，输入字符串数据，单击“发送”按钮，分别如图 17-5 和图 17-6 所示。

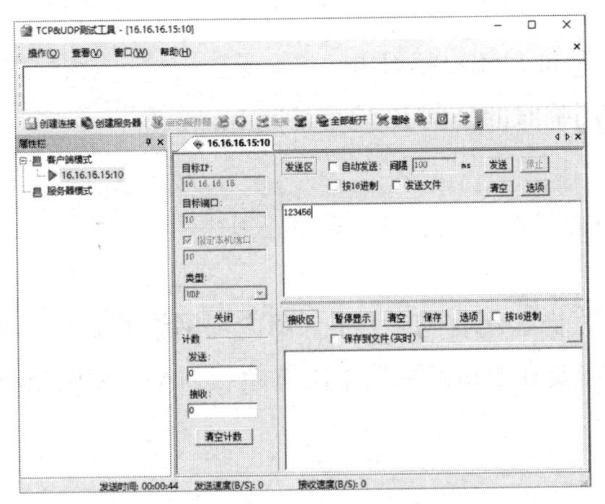

图 17-5　PC1 的 UDP 数据包配置

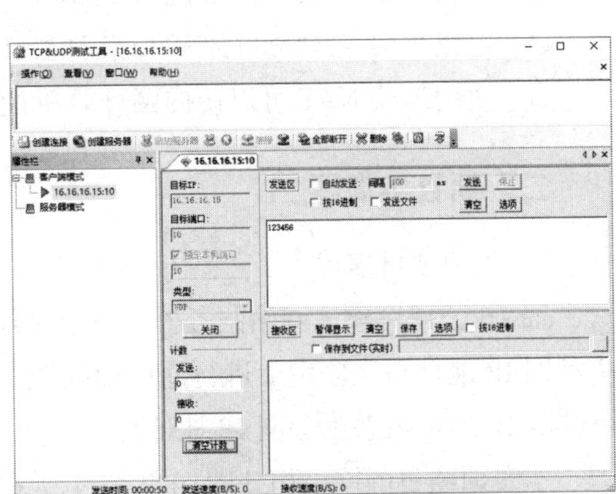

图 17-6　PC2 的 UDP 数据包配置

（3）在 PC1 和 PC2 发送 UDP 数据包后，在出口路由器 R1 上执行命令“show ip nat translations”，查看 NAT 的映射信息，配置命令如下。

```
R1(config)#show ip nat translations
Pro  Inside global     Inside local        Outside local     Outside global
udp  16.16.16.16:2     192.168.10.2:10     16.16.16.15:10    16.16.16.15:10
udp  16.16.16.16:10    192.168.10.1:10     16.16.16.15:10    16.16.16.15:10
```

结果显示，PC1 的 UDP 数据包（IP 地址为 192.168.10.1，端口号为 10）被出口路由器 R1 进行了超载 NAT 转换（转换后的 UDP 数据包的 IP 地址为 16.16.16.16，端口号为 10），PC2 的 UDP 数据包（IP 地址为 192.168.10.2，端口号为 10）被出口路由器 R1 进行了超载 NAT 转换（转换后的 UDP 数据包的 IP 地址为 16.16.16.16，端口号为 2）。出口路由器 R1 通过自身 G 0/1 接口的公网 IP 地址对所有私网 IP 地址进行了超载 NAT 转换，使用不同的端口号区分不同的私网数据。

项目拓展

一、理论题

1．超载 NAT 适用于（　　）局域网中的计算机访问 Internet 的场景。

A．小型规模

B．大型规模

C．中型规模

D．微型规模

2．关于超载 NAT，以下说法错误的是（　　）。

A．超载 NAT 是 NAPT 的一种简化情况

B．超载 NAT 需要建立公网 IP 地址池

C．超载 NAT 会建立并维护一张动态 IP 地址与端口映射表

D．使用超载 NAT 可以使内网计算机使用临时的公网 IP 地址访问 Internet。

二、项目实训题

1．实训项目描述

Jan16 公司搭建了网站服务器，用于对外发布公司官网。为了保障内部网络的安全，解决私网 IP 地址在互联网上进行通信的问题，需要在出口路由器上配置超载 NAT，使网站服务器的 IP 地址映射为公网 IP 地址。

本实训项目的网络拓扑图如图 17-7 所示。

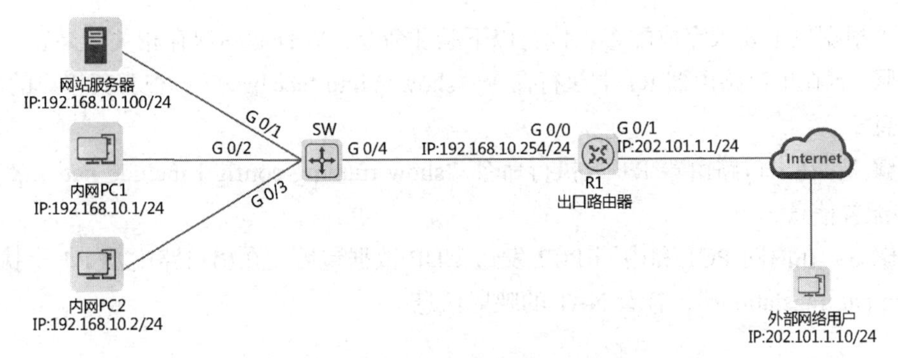

图 17-7　本实训项目的网络拓扑图

2．实训项目规划

根据本实训项目的相关描述和网络拓扑图，完成本实训项目的各个规划表。

（1）完成本实训项目的 IP 地址规划表，如表 17-3 所示。

表 17-3　本实训项目的 IP 地址规划表

设备	接口	IP 地址	网关

（2）完成本实训项目的端口规划表，如表 17-4 所示。

表 17-4　本实训项目的端口规划表

本端设备	本端端口	对端设备	对端端口

3．实训项目要求

（1）根据本实训项目的 IP 地址规划表，为出口路由器 R1 的接口和各台终端设备配置 IP 地址。

（2）在出口路由器 R1 上配置超载 NAT。

步骤 1：创建标准 ACL 21。

步骤 2：在 G 0/0 接口和 G 0/1 接口上使用命令“ip nat { inside | outside}”配置超载 NAT 特性，直接使用接口 IP 地址进行 NAT 转换后的 IP 地址。

（3）根据以上要求完成配置，执行以下验证命令，并且截图保存相关结果。

步骤 1：在出口路由器 R1 上执行命令“show ip interface brief”，查看其接口的 IP 地址配置信息。

步骤 2：在出口路由器 R1 上执行命令“show running-config | include nat”，查看超载 NAT 的配置信息。

步骤 3：在内网 PC1 和内网 PC2 发送 UDP 数据包后，在出口路由器 R1 上执行命令“show ip nat translations”，查看 NAT 的映射信息。

高可用技术篇

项目 18　基于 STP 配置高可用的企业网络

Jan16 公司为了提高网络的可靠性，使用了两台高性能交换机作为核心交换机，接入层交换机与核心层交换机互联，形成链路冗余结构。

本项目的网络拓扑图如图 18-1 所示。

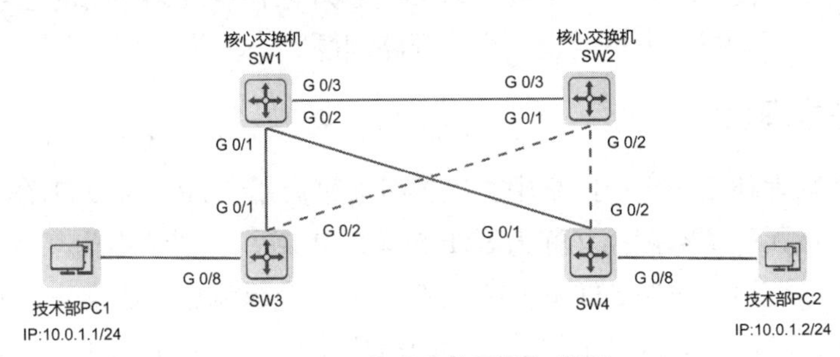

图 18-1　本项目的网络拓扑图

本项目的具体要求如下。

（1）为了避免发生交换环路问题，需要配置交换机的 STP 功能，要求核心交换机有较高的优先级，交换机 SW1 为根桥，交换机 SW2 为备用根桥，SW1-SW3 和 SW1-SW4 的链路为主用链路。

（2）技术部的计算机使用 VLAN 10，网段为 10.0.1.0/24，将技术部 PC1 接入交换机 SW3，将技术部 PC2 接入交换机 SW4。

18.1　冗余与 STP

1. 冗余

要使网络更加可靠、减少故障影响的一个重要方法就是冗余。当网络中出现单点故障时，冗余可以激活其他备份组件，实现网络链接不中断。

冗余在网络中是必要的，冗余的拓扑结构可以减少网络的中断时间。单条链路、单个端口或单台网络设备都有可能发生故障和错误，进而影响整个网络的正常运行，此时，如果有备份的链路、端口或设备，就可以解决这些问题，尽量减少丢失的连接，保障网络不间断地运行。STP 能够有效地解决冗余链路带来的环路问题，大幅度提高网络的健壮性、稳定性、可靠性和容错性。

2. STP

为了解决冗余链路引起的问题，IEEE（Institute of Electrical and Electronics Engineers，电气电子工程师协会）通过了 IEEE 802.1d 协议，即 STP（Spanning Tree Protocol，生成树协议）。STP 通过在交换机上运行一套复杂的算法，使冗余端口处于阻塞状态，使网络中的计算机在通信时只有一条链路生效。当这个链路出现故障时，STP 会重新计算网络的最优链路，将处于阻塞状态的端口重新打开，从而确保网络连接的稳定性、可靠性。

在交换式网络中使用 STP，可以将有环路的物理拓扑变成无环路的逻辑拓扑，为网络提供安全机制，使冗余拓扑中不会发生交换环路问题。

3. 树的基本理论

在一个具有物理环路的交换网络中，交换机通过启用 STP，可以自动生成一个没有环路的逻辑拓扑，该无环逻辑拓扑又称为 STP 树（STP Tree），树节点为某些特定的交换机，树枝为某些特定的链路。一棵 STP 树中包含唯一的一个根节点，任意一个节点到根节点的工作路径不但是唯一的，而且是最优的。当网络拓扑发生变化时，STP 树也会自动发生相应的改变。

简而言之，有环路的物理拓扑提高了网络连接的可靠性，而无环路的逻辑拓扑避免了广播风暴、MAC 地址表翻摆、多帧复制，这就是 STP 的精髓。

18.2 STP 的工作原理

STP 是一个用于在局域网中消除环路的协议。启用 STP 的交换机通过彼此交互信息，可以发现网络中的环路；通过适当地对某些端口进行阻塞，可以消除环路。

1. STP 树的生成过程

STP 树的生成过程主要分为 4 步。

（1）选举根桥（Root Bridge），将其作为整个网络的根。

（2）确定根端口（Root Port，RP），确定非根桥与根桥连接最优的端口。

（3）确定指定端口（Designated Port，DP），确定每条链路与根桥连接最优的端口。

（4）阻塞备用端口（Alternate Port，AP），形成一个无环路网络。

1）选举根桥

根桥是 STP 树的根节点。要生成一棵 STP 树，首先要确定一个根桥。根桥是整个交换网络的逻辑中心，但不一定是它的物理中心。当网络拓扑发生变化时，根桥也可能发生变化。

运行 STP 的交换机（简称 STP 交换机）会互相交换 STP 帧，这些协议帧的载荷数据称为 BPDU（Bridge Protocol Data Unit，网桥协议数据单元）。BPDU 中包含与 STP 有关的所有信息，如 BID。

交换机之间选举根桥的主要步骤如下。

（1）STP 交换机在初始启动后，都会认为自己是根桥，并且在发送给其他交换机的 BPDU 中宣告自己是根桥。

（2）STP 交换机在收到其他设备发送过来的 BPDU 后，会比较 BPDU 中的根桥 BID 和自己的 BID，并且将较小的 BID 作为根桥 BID。

（3）STP 交换机之间不断地交互 BPDU，并且对 BID 进行比较，直至选举出一台 BID 最小的 STP 交换机作为根桥。

下面举例进行说明。如图 18-2 所示，STP 交换机 S1、S2、S3 都使用了默认的优先级 32768。显然，STP 交换机 S1 的 BID 最小，所以最终将 STP 交换机 S1 选举为根桥。

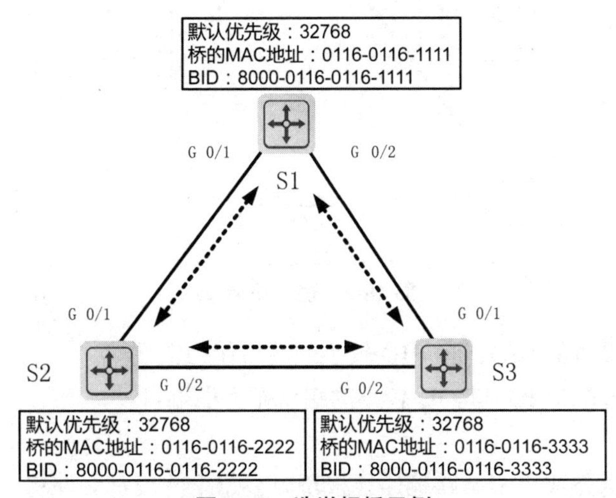

图 18-2　选举根桥示例

2）确定根端口

在确定根桥后，没有成为根桥的 STP 交换机都被称为非根桥。一台非根桥可以通过多个端口与根桥进行通信，为了保证从非根桥到根桥的工作路径是最优且唯一的，必须在非根桥的端口中确定出一个根端口，将其作为非根桥与根桥之间进行报文交互的端口。因此，一台非根桥上最多只能有一个根端口。

根端口的确定过程如下。

（1）比较根路径开销（Root Path Cost，RPC），将 RPC 较小的端口作为根端口。

STP 将 RPC 作为确定根端口的重要依据。在一个运行 STP 的网络中，某台交换机的端口到根桥的累计路径开销（从该端口到根桥经过的所有链路的路径开销总和）称为该端口的 RPC。链路的路径开销（Path Cost）与端口速率有关，端口速率越大，路径开销越小。端口速率与路径开销之间的对应关系如表 18-1 所示。

表 18-1　端口速率与路径开销之间的对应关系

端口速率	路径开销（IEEE 802.1t 标准）
10Mbit/s	2 000 000
100Mbit/s	200 000
1Gbit/s	20 000
10Gbit/s	2 000

如图 18-3 所示，假设 S1 已被选举为根桥，并且链路的路径开销符合 IEEE 802.1t 标准，现在，S3 需要从自己的 G 0/1 端口和 G 0/2 端口中确定出根端口。显然，S3 的 G 0/1 端口的 RPC 为 20 000，G 0/2 端口的 RPC 为 220 000（200 000+20 000）。交换机会将 RPC 最小的端口确定为自己的根端口。因此，S3 会将 G 0/1 端口确定为自己的根端口。

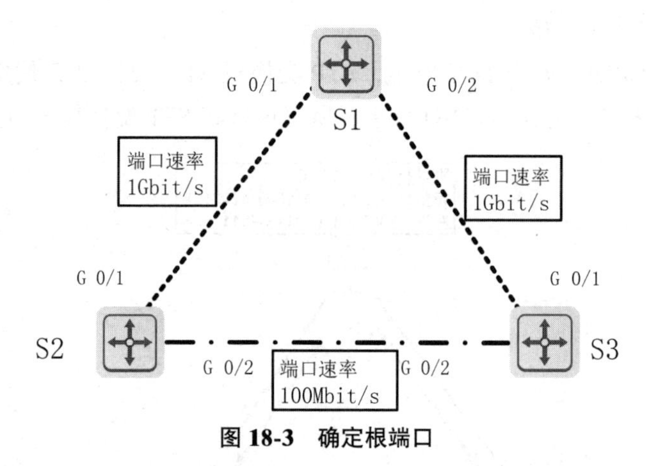

图 18-3　确定根端口

（2）比较上行设备的 BID，将 BID 较小的端口作为根端口。

（3）比较发送方端口 ID，将 ID 较小的端口作为根端口。

3）确定指定端口

当一个网段有两条或更多条路径通往根桥时，每个网段都必须将一个端口确定为指定端口（在相应的网段中是唯一的）。

指定端口也是通过比较 RPC 确定的。将 RPC 较小的端口作为指定端口，如果 RPC 相同，则需要比较 BID、PID 等，具体流程如图 18-4 所示。

如图 18-5 所示，假设 S1 已被选举为根桥，并且各链路的开销均相等，现在需要确定各台交换机的根端口及各个网段的指定端口。

显然，S3 的 G 0/1 端口的 RPC 小于 S3 的 G 0/2 端口的 RPC，因此，S3 会将 G 0/1 端口确定为自己的根端口。类似地，S2 的 G 0/1 端口的 RPC 小于 S2 的 G 0/2 端口的 RPC，因此，S2 会将 G 0/1 端口确定为自己的根端口。

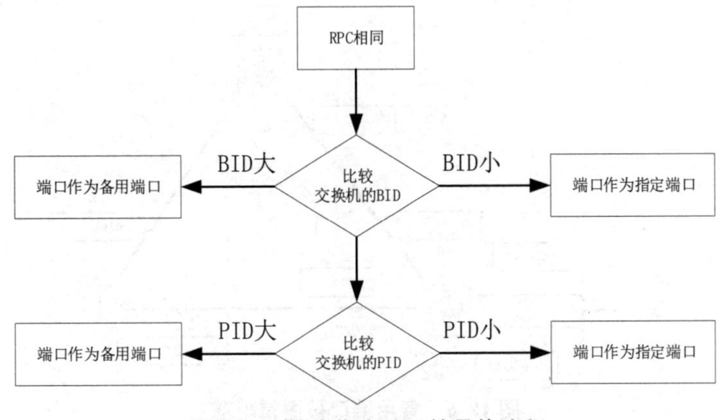

图 18-4　确定指定端口的具体流程

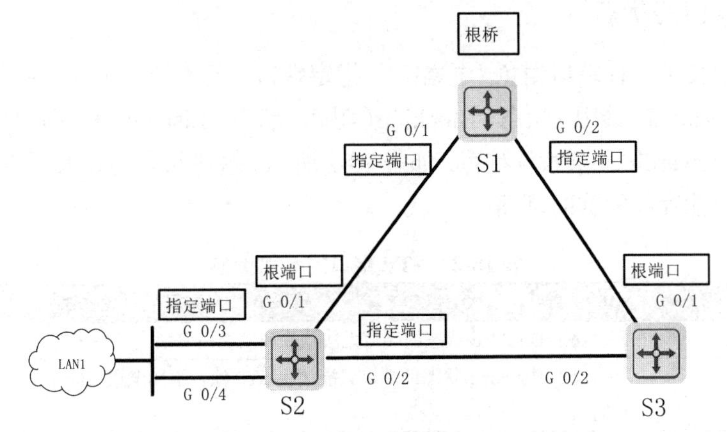

图 18-5　确定根端口和指定端口

对于 S3 的 G 0/2 端口和 S2 的 G 0/2 端口之间的网段，因为 S3 的 G 0/2 端口的 RPC 与 S2 的 G 0/2 端口的 RPC 相等，所以需要比较 S3 的 BID 和 S2 的 BID。假设 S2 的 BID 小于 S3 的 BID，则会将 S2 的 G 0/2 端口确定为 S3 的 G 0/2 端口和 S2 的 G 0/2 端口之间网段的指定端口。

对网段 LAN1 来说，与之相连的交换机只有 S2。在这种情况下，需要比较 S2 的 G 0/3 端口的 PID 和 G 0/4 端口的 PID。假设 G 0/3 端口的 PID 小于 G 0/4 端口的 PID，则会将 S2 的 G 0/3 端口确定为网段 LAN1 的指定端口。

需要注意的是，根桥上不存在任何根端口，只存在指定端口。

4）阻塞备用端口

在确定了根端口和指定端口后，交换机上所有剩余交换机之间互联的端口都被称为备用端口。STP 会对备用端口进行逻辑阻塞。

逻辑阻塞是指备用端口不能转发用户数据帧（由终端计算机产生并发送的帧），但可以接收并处理 STP 帧。

根端口和指定端口既可以发送和接收 STP 帧，又可以转发用户数据帧。

如图 18-6 所示，备用端口在被逻辑阻塞后，STP 树（无环拓扑）的生成过程就完成了。

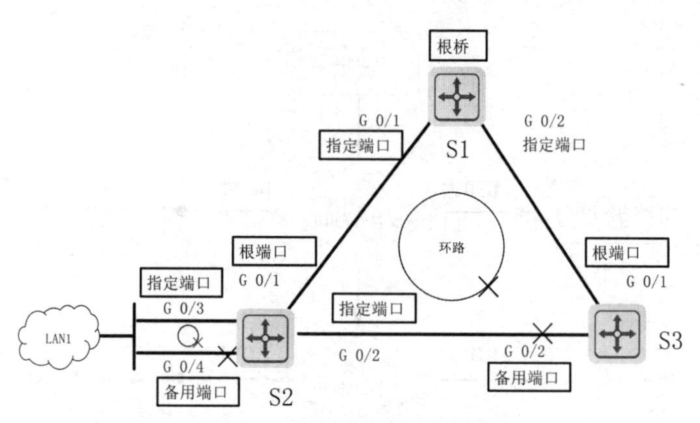

图 18-6　备用端口被逻辑阻塞

2. STP 端口的状态

STP 不仅定义了 3 种端口角色（根端口、指定端口、备用端口），还将端口的状态分为 5 种，分别为 Disabled（禁用）状态、Blocking（阻塞）状态、Listening（侦听）状态、Learning（学习）状态、Forwarding（转发）状态，如表 18-2 所示。这些状态的转换可以避免网络 STP 在收敛过程中可能存在的临时环路。

表 18-2　STP 端口的 5 种状态

端口状态	说明
Disabled	处于 Disabled 状态的端口无法接收和发送任何帧
Blocking	处于 Blocking 状态的端口只能接收 STP 帧，不能发送 STP 帧，也不能转发用户数据帧
Listening	处于 Listening 状态的端口可以接收并发送 STP 帧，但不能进行 MAC 地址学习，也不能转发用户数据帧
Learning	处于 Learning 状态的端口可以接收并发送 STP 帧，也可以进行 MAC 地址学习，但不能转发用户数据帧
Forwarding	处于 Forwarding 状态的端口可以接收并发送 STP 帧，也可以进行 MAC 地址学习，还可以转发用户数据帧

下面我们介绍 STP 在工作时端口状态的变化。

（1）STP 交换机的端口在初始启动时，会从 Disabled 状态进入 Blocking 状态。端口在 Blocking 状态下只能接收和分析 BPDU，不能发送 BPDU。

（2）端口在被选为根端口或指定端口后，会进入 Listening 状态，接收并发送 BPDU，该状态会持续一个转发延迟的时间长度，默认为 15s。

（3）如果没有因意外情况回到 Blocking 状态，那么该端口会进入 Learning 状态，并且在此状态下持续一个转发延迟的时间长度。处于 Learning 状态的端口可以接收和发送 BPDU，并且构建 MAC 地址表，为转发用户数据帧做好准备。处于 Learning 状态的端口仍然不能转发用户数据帧，因为此时网络中可能还存在因 STP 树的计算过程不同步而产生的临时环路。

（4）端口由 Learning 状态进入 Forwarding 状态，开始用户数据帧的转发工作。

（5）在端口状态的转换过程中，端口一旦被关闭或发生了链路故障，就会进入 Disabled 状态；如果端口被确定为非根端口或非指定端口，那么其端口状态会立即回到 Blocking 状态。

端口状态的转换过程如图 18-7 所示。

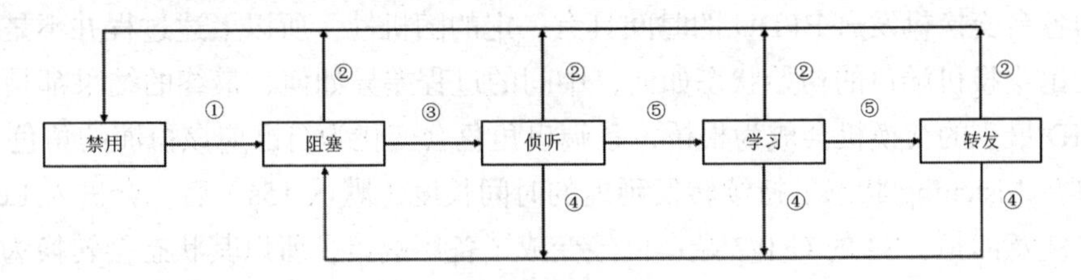

图 18-7　端口状态的转换过程

下面通过具体案例说明端口状态是如何转换的，如图 18-8 所示。

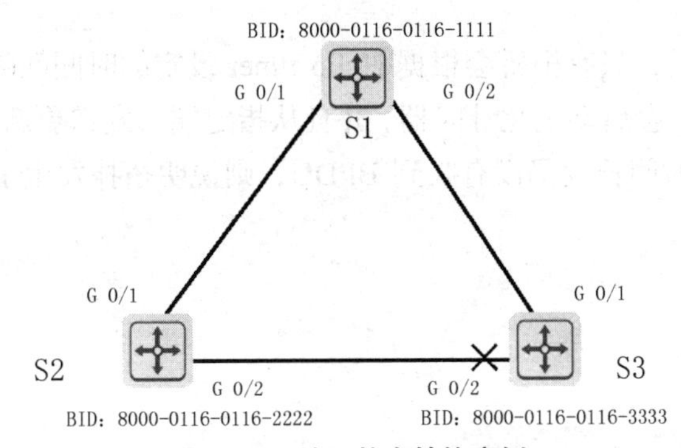

图 18-8　端口状态转换案例

（1）假设交换机 S1、S2、S3 在同一时刻启动，那么 3 台交换机的各个端口会立即从 Disable 状态进入 Blocking 状态。因为处于 Blocking 状态的端口只能接收 BPDU，不能发送 BPDU，所以任何端口都不能收到 BPDU。在等待 MaxAge 的时间长度（默认为 20s）后，每台交换机都会认为自己是根桥，所有端口都会成为指定端口，并且端口的状态转换为 Listening 状态。

（2）交换机的端口在进入 Listening 状态后，开始发送自己产生的 BPDU，并且接收其他交换机发送的 BPDU。假设 S2 最先发送 BPDU，那么 S3 在从自己的 G 0/2 端口接收到 S2 发送的 BPDU 后，会认为 S2 才应该是根桥（因为 S2 的 BID 小于 S3 的 BID），于是 S3 会将自己的 G 0/2 端口由指定端口变更为根端口，将根桥设置为 S2，并且将 BPDU 从自己的 G 0/1 端口发送出去。

S1 在从自己的 G 0/1 端口接收到 S3 发送过来的 BPDU 后，会发现自己的 BID 才是最小的，自己更应该成为根桥，于是立即向 S3 发送自己的 BPDU。当然，如果 S1 从自己的 G 0/2 端口接收到 S2 发送过来的 BPDU，则会立即向 S2 发送自己的 BPDU。

S2 和 S3 在接收到 S1 发送的 BPDU 后，会确认 S1 就是根桥，于是 S2 的 G 0/1 端口和 S3 的 G 0/1 端口都会成为根端口，S2 和 S3 会从各自的 G 0/2 端口发送新的 BPDU。然后，S3 的 G 0/2 端口会成为备用端口，进入 Blocking 状态，S2 的 G 0/2 端口仍然为指定端口。

因为各台交换机发送 BPDU 的时间具有一定的随机性，所以上述过程并不是唯一的。但是，无论交换机端口的初始状态如何，中间的过程差异如何，最终的结果都是确定而唯一的：BID 最小的交换机会成为根桥，各端口角色会变化为自己应该扮演的角色。

端口在 Listening 状态下持续转发延迟的时间长度（默认 15s）后，会进入 Learning 状态。需要注意的是，S3 的 G 0/2 端口已经变成了备用端口，所以其状态会转换为 Blocking 状态。

（3）各个端口（S3 的 GE002 端口除外）在相继进入 Learning 状态后，会持续转发延迟的时间长度。在此期间，交换机可以学习 MAC 地址与这些端口的映射关系，并且等待 STP 树在这段时间内完全收敛。

（4）各个端口（S3 的 G 0/2 端口除外）相继进入 Forwarding 状态，开始用户数据帧的转发工作。

（5）在拓扑稳定后，只有根桥会根据 Hello timer 设定的时间间隔发送 BPDU。其他交换机在收到 BPDU 后，会启动老化计时器，并且从指定端口发送更新参数后的最佳 BPDU，如果超过 MaxAge 的时间长度仍没有收到 BPDU，则说明拓扑发生了变化，STP 树会触发收敛过程。

项目规划

根据本项目的网络拓扑图可知，SW1 和 SW2 为核心交换机，其中，将 SW1 配置为根桥，将 SW2 配置为备用根桥；SW3 和 SW4 为接入交换机；SW1-SW3 及 SW1-SW4 的链路为主用链路，SW2-SW4 及 SW2-SW3 的链路为备用链路。因此，在 STP 配置中，可以将 SW1 的优先级设置为最高，将 SW2 的优先级设置为次高。例如，将 SW1 的优先级设置为 0，将 SW2 的优先级设置为 4 096。此外，由于技术部的计算机被划分到 VLAN 10 的网段内，并且计算机连接在不同的交换机上，因此需要将交换机之间的链路类型配置为 Trunk。

具体的配置步骤如下。

（1）创建 VLAN 并将端口划分到相应的 VLAN 中。

（2）启用 STP 并调整 STP 的优先级。

（3）配置各台计算机的 IP 地址。

本项目的 VLAN 规划表如表 18-3 所示，端口规划表如表 18-4 所示，IP 地址规划表如表 18-5 所示。

表 18-3 本项目的 VLAN 规划表

VLAN ID	VLAN 描述信息	IP 地址段	用途
VLAN 10	Technical	10.0.1.0/24	技术部

表 18-4　本项目的端口规划表

本端设备	本端端口	端口类型	对端设备	对端端口
SW1	G 0/1	Trunk	SW3	G 0/1
SW1	G 0/2	Trunk	SW4	G 0/1
SW1	G 0/3	Trunk	SW2	G 0/3
SW2	G 0/1	Trunk	SW3	G 0/2
SW2	G 0/2	Trunk	SW4	G 0/2
SW2	G 0/3	Trunk	SW1	G 0/3
SW3	G 0/1	Trunk	SW1	G 0/1
SW3	G 0/2	Trunk	SW2	G 0/1
SW3	G 0/8	Access	技术部 PC1	—
SW4	G 0/1	Trunk	SW1	G 0/2
SW4	G 0/2	Trunk	SW2	G 0/2
SW4	G 0/8	Access	技术部 PC2	—

表 18-5　本项目的 IP 地址规划表

设备	IP 地址
技术部 PC1	10.0.1.1/24
技术部 PC2	10.0.1.2/24

任务 18-1　创建 VLAN 并将端口划分到相应的 VLAN 中

▶ 任务描述

根据本项目的 VLAN 规划表，首先在交换机上创建相应的 VLAN 并配置 VLAN 的名称，然后转换端口类型，最后配置端口的 VLAN，设置端口放行的 VLAN，或者将 VLAN 划分到相应的 VLAN 中。

▶ 任务实施

（1）在交换机 SW1 上创建 VLAN 并配置 VLAN 的名称，配置命令如下。

```
Switch>enable                          //进入特权模式
Switch#config                          //进入全局模式
Enter configuration commands, one per line.  End with CNTL/Z.
Switch(config)#hostname SW1            //将交换机名称修改为 SW1
SW1(config)#vlan 10                    //创建 VLAN 10
SW1(config-vlan)# name Technical       //配置 VLAN 10 的名称为 Technical
SW1(config-vlan)# exit                 //退出
```

（2）在交换机 SW1 上批量进入 G 0/1～G 0/3 端口，统一将端口类型转换为 Trunk，并且设置端口放行的 VLAN，配置命令如下。

```
SW1(config-if-VLAN 10)#exit
SW1(config)#interface range gigabitEthernet 0/1-3
                  //批量进入 G 0/1～G 0/3 端口
SW1(config-if-range)#switchport mode trunk       //将端口类型转换为 Trunk
SW1(config-if-range)#switchport trunk allowed vlan only 10
                  // Trunk 只允许 VLAN 列表中添加 VLAN 10
```

（3）在交换机 SW2 上创建 VLAN 并配置 VLAN 的名称，配置命令如下。

```
Switch>enable
Switch#config
Enter configuration commands, one per line.  End with CNTL/Z.
Switch(config)#hostname SW2
SW2(config)#vlan 10
SW2(config-vlan)#name Technical
SW2(config-vlan)#exit
```

（4）在交换机 SW2 上批量进入 G 0/1～G 0/3 端口，统一将端口类型转换为 Trunk，并且设置端口放行的 VLAN，配置命令如下。

```
SW2(config)#interface range gigabitEthernet 0/1-3
SW2(config-if-range)#switchport mode trunk
SW2(config-if-range)#switchport trunk allowed vlan only 10
```

（5）在交换机 SW3 上创建 VLAN 并配置 VLAN 的名称，配置命令如下。

```
Switch>enable
Switch#config
Enter configuration commands, one per line.  End with CNTL/Z.
Switch(config)#hostname SW3
SW3(config)#vlan 10
SW3(config-vlan)#name Technical
SW3(config-vlan)#exit
```

（6）在交换机 SW3 上将连接计算机的端口类型转换为 Access，并且将端口划分到 VLAN 10 中，批量进入 G 0/1 端口、G 0/2 端口，统一将端口类型转换为 Trunk，并且设置端口放行的 VLAN，配置命令如下。

```
SW3(config)#interface gigabitEthernet 0/8
SW3(config-if-GigabitEthernet 0/8)#switchport mode access
                                          //将端口转换类型为 Access
SW3(config-if-GigabitEthernet 0/8)#switchport access vlan 10
                                          //将端口划分到 VLAN 10 中
```

```
SW3(config-if-GigabitEthernet 0/8)#exit
SW3(config)#interface range gigabitEthernet 0/1-2
SW3(config-if-range)#switchport mode trunk
SW3(config-if-range)#switchport trunk allowed vlan only 10
SW3(config-if-range)#exit
```

（7）在交换机 SW4 上创建 VLAN 并配置 VLAN 的名称，配置命令如下。

```
Switch>enable
Switch#config
Enter configuration commands, one per line.  End with CNTL/Z.
Switch(config)#hostname SW4
SW4(config)#vlan 10
SW4(config-vlan)#name Technical
SW4(config-vlan)#exit
```

（8）在交换机 SW4 上将连接计算机的端口类型转换为 Access，并且将端口划分到 VLAN 10 中，批量进入 G 0/1 端口、G 0/2 端口，统一将端口类型转换为 Trunk，并且设置端口放行的 VLAN，配置命令如下。

```
SW4(config)#interface gigabitEthernet 0/8
SW4(config-if-GigabitEthernet 0/8)#switchport mode access
SW4(config-if-GigabitEthernet 0/8)#switchport access vlan 10
SW4(config-if-GigabitEthernet 0/8)#exit
SW4(config)#interface range gigabitEthernet 0/1-2
SW4(config-if-range)#switchport mode trunk
SW4(config-if-range)#switchport trunk allowed vlan only 10
```

▶ 任务验证

（1）在交换机 SW1 上执行命令“show vlan”，查看 VLAN 的配置信息，配置命令如下。

```
SW1(config-if-range)#show vlan
VLAN     Name                       Status  Ports
-------- -------------------------- ------- ---------------------------
1        VLAN0001                   STATIC  Gi0/0, Gi0/4, Gi0/5, Gi0/6
                                            Gi0/7, Gi0/8
10       VLAN0010                   STATIC  Gi0/1, Gi0/2, Gi0/3
```

结果显示，已经在交换机 SW1 上成功完成了端口的 VLAN 划分。

（2）在交换机 SW2 上执行命令“show vlan”，查看 VLAN 的配置信息，配置命令如下。

```
SW2(config-if-range)#show vlan
VLAN     Name                       Status  Ports
-------- -------------------------- ------- ---------------------------
1        VLAN0001                   STATIC  Gi0/0, Gi0/4, Gi0/5, Gi0/6
```

```
                                              Gi0/7, Gi0/8
10       VLAN0010                    STATIC  Gi0/1, Gi0/2, Gi0/3
```

结果显示，已经在交换机 SW2 上成功完成了端口的 VLAN 划分。

（3）在交换机 SW3 上执行命令“show vlan”，查看 VLAN 的配置信息，配置命令如下。

```
SW3(config-if-range)#show vlan
VLAN     Name                        Status  Ports
-------- --------------------------- ------- ----------------------------
1        VLAN0001                    STATIC  Gi0/0, Gi0/3, Gi0/4, Gi0/5
                                             i0/6, Gi0/7
10       VLAN0010                    STATIC  Gi0/1, Gi0/2, Gi0/8
```

结果显示，已经在交换机 SW3 上成功完成了端口的 VLAN 划分。

（4）在交换机 SW4 上执行命令“show vlan”，查看 VLAN 的配置信息，配置命令如下。

```
SW4(config-if-range)#show vlan
VLAN     Name                        Status  Ports
-------- --------------------------- ------- ----------------------------
1        VLAN0001                    STATIC  Gi0/0, Gi0/3, Gi0/4, Gi0/5
                                             Gi0/6, Gi0/7
10       VLAN0010                    STATIC  Gi0/1, Gi0/2, Gi0/8
```

结果显示，已经在交换机 SW4 上成功完成了端口的 VLAN 划分。

任务 18-2　启用 STP 并调整 STP 的优先级

▶ 任务描述

根据项目要求，在所有交换机上启用 STP，调整交换机的 STP 优先级，将交换机 SW1 配置为根桥，将交换机 SW2 配置为备用根桥。

▶ 任务实施

（1）在交换机 SW1 上启用 STP。

命令“spanning-tree mode{mstp|rstp|stp}”主要用于为交换机配置生成树的工作模式。生成树的工作模式包括 MSTP、RSTP、STP，默认的工作模式为 MSTP。在交换机 SW1 上启用 STP，配置命令如下。

```
SW1(config)#spanning-tree                 //开启生成树功能
SW1(config)#spanning-tree mode stp        //配置生成树的工作模式为 STP
```

（2）在交换机 SW2 上启用 STP，配置命令如下。

```
SW2(config)#spanning-tree
SW2(config)#spanning-tree mode stp
```

（3）在交换机 SW3 上启用 STP，配置命令如下。

```
SW3(config)#spanning-tree
SW3(config)#spanning-tree mode stp
```

（4）在交换机 SW4 上启用 STP，配置命令如下。

```
SW4(config)#spanning-tree
SW4(config)#spanning-tree mode stp
```

（5）在交换机 SW1 上调整 STP 的优先级，将其配置为根桥。

命令“spanning-tree priority *priority*”主要用于设置设备的桥优先级，*priority* 的取值范围是 0～65 535，默认值是 32 768，要求将该值设置为 4 096 的倍数，如 4 096、8 182 等。在交换机 SW1 上调整 STP 的优先级，将其配置为根桥，配置命令如下。

```
SW1(config)#spanning-tree priority 0  //将 STP 优先级设置为 0
```

（6）交换机在 SW2 上调整 STP 的优先级，将其配置为备用根桥，配置命令如下。

```
SW2(config)#spanning-tree priority 4096
```

▶ 任务验证

（1）在交换机 SW1 上执行命令“show spanning-tree summary”，查看 STP 的概要信息，配置命令如下。

```
SW1(config)#show spanning-tree summary

Spanning tree enabled protocol stp
  Root ID    Priority    0
             Address     5000.0001.0001
             this bridge is root
             Hello Time   2 sec  Forward Delay 15 sec  Max Age 20 sec

  Bridge ID  Priority    0
             Address     5000.0001.0001
             Hello Time   2 sec  Forward Delay 15 sec  Max Age 20 sec

Interface        Role Sts Cost      Prio    OperEdge Type
---------------- ---- --- --------- ------- -------- --------------------
Gi0/0            Desg FWD 20000     128     False    P2p
Gi0/1            Desg FWD 20000     128     False    P2p
Gi0/2            Desg FWD 20000     128     False    P2p
Gi0/3            Desg FWD 20000     128     False    P2p
Gi0/4            Desg FWD 20000     128     False    P2p
Gi0/5            Desg FWD 20000     128     False    P2p
```

```
Gi0/6          Desg FWD 20000     128     False    P2p
Gi0/7          Desg FWD 20000     128     False    P2p
Gi0/8          Desg FWD 20000     128     False    P2p
```

可以看到，在交换机 SW1 上开启了生成树功能，其工作模式为 STP。

（2）在交换机 SW2 上执行命令“show spanning-tree summary”，查看 STP 的概要信息，配置命令如下。

```
SW2(config)#show spanning-tree summary

Spanning tree enabled protocol stp
  Root ID    Priority    0
             Address     5000.0001.0001
             this bridge is root
             Hello Time   2 sec  Forward Delay 15 sec  Max Age 20 sec

  Bridge ID  Priority    4096
             Address     5000.0002.0001
             Hello Time   2 sec  Forward Delay 15 sec  Max Age 20 sec

Interface        Role Sts Cost      Prio    OperEdge Type
---------------- ---- --- --------- ------- -------- --------------------
Gi0/0            Desg FWD 20000     128     False    P2p
Gi0/1            Desg FWD 20000     128     False    P2p
Gi0/2            Desg FWD 20000     128     False    P2p
Gi0/3            Root FWD 20000     128     False    P2p Bound(STP)
Gi0/4            Desg FWD 20000     128     False    P2p
Gi0/5            Desg FWD 20000     128     False    P2p
Gi0/6            Desg FWD 20000     128     False    P2p
Gi0/7            Desg FWD 20000     128     False    P2p
Gi0/8            Desg FWD 20000     128     False    P2p
```

可以看到，在交换机 SW2 上开启了生成树功能，其工作模式为 STP。可以看到 G 0/3 端口与 STP 根桥连接，可以为根端口转发数据。

（3）在交换机 SW3 上执行命令“show spanning-tree summary”，查看 STP 的概要信息，配置命令如下。

```
SW3(config)#show spanning-tree summary

Spanning tree enabled protocol stp
  Root ID    Priority    0
             Address     5000.0001.0001
             this bridge is root
```

```
            Hello Time   2 sec  Forward Delay 15 sec  Max Age 20 sec

  Bridge ID  Priority    32768
             Address     5000.0003.0001
             Hello Time   2 sec  Forward Delay 15 sec  Max Age 20 sec

Interface        Role Sts Cost      Prio     OperEdge Type
---------------- ---- --- --------- -------- -------- --------------------
Gi0/0            Desg FWD 20000     128      False    P2p
Gi0/1            Root FWD 20000     128      False    P2p Bound(STP)
Gi0/2            Altn BLK 20000     128      False    P2p Bound(STP)
Gi0/3            Desg FWD 20000     128      False    P2p
Gi0/4            Desg FWD 20000     128      False    P2p
Gi0/5            Desg FWD 20000     128      False    P2p
Gi0/6            Desg FWD 20000     128      False    P2p
Gi0/7            Desg FWD 20000     128      False    P2p
Gi0/8            Desg FWD 20000     128      False    P2p
```

可以看到，G 0/1 与 STP 根桥连接，可以为根端口转发数据。

（4）在交换机 SW4 上执行命令“show spanning-tree summary”，查看 STP 的概要信息，配置命令如下。

```
SW4(config)#show spanning-tree summary

Spanning tree enabled protocol stp
  Root ID    Priority    0
             Address     5000.0001.0001
             this bridge is root
             Hello Time   2 sec  Forward Delay 15 sec  Max Age 20 sec

  Bridge ID  Priority    32768
             Address     5000.0004.0001
             Hello Time   2 sec  Forward Delay 15 sec  Max Age 20 sec

Interface        Role Sts Cost      Prio     OperEdge Type
---------------- ---- --- --------- -------- -------- --------------------
Gi0/0            Desg FWD 20000     128      False    P2p
Gi0/1            Root FWD 20000     128      False    P2p Bound(STP)
Gi0/2            Altn BLK 20000     128      False    P2p Bound(STP)
Gi0/3            Desg FWD 20000     128      False    P2p
Gi0/4            Desg FWD 20000     128      False    P2p
Gi0/5            Desg FWD 20000     128      False    P2p
Gi0/6            Desg FWD 20000     128      False    P2p
```

```
Gi0/7            Desg FWD 20000      128       False      P2p
Gi0/8            Desg FWD 20000      128       False      P2p
```

可以看到，G 0/1 与 STP 根桥连接，可以为根端口转发数据。

任务 18-3　配置各台计算机的 IP 地址

▶ 任务描述

根据本项目的 IP 地址规划表，为各台计算机配置 IP 地址。

▶ 任务实施

技术部 PC1 的 IP 地址配置如图 18-9 所示，技术部 PC2 的 IP 地址配置如图 18-10 所示。

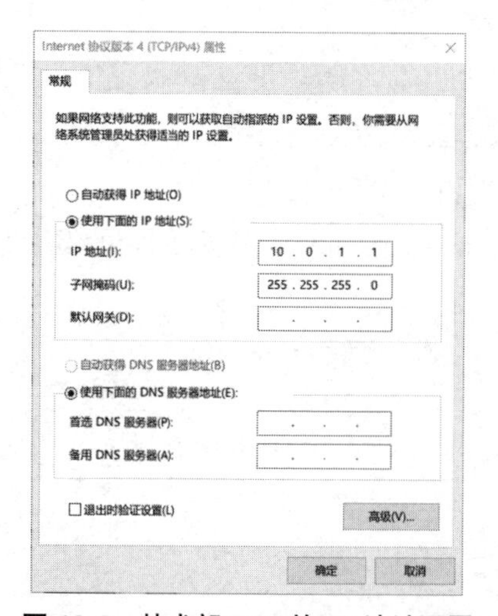

图 18-9　技术部 PC1 的 IP 地址配置

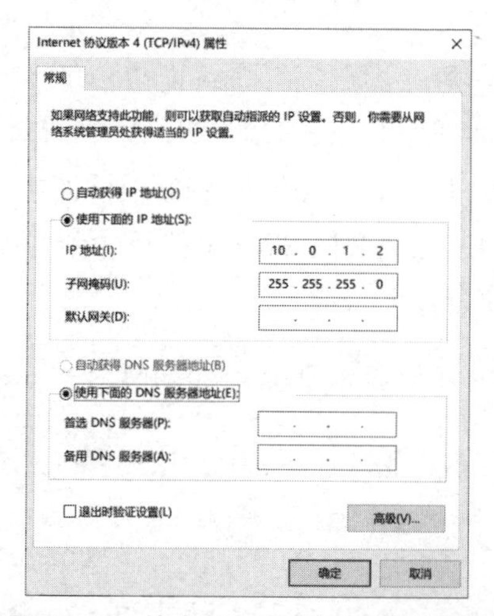

图 18-10　技术部 PC2 的 IP 地址配置

▶ 任务验证

（1）在技术部 PC1 上执行命令“ipconfig”，查看其 IP 地址的配置信息，配置命令如下。

```
C:\Users\Administrator>ipconfig      //显示本机 IP 地址的配置信息

本地连接:

   连接特定的 DNS 后缀 . . . . . . . . . . . . . . :
   IPv4 地址 . . . . . . . . . . . . . . . . . . . . : 10.0.1.1(首选)
   子网掩码. . . . . . . . . . . . . . . . . . . . . : 255.255.255.0
   默认网关. . . . . . . . . . . . . . . . . . . . . :
```

可以看到，已经为技术部 PC1 正确配置了 IP 地址。

（2）在技术部 PC2 上执行命令“ipconfig”，确认是否已经为其正确配置了 IP 地址。

项目验证

使用技术部 PC1 Ping 技术部 PC2，测试部门内部的通信情况，配置命令如下。

```
C:\Users\Administrator>ping 10.0.1.2

正在 Ping 10.0.1.2 具有 32 字节的数据:
来自 10.0.1.2 的回复: 字节=32 时间=2ms TTL=64
来自 10.0.1.2 的回复: 字节=32 时间=2ms TTL=64
来自 10.0.1.2 的回复: 字节=32 时间=3ms TTL=64
来自 10.0.1.2 的回复: 字节=32 时间=3ms TTL=64

10.0.1.2 的 Ping 统计信息:
    数据包: 已发送 = 4，已接收 = 4，丢失 = 0 (0% 丢失)，
往返行程的估计时间(以毫秒为单位):
    最短 = 2ms，最长 = 3ms，平均 = 2ms
```

可以看到，技术部 PC1 和技术部 PC2 之间可以互相通信。

此时，如果断开任意一条主用链路，那么 STP 会进行自适应调整，通信不会中断。因为 STP 的默认收敛时长为 50 秒，所以在收敛期间会丢失若干个数据包。

项目拓展

一、理论题

1．STP 在选择根端口时，如果 RPC 相同，则比较（　　）。

A．网桥的转发延迟　　B．网桥的型号

C．网桥的 ID　　D．端口 ID

2．假设以太网交换机中某个运行 STP 的端口不接收或转发数据，接收 BPDU，但不发送 BPDU，不进行 MAC 地址学习，那么该端口应该处于（　　）状态。

A．Blocking　　B．Listening　　C．Learning　　D．Forwarding

3．在 STP 的端口状态转换过程中，RP 和 DP 最终会转换为（　　）状态。

A．Blocking　　B．Listening　　C．Learning　　D．Forwarding

4．STP 定义了（　　）种端口角色。

A．2　　B．3　　C．4　　D．5

5．在以太网交换机运行 STP 时，在默认情况下，交换机的 STP 优先级是（　　）。

A．4 096　　B．16 384　　C．8 182　　D．32 768

二、项目实训题

1．实训项目描述

Jan16 公司为了提高网络的可靠性，增加了一台高性能交换机作为核心交换机，接入层交换机与核心层交换机互联，形成链路冗余结构。将交换机 SW1 配置为根桥，将技术部的计算机统一划分到 VLAN 10 中，使用 182.168.1.0/24 网段，技术部 PC1 和技术部 PC2 通过交换机 SW2、SW3 接入网络。

本实训项目的网络拓扑图如图 18-11 所示。

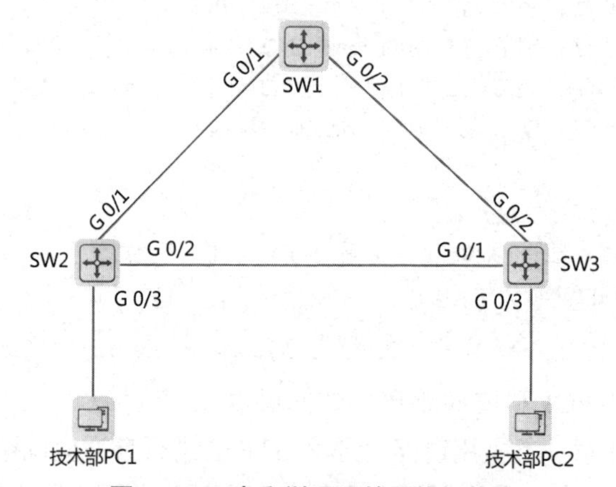

图 18-11　本实训项目的网络拓扑图

2．实训项目规划

根据本实训项目的相关描述和网络拓扑图，完成本实训项目的各个规划表。

（1）完成本实训项目的 VLAN 规划表，如表 18-6 所示。

表 18-6　本实训项目的 VLAN 规划表

VLAN ID	VLAN 描述信息	IP 地址段	用途

（2）完成本实训项目的端口规划表，如表 18-7 所示。

表 18-7　本实训项目的端口规划表

本端设备	本端端口	端口类型	对端设备	对端端口

（3）完成本实训项目的 IP 地址规划表，如表 18-8 所示。

表 18-8　本实训项目的 IP 地址规划表

设备	IP 地址

3．实训项目要求

（1）根据本实训项目的 VLAN 规划表，首先在各台交换机上创建相应的 VLAN 并配置 VLAN 的名称，然后将连接计算机的端口类型配置为 Access，最后将端口划分到相应的 VLAN 中。

（2）将交换机互联的端口类型配置为 Trunk，并且设置端口放行的 VLAN。

（3）在各台交换机上启用 STP，调整交换机 SW1 的 STP 优先级，将其配置为根桥。

（4）根据本实训项目的 IP 地址规划表，为各台计算机配置 IP 地址。

（5）根据以上要求完成配置，执行以下验证命令，并且截图保存相关结果。

步骤 1：在各台交换机上执行命令“show vlan”，查看 VLAN 的配置信息。

步骤 2：在各台交换机上执行命令“show spanning-tree summary”，查看 STP 的概要信息。

步骤 3：在技术部 PC1 上使用 Ping 命令测试其与技术部 PC2 之间的通信情况。

项目 19　基于 RSTP 配置高可用的企业网络

项目描述

Jan16 公司为了提高网络的可靠性，使用了两台高性能交换机作为核心交换机，接入层交换机与核心层交换机互联，形成链路冗余结构。

本项目的网络拓扑图如图 19-1 所示。

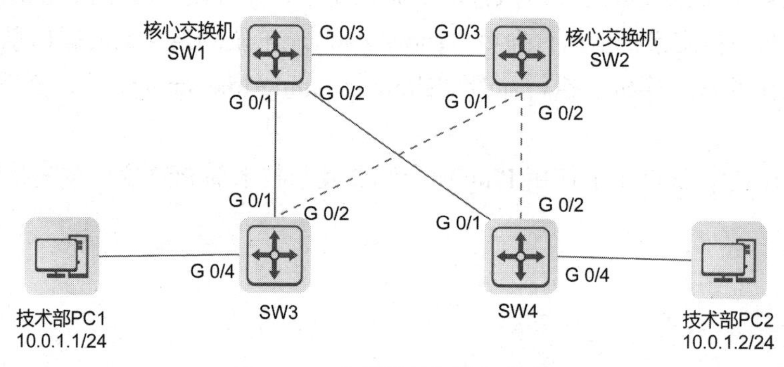

图 19-1　本项目的网络拓扑图

本项目的具体要求如下。

（1）为了避免发生交换环路问题，需要配置交换机的 RSTP 功能，加快网络拓扑收敛速度。要求核心交换机有较高的优先级，交换机 SW1 为根桥，交换机 SW2 为备用根桥，SW1-SW3 和 SW1-SW4 的链路为主用链路。

（2）技术部的计算机使用 VLAN 10，网段为 10.0.1.0/24，将技术部 PC1 接入交换机 SW3，将技术部 PC2 接入交换机 SW4。

相关知识

19.1　RSTP 的端口角色

RSTP（Rapid Spanning Tree Protocol，快速生成树协议）是一种网络协议，主要用于在计算机网络中快速检测和恢复拓扑环。RSTP 是 STP 的改进版，可以提供更快的收敛速度和更高的网络稳定性。

RSTP 在 STP 的基础上，将备用端口细分为两种端口角色：替代端口（Alternate Port）和备份端口（Backup Port）。因此，在 RSTP 中共有 4 种端口角色：根端口、指定端口、替代端口、备份端口。

19.2 RSTP 的端口状态

在 STP 中定义了 5 种端口状态，分别为 Disabled（禁用）状态、Blocking（阻塞）状态、Listening（侦听）状态、Learning（学习）状态、Forwarding（转发）状态。在 RSTP 中简化了端口状态，将 STP 的 Disabled（禁用）状态、Blocking（阻塞）状态及 Listening（侦听）状态简化为 Discarding（丢弃）状态，将 Learning（学习）状态和 Forwarding（转发）状态保留了下来。如果端口不转发用户流量，也不学习 MAC 地址，那么端口处于 Discarding 状态；如果端口不转发用户流量，但是学习 MAC 地址，那么端口处于 Learning 状态；如果端口既转发用户流量，又学习 MAC 地址，那么端口处于 Forwarding 状态。

19.3 RSTP 的 BPDU 报文

RSTP 的 BPDU 称为 RST BPDU，它的格式与 STP 的 BPDU 大体相同，只对个别字段进行了修改，用于适应新的工作机制和特性。在 RST BPDU 中，“协议版本 ID”字段和“BPDU 类型”字段的值均为 0x02，主要变化体现在“标志”字段中，该字段一共 8bit，STP 只使用了其中的最低比特位和最高比特位，而 RSTP 在 STP 的基础上，使用了剩余的 6bit，并且分别对这些比特位进行了定义，如图 19-2 所示。

TCA (1bit)	Agreement (1bit)	Forwarding (1bit)	Learning (1bit)	Port Role (2bit)	Proposal (1bit)	TC (1bit)

图 19-2 RSTP BPDU 报文的“标志”字段的比特位

19.4 边缘端口

STP 交换机的端口在初始启动后，会先进入 Blocking 状态，如果该端口被选举为根端口或指定端口，那么它还需要经历 Listening 状态和 Learning 状态，才能进入 Forwarding 状态。也就是说，一个端口从初始启动到进入 Forwarding 状态，至少需要耗费 30 秒的时间。对交换机上连接交换网络的端口而言，经历上述过程是必要的，毕竟该端口存在产生环路的风险。然而，有些端口引发环路的风险是非常低的，如交换机上连接终端设备（如计算机、服务器等）的端口，这些端口在启动后仍然要经历上述过程，效率过低。此外，用户希望计算机在接入交换机后，可以立即连接网络，不希望再等待一段时间。

在 RSTP 中，可以将交换机的端口配置为边缘端口（Edge Port），用于解决上述问题。

边缘端口默认不参与生成树计算。边缘端口在被激活后，可以立即切换为 Forwarding 状态并开始收发业务流量，而不用经历转发延迟时间，因此可以大幅度提高工作效率。此外，边缘端口的关闭或激活并不会使 RSTP 的拓扑结构发生变化。在实际项目中，通常会将交换机上连接终端设备的端口配置为边缘端口。

19.5 P/A 机制

P/A（Proposal/Agreement，提议/同意）机制是交换机之间的一种握手机制。RSTP 利用 P/A 机制，可以保证一个指定端口能够从 Discarding 状态快速进入 Forwarding 状态，从而加快生成树的收敛速度。

项目规划

根据本项目的网络拓扑图可知，SW1 和 SW2 为核心交换机，其中，将 SW1 配置为根桥，将 SW2 配置为备用根桥；SW3 和 SW4 为接入交换机；SW1-SW3 及 SW1-SW4 的链路为主用链路，SW2-SW4 及 SW2-SW3 的链路为备用链路。因此，在 RSTP 配置中，需要将 SW1 的优先级设置为最高，将 SW2 的优先级设置为次高。例如，将 SW1 的优先级设置为 0，将 SW2 的优先级设置为 4 096。将连接终端计算机的交换机端口配置为边缘端口，用于加快网络的收敛速度。此外，由于技术部的计算机被划分到 VLAN 10 的网段内，并且计算机连接在不同的交换机上，因此需要将交换机之间的链路类型配置为 Trunk。

具体的配置步骤如下。

（1）创建 VLAN 并将端口划分到相应的 VLAN 中。

（2）启用 RSTP 并调整 RSTP 的优先级。

（3）配置边缘端口。

（4）配置各台计算机的 IP 地址。

本项目的 VLAN 规划表如表 19-1 所示，端口规划表如表 19-2 所示，IP 地址规划表如表 19-3 所示。

表 19-1　本项目的 VLAN 规划表

VLAN ID	VLAN 描述信息	IP 地址段	用途
VLAN 10	Technical	10.0.1.1～10.0.1.10/24	技术部

表 19-2　本项目的端口规划表

本端设备	本端端口	端口类型	对端设备	对端端口
SW1	G 0/1	Trunk	SW3	G 0/1
SW1	G 0/2	Trunk	SW4	G 0/1
SW1	G 0/3	Trunk	SW2	G 0/3
SW2	G 0/1	Trunk	SW3	G 0/2

续表

本端设备	本端端口	端口类型	对端设备	对端端口
SW2	G 0/2	Trunk	SW4	G 0/2
SW2	G 0/3	Trunk	SW1	G 0/3
SW3	G 0/1	Trunk	SW1	G 0/1
SW3	G 0/2	Trunk	SW2	G 0/1
SW3	G 0/4	Access	技术部 PC1	—
SW4	G 0/1	Trunk	SW1	G 0/2
SW4	G 0/2	Trunk	SW2	G 0/2
SW4	G 0/4	Access	技术部 PC2	—

表 19-3　本项目的 IP 地址规划表

设备	IP 地址
技术部 PC1	10.0.1.1/24
技术部 PC2	10.0.1.2/24

任务 19-1　创建 VLAN 并将端口划分到相应的 VLAN 中

▶ 任务描述

根据本项目的 VLAN 规划表，首先在交换机上为各部门创建相应的 VLAN 并配置 VLAN 的名称，然后转换端口类型，最后配置端口的 VLAN，设置端口放行的 VLAN，或者将 VLAN 划分到相应的 VLAN 中。

▶ 任务实施

（1）在交换机 SW1 上创建 VLAN 并配置 VLAN 的名称，配置命令如下。

```
Switch>enable                        //进入特权模式
Switch#config                        //进入全局模式
Enter configuration commands, one per line.  End with CNTL/Z.
Switch(config)#hostname SW1          //将交换机名称修改为 SW1
SW1(config)#vlan 10                  //创建 VLAN 10
SW1(config-vlan)#name Technical      //配置 VLAN 10 的名称为 Technical
SW1(config-vlan)#exit
```

（2）在交换机 SW1 上批量进入 G 0/1～G 0/3 端口，统一将端口类型转换为 Trunk，并且设置端口放行的 VLAN，配置命令如下。

```
SW1(config)interface range gigabitEthernet 0/1-3
```

```
                               //批量进入 G 0/1～G 0/3 端口
SW1(config-if-range)#switchport mode trunk        //将端口类型转换为 Trunk
SW1(config-if-range)#switchport trunk allowed vlan only 10
                               // Trunk 只允许 VLAN 列表中添加 VLAN 10
```

（3）在交换机 SW2 上创建 VLAN 并配置 VLAN 的名称，配置命令如下。

```
Switch>enable
Switch#config
Enter configuration commands, one per line.  End with CNTL/Z.
Switch(config)#hostname SW2
SW2(config)#vlan 10
SW2(config-vlan)#name Technical
SW2(config-vlan)#exit
```

（4）在交换机 SW2 上批量进入 G 0/1～G 0/3 端口，统一将端口类型转换为 Trunk，并且设置端口放行的 VLAN，配置命令如下。

```
SW2(config)#interface range gigabitEthernet 0/1-3
SW2(config-if-range)#switchport mode trunk
SW2(config-if-range)#switchport trunk allowed vlan only 10
```

（5）在交换机 SW3 上创建 VLAN 并配置 VLAN 的名称，配置命令如下。

```
Switch>enable
Switch#config
Enter configuration commands, one per line.  End with CNTL/Z.
Switch(config)#hostname SW3
SW3(config)#vlan 10
SW3(config-vlan)#name Technical
SW3(config-vlan)#exit
```

（6）在交换机 SW3 上将连接计算机的端口类型转换为 Access，并且将端口划分到 VLAN 10 中，批量进入 G 0/1 端口、G 0/2 端口，统一将端口类型转换为 Trunk，并且设置端口放行的 VLAN，配置命令如下。

```
SW3(config)#interface gigabitEthernet 0/4
SW3(config-if-GigabitEthernet 0/4)#switchport mode access
                                        //将端口类型转换为 Access
SW3(config-if-GigabitEthernet 0/4)#switchport access vlan 10
                                        //将端口划分到 VLAN 10 中
SW3(config-if-GigabitEthernet 0/4)#exit
SW3(config)#interface range gigabitEthernet 0/1-2
SW3(config-if-range)#switchport mode trunk
SW3(config-if-range)#switchport trunk allowed vlan only 10
```

（7）在交换机 SW4 上创建 VLAN 并配置 VLAN 的名称，配置命令如下。

```
Switch>enable
Switch#config
Enter configuration commands, one per line.  End with CNTL/Z.
Switch(config)#hostname SW4
SW4(config)#vlan 10
SW4(config-vlan)#name Technical
SW4(config-vlan)#exit
```

（8）在交换机 SW4 上将连接计算机的端口类型转换为 Access，并且将端口划分到 VLAN 10 中，批量进入 G 0/1 端口、G 0/2 端口，统一将端口类型转换为 Trunk，并且设置端口放行的 VLAN，配置命令如下。

```
SW4(config)#interface gigabitEthernet 0/4
SW4(config-if-GigabitEthernet 0/4)#switchport mode access
SW4(config-if-GigabitEthernet 0/4)#switchport access vlan 10
SW4(config-if-GigabitEthernet 0/4)#exit
SW4(config)#interface range gigabitEthernet 0/1-2
SW4(config-if-range)#switchport mode trunk
SW4(config-if-range)#switchport trunk allowed vlan only 10
```

▶ 任务验证

（1）在交换机 SW1 上执行命令“show vlan”，查看 VLAN 的配置信息，配置命令如下。

```
SW1(config-if-range)#show vlan
VLAN      Name                          Status   Ports
--------  ----------------------------  -------  ------------------------------
1         VLAN0001                      STATIC   Gi0/0, Gi0/4, Gi0/5, Gi0/6
                                                 Gi0/7, Gi0/8
10        VLAN0010                      STATIC   Gi0/1, Gi0/2, Gi0/3
```

结果显示，在交换机 SW1 上已经成功完成了端口的 VLAN 划分。

（2）在交换机 SW2 上执行命令“show vlan”，查看 VLAN 的配置信息，配置命令如下。

```
SW2(config-if-range)#show vlan
VLAN      Name                          Status   Ports
--------  ----------------------------  -------  ------------------------------
1         VLAN0001                      STATIC   Gi0/0, Gi0/4, Gi0/5, Gi0/6
                                                 Gi0/7, Gi0/8
10        VLAN0010                      STATIC   Gi0/1, Gi0/2, Gi0/3
```

结果显示，在交换机 SW2 上已经成功完成了端口的 VLAN 划分。

（3）在交换机 SW3 上执行命令“show vlan”，查看 VLAN 的配置信息，配置命令如下。

```
SW3(config-if-range)#show vlan
VLAN     Name                          Status  Ports
-------- ----------------------------- ------- ------------------------------
1        VLAN0001                      STATIC  Gi0/0, Gi0/3, Gi0/5
                                               Gi0/6, Gi0/7, Gi0/8
10       VLAN0010                      STATIC  Gi0/1, Gi0/2, Gi0/4
```

结果显示，在交换机 SW3 上已经成功完成了端口的 VLAN 划分。

（4）在交换机 SW4 上执行命令“show vlan”，查看 VLAN 的配置信息，配置命令如下。

```
SW4(config-if-range)#show vlan
VLAN     Name                          Status  Ports
-------- ----------------------------- ------- ------------------------------
1        VLAN0001                      STATIC  Gi0/0, Gi0/3, Gi0/5
                                               Gi0/6, Gi0/7, Gi0/8
10       VLAN0010                      STATIC  Gi0/1, Gi0/2, Gi0/4
```

结果显示，在交换机 SW4 上已经成功完成了端口的 VLAN 划分。

任务 19-2　启用 RSTP 并调整 RSTP 的优先级

▶ 任务描述

根据项目要求，在所有交换机上启用 RSTP，调整 RSTP 的优先级，将交换机 SW1 配置为根桥，将交换机 SW2 配置为备用根桥。

▶ 任务实施

（1）在交换机 SW1 上启用 RSTP，配置命令如下。

```
SW1(config)#spanning-tree                  //开启生成树功能
SW1(config)#spanning-tree mode rstp  //配置生成树的工作模式为 RSTP
```

（2）在交换机 SW2 上启用 RSTP，配置命令如下。

```
SW2(config)#spanning-tree
SW2(config)#spanning-tree mode rstp
```

（3）在交换机 SW3 上启用 RSTP，配置命令如下。

```
SW3(config)#spanning-tree
SW3(config)#spanning-tree mode rstp
```

（4）在交换机 SW4 上启用 RSTP，配置命令如下。

```
SW4(config)#spanning-tree
SW4(config)#spanning-tree mode rstp
```

（5）在交换机 SW1 上执行命令“spanning-tree priority *priority*”，调整 RSTP 的优先级，将交换机 SW1 配置为根桥，配置命令如下。

```
SW1(config)#spanning-tree priority 4096 //将当前交换机配置为根桥
```

（6）在交换机 SW2 上执行命令“spanning-tree priority *priority*”，调整 RSTP 的优先级，将交换机 SW2 配置为备用根桥，配置命令如下。

```
SW2(config)#spanning-tree priority 8192 //将当前交换机配置为备用根桥
```

▶ 任务验证

（1）在交换机 SW1 上执行命令“show spanning-tree summary”，查看 STP 的概要信息，配置命令如下。

```
SW1(config)#show spanning-tree summary

Spanning tree enabled protocol rstp
  Root ID    Priority    4096
             Address     5000.0001.0001
             this bridge is root
             Hello Time   2 sec  Forward Delay 15 sec  Max Age 20 sec

  Bridge ID  Priority    4096
             Address     5000.0001.0001
             Hello Time   2 sec  Forward Delay 15 sec  Max Age 20 sec

Interface          Role Sts Cost      Prio     OperEdge Type
------------------ ---- --- --------- -------- -------- --------------------
Gi0/0              Desg FWD 20000     128      True     P2p
Gi0/1              Desg FWD 20000     128      False    P2p
Gi0/2              Desg FWD 20000     128      False    P2p
Gi0/3              Desg FWD 20000     128      False    P2p
Gi0/4              Desg FWD 20000     128      True     P2p
Gi0/5              Desg FWD 20000     128      True     P2p
Gi0/6              Desg FWD 20000     128      True     P2p
Gi0/7              Desg FWD 20000     128      True     P2p
Gi0/8              Desg FWD 20000     128      True     P2p
```

可以看到，在交换机 SW1 上开启了生成树功能，其工作模式为 RSTP。

（2）在交换机 SW2 上执行命令“show spanning-tree summary”，查看 STP 的概要信息，配置命令如下。

```
SW2(config)#show spanning-tree summary
```

```
Spanning tree enabled protocol rstp
  Root ID    Priority    4096
             Address     5000.0001.0001
             this bridge is root
             Hello Time   2 sec  Forward Delay 15 sec  Max Age 20 sec

  Bridge ID  Priority    8192
             Address     5000.0002.0001
             Hello Time   2 sec  Forward Delay 15 sec  Max Age 20 sec

Interface        Role Sts Cost      Prio    OperEdge Type
---------------- ---- --- --------- ------- -------- --------------------
Gi0/0            Desg FWD 20000     128     True     P2p
Gi0/1            Desg FWD 20000     128     False    P2p
Gi0/2            Desg FWD 20000     128     False    P2p
Gi0/3            Root FWD 20000     128     False    P2p Bound(RSTP)
Gi0/4            Desg FWD 20000     128     True     P2p
Gi0/5            Desg FWD 20000     128     True     P2p
Gi0/6            Desg FWD 20000     128     True     P2p
Gi0/7            Desg FWD 20000     128     True     P2p
Gi0/8            Desg FWD 20000     128     True     P2p
```

可以看到，在交换机 SW1 上开启了生成树功能，其工作模式为 RSTP。

（3）在交换机 SW3 上执行命令“show spanning-tree summary”，查看 STP 的概要信息，配置命令如下。

```
SW3(config)#show spanning-tree summary

Spanning tree enabled protocol rstp
  Root ID    Priority    4096
             Address     5000.0001.0001
             this bridge is root
             Hello Time   2 sec  Forward Delay 15 sec  Max Age 20 sec

  Bridge ID  Priority    32768
             Address     5000.0003.0001
             Hello Time   2 sec  Forward Delay 15 sec  Max Age 20 sec

Interface        Role Sts Cost      Prio    OperEdge Type
---------------- ---- --- --------- ------- -------- --------------------
Gi0/0            Desg FWD 20000     128     True     P2p
Gi0/1            Root FWD 20000     128     False    P2p Bound(RSTP)
Gi0/2            Altn BLK 20000     128     False    P2p Bound(RSTP)
```

```
Gi0/3            Desg FWD 20000      128      True      P2p
Gi0/4            Desg FWD 20000      128      True      P2p
Gi0/5            Desg FWD 20000      128      True      P2p
Gi0/6            Desg FWD 20000      128      True      P2p
Gi0/7            Desg FWD 20000      128      True      P2p
Gi0/8            Desg FWD 20000      128      True      P2p
```

可以看到，G 0/2 端口处于 Blocking 状态。

（4）在交换机 SW4 上执行命令“show spanning-tree summary”，查看 STP 的概要信息，配置命令如下。

```
SW4(config)#show spanning-tree summary

Spanning tree enabled protocol rstp
  Root ID    Priority    4096
             Address     5000.0001.0001
             this bridge is root
             Hello Time   2 sec  Forward Delay 15 sec  Max Age 20 sec

  Bridge ID  Priority    32768
             Address     5000.0004.0001
             Hello Time   2 sec  Forward Delay 15 sec  Max Age 20 sec

Interface        Role Sts Cost      Prio     OperEdge Type
---------------- ---- --- --------- -------- -------- --------------------
Gi0/0            Desg FWD 20000     128      True     P2p
Gi0/1            Root FWD 20000     128      False    P2p Bound(RSTP)
Gi0/2            Altn BLK 20000     128      False    P2p Bound(RSTP)
Gi0/3            Desg FWD 20000     128      True     P2p
Gi0/4            Desg FWD 20000     128      True     P2p
Gi0/5            Desg FWD 20000     128      True     P2p
Gi0/6            Desg FWD 20000     128      True     P2p
Gi0/7            Desg FWD 20000     128      True     P2p
Gi0/8            Desg FWD 20000     128      True     P2p
```

可以看到，G 0/2 端口处于 Blocking 状态。

任务 19-3　配置边缘端口

▶ 任务描述

将交换机连接终端的端口配置为边缘端口。

► 任务实施

（1）在交换机 SW3 上配置 G 0/4 端口为边缘端口。

命令“spanning-tree portfast”主要用于将端口配置为边缘端口。当交换机配置的生成树功能的工作模式为 RSTP 或 MSTP 时，需要在连接计算机的端口上执行该命令，将其配置为边缘端口。在交换机 SW3 上配置 G 0/4 端口为边缘端口，配置命令如下。

```
SW3(config)#interface gigabitEthernet 0/4
SW3(config-if-GigabitEthernet 0/4)#spanning-tree  portfast
                                        //配置端口为生成树边缘端口
```

（2）在交换机 SW4 上配置 G 0/4 端口为边缘端口，配置命令如下。

```
SW4(config)#interface gigabitEthernet 0/4
SW4(config-if-GigabitEthernet 0/4)#spanning-tree  portfast
```

► 任务验证

在交换机 SW3 上执行命令“show spanning-tree interface gigabitEthernet 0/4”，查看 G 0/4 端口的生成树配置，配置命令如下。

```
SW3(config)#show spanning-tree interface gigabitEthernet 0/4

PortAdminPortFast : Enabled
PortOperPortFast : Enabled
PortAdminAutoEdge : Enabled
PortOperAutoEdge : Enabled
PortAdminLinkType : auto
PortOperLinkType : point-to-point
PortBPDUGuard : Disabled
PortBPDUFilter : Disabled
PortGuardmode  : None
PortState : forwarding
PortPriority : 128
PortDesignatedRoot : 4096.5000.0001.0001
PortDesignatedCost : 20000
PortDesignatedBridge :32768.5000.0003.0001
PortDesignatedPortPriority : 128
PortDesignatedPort : 5
PortForwardTransitions : 1
PortAdminPathCost : 20000
PortOperPathCost : 20000
Inconsistent states : normal
PortRole : designatedPort
```

结果中的“PortAdminPortFast : Enabled”表示该端口已经被配置为边缘端口。

任务 19-4　配置各台计算机的 IP 地址

▶ 任务描述

根据本项目的 IP 地址规划表，为各台计算机配置 IP 地址。

▶ 任务实施

技术部 PC1 的 IP 地址配置如图 19-3 所示，技术部 PC2 的 IP 地址配置如图 19-4 所示。

图 19-3　技术部 PC1 的 IP 地址配置

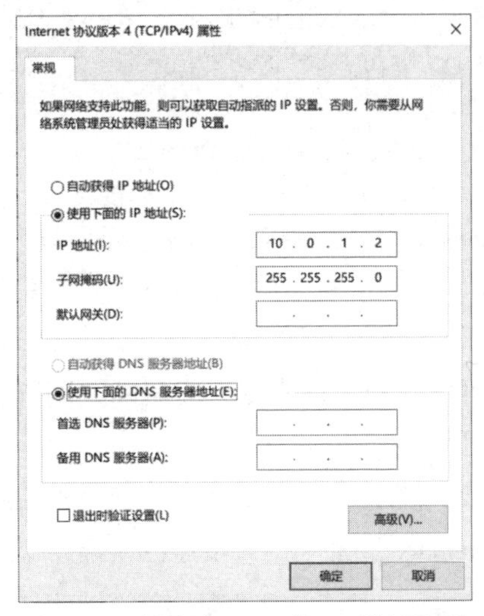

图 19-4　技术部 PC2 的 IP 地址配置

▶ 任务验证

（1）在技术部 PC1 上执行命令“ipconfig”，查看其 IP 地址的配置信息，配置命令如下。

```
C:\Users\Administrator>ipconfig

本地连接:

   连接特定的 DNS 后缀 ...............:
   IPv4 地址 ........................: 10.0.1.1(首选)
   子网掩码..........................: 255.255.255.0
   默认网关..........................:
```

可以看到，已经为技术部 PC1 正确配置了 IP 地址。

（2）在技术部 PC2 上执行命令“ipconfig”，查看其 IP 地址的配置信息，确认是否已经为其正确配置了 IP 地址。

项目验证

（1）使用技术部 PC1 Ping 技术部 PC2，测试部门内部的通信情况，并且在 Ping 的过程中，即使断开交换机 SW3（或交换机 SW4）与交换机 SW1 相连接的链路，通信也不会中断，命令运行过程如下。

```
C:\Users\Administrator> ping 10.0.1.2

正在 Ping 10.0.1.2 具有 32 字节的数据：
来自 10.0.1.2 的回复：字节=32 时间=4ms TTL=64
来自 10.0.1.2 的回复：字节=32 时间=4ms TTL=64
来自 10.0.1.2 的回复：字节=32 时间=2ms TTL=64
来自 10.0.1.2 的回复：字节=32 时间=3ms TTL=64

10.0.1.2 的 Ping 统计信息：
    数据包：已发送 = 4，已接收 = 4，丢失 = 0 (0% 丢失)，
往返行程的估计时间(以毫秒为单位)：
    最短 = 2ms，最长 = 4ms，平均 = 3ms
```

可以看到，在改变生成树的主用链路后，PC1 仍然可以与 PC2 进行通信，体现了生成树的可靠性。

（2）使用 shutdown 命令将交换机 SW3 的 G 0/1 端口关闭，并且执行命令“show spanning-tree summary”，查看 STP 的概要信息，观察交换机 SW3 的其他端口及其状态变化。

```
SW3#show spanning-tree summary

Spanning tree enabled protocol rstp
  Root ID    Priority    4096
             Address     5000.0001.0001
             this bridge is root
             Hello Time   2 sec  Forward Delay 15 sec  Max Age 20 sec

  Bridge ID  Priority    32768
             Address     5000.0003.0001
             Hello Time   2 sec  Forward Delay 15 sec  Max Age 20 sec

Interface          Role Sts Cost      Prio    OperEdge Type
------------------ ---- --- --------- ------- -------- --------------------
Gi0/0              Desg FWD 20000     128     True     P2p
Gi0/2              Root FWD 20000     128     False    P2p Bound(RSTP)
Gi0/3              Desg FWD 20000     128     True     P2p
Gi0/4              Desg FWD 20000     128     True     P2p
```

```
Gi0/5            Desg FWD 20000      128       True       P2p
Gi0/6            Desg FWD 20000      128       True       P2p
Gi0/7            Desg FWD 20000      128       True       P2p
Gi0/8            Desg FWD 20000      128       True       P2p
```

可以发现，当拓扑结构发生变化时，RSTP 的根端口快速切换机制使 G 0/2 端口可以立即从 Desg 角色进入 Root 角色，加快收敛速度，减少对网络通信的影响。

项目拓展

一、理论题

1．RSTP 的端口状态不包括（　　）。

A．Forwarding　　B．Learning　　C．Discarding　　D．Blocking

2．在 RSTP 标准中，为了提高收敛速度，可以将交换机直接与终端设备相连的端口配置为（　　）。

A．快速端口　　B．根端口　　C．备份端口　　D．边缘端口

3．在以下说法中，（　　）不是 RSTP 可以提高收敛速度的原因。

A．根端口的快速切换　　B．边缘端口的引入

C．取消了 Forward Delay　　D．P/A 机制

二、项目实训题

1．实训项目描述

Jan16 公司为提高网络的可靠性，使用了两台高性能交换机作为核心交换机，接入层交换机与核心层交换机互联，形成链路冗余结构。为了避免发生交换环路问题，需要配置交换机的 RSTP 功能，加快网络拓扑收敛速度。要求核心交换机有较高的优先级，SW1 为根桥，SW2 为备用根桥，SW1-SW3 和 SW1-SW4 的链路为主用链路。

本实训项目的网络拓扑图如图 19-5 所示。

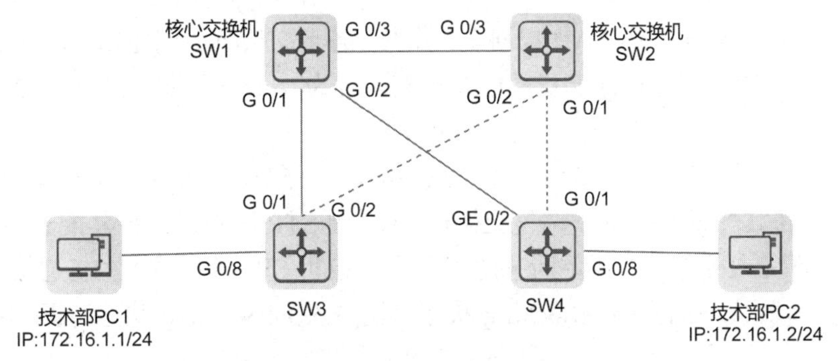

图 19-5　本实训项目的网络拓扑图

2. 实训项目规划

根据本实训项目的相关描述和网络拓扑图，完成本实训项目的各个规划表。

（1）完成本实训项目的 VLAN 规划表，如表 19-4 所示。

表 19-4　本实训项目的 VLAN 规划表

VLAN ID	VLAN 描述信息	IP 地址段	用途

（2）完成本实训项目的端口规划表，如表 19-5 所示。

表 19-5　本实训项目的端口规划表

本端设备	本端端口	端口类型	对端设备	对端端口

（3）完成本实训项目的 IP 地址规划表，如表 19-6 所示。

表 19-6　本实训项目的 IP 地址规划表

设备	IP 地址

3. 实训项目要求

（1）根据本实训项目的 VLAN 规划表，首先在各台交换机上创建相应的 VLAN 并配置 VLAN 的名称，然后将连接计算机的端口类型配置为 Access，最后将端口划分到相应的 VLAN 中。

（2）在各台交换机上启用 STP，将生成树的模式修改为 RSTP，调整交换机 SW1 的 STP 优先级，将其配置为根桥；调整交换机 SW2 的 STP 优先级，将其配置为备用根桥。

（3）为了提高终端接入交换网络的速度，在交换机 SW3 和 SW4 上将连接计算机的端口配置为边缘端口，使端口从 Blocking 状态直接进入 Forwarding 状态，即不参与生成树的计算过程。

（4）根据本实训项目的 IP 地址规划表，为各台计算机配置 IP 地址。

（5）根据以上要求完成配置，执行以下验证命令，并且截图保存相关结果。

步骤 1：在各台交换机上执行命令“show vlan”，查看 VLAN 的配置信息。

步骤 2：在各台交换机上执行命令“show spanning-tree summary”，查看 STP 的概要信息。

步骤 3：在交换机 SW3 和 SW4 上执行命令“show spanning-tree interface gigabitEthernet 0/8”，查看 G 0/8 端口的生成树配置。

步骤 4：在技术部 PC1 上使用 Ping 命令测试其与技术部 PC2 之间的通信情况。

项目 20　基于链路聚合提高交换机的级联带宽

项目描述

Jan16 公司使用两台二层网管交换机组建了公司的局域网，在公司运营一段时间后，两台交换机之间的用户通信经常出现延迟和卡顿现象。为了提高交换机之间的级联带宽，公司要求网络管理员将两台交换机之间的两条千兆链路汇聚，从而提高公司网络的传输质量。

本项目的网络拓扑图如图 20-1 所示。

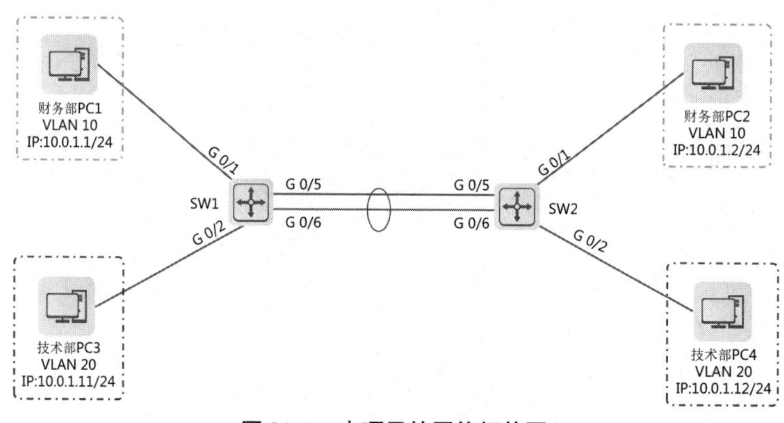

图 20-1　本项目的网络拓扑图

本项目的具体要求如下。

（1）交换机 SW1 和 SW2 通过 G 0/1、G 0/2 端口互联，使用链路聚合提高交换机之间的级联带宽。

（2）计算机、交换机的 IP 地址和接口信息可以参考本项目的网络拓扑图。

相关知识

20.1　链路聚合概述

在企业网三层设计方案的拓扑结构中，接入层交换机的端口的占用率通常是最高的，因为接入层交换机需要为大量的终端设备提供网络连接，并且将大部分往返于这些终端的流量转发给汇聚层交换机。这意味着接入层交换机和汇聚层交换机之间的链路需要承载更大的流量。因此，接入层交换机与汇聚层交换机之间的链路应该具有更高的带宽。

在汇聚层或核心层，如果希望扩展设备之间的链路带宽，则需要面临类似的问题。如果采用高速率端口，就会提高设备成本，并且扩展性差：使用多条平行链路连接两台路由器，虽然不会因为受到 STP 的影响而导致只有一条链路可用，但网络管理员必须在每条链路上为两端的端口分别分配 1 个 IP 地址，示例如图 20-2 所示。这样势必会增加 IP 地址资源的耗费，提高网络的复杂性。

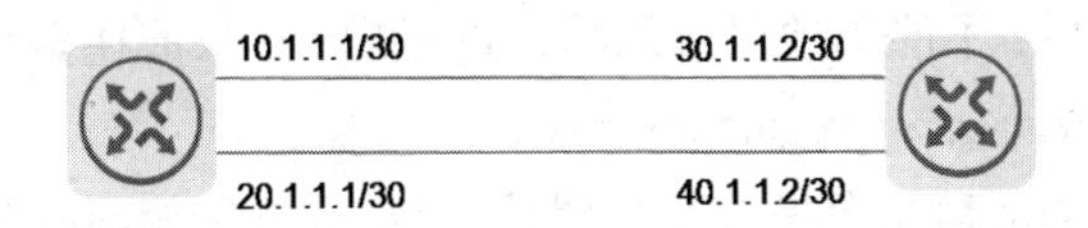

图 20-2 使用多条平行链路连接两台路由器示例

根据上述描述，我们可以得出结论：无论在接入层、汇聚层，还是在核心层，链路聚合技术都可以将多条以太网链路聚合为一条逻辑以太网链路。因此，在采用通过多条以太网链路连接两台设备的链路聚合设计方案时，所有链路的带宽都可以转发两台设备之间的流量，如果使用三层链路连接两台设备，那么采用这种方案可以节省 IP 地址。

20.2 链路聚合的基本概念

1. 聚合组

聚合组是一组以太网端口的集合。聚合组是随着聚合端口（Aggregate Port，AP）的创建自动生成的，其编号与聚合端口的编号相同。

根据加入聚合组的以太网端口的类型，可以将聚合组分为以下两类。

- 二层聚合组：随着二层聚合端口的创建自动生成，只包含二层以太网端口。
- 三层聚合组：随着三层聚合端口的创建自动生成，只包含三层以太网端口。

2. 聚合组中成员端口的状态

聚合组中成员端口的状态主要有以下 3 种。

- 端口的链路处于 down 状态，端口不可以转发任何数据报文，显示为 down 状态。
- 端口的链路处于 up 状态，在经过 LACP（Link Aggregation Control Protocol，链路聚合控制协议）协商后，端口状态被设置为聚合状态（该端口会作为一个聚合组成员参与聚合组的数据报文转发），显示为 bndl 状态。
- 端口的链路处于 Up 状态，但是因为对端没有启用 LACP，或者因为端口属性和主端口不一致等因素，导致经过链路聚合的端口被置于挂起状态（处于挂起状态的端口不参与数据报文转发），显示为 susp 状态。

3. 使用端口聚合的注意事项

- 加入聚合端口的成员端口的属性必须保持一致，包括接口速率、双工、介质类型（光口或电口）等，一个聚合端口不能同时绑定光口和电口，也不能同时绑定千兆端口与万兆端口。
- 二层端口只能加入二层聚合端口，三层端口只能加入三层聚合端口。如果聚合端口已经关联了成员端口，并且这些端口被配置为二层端口或三层端口，那么该聚合端口的二层属性或三层属性不再允许被更改。
- 在将端口聚合后，不能单独对成员端口进行配置，只能在聚合端口上配置所需的功能（命令为 interface aggregateport x/x）。
- 两个互联设备的端口聚合模式必须保持一致，并且在相同的时间只能选择一种模式（静态聚合模式或动态聚合模式）。

20.3 链路聚合模式

建立链路聚合的方式有两种，分别为手动配置方式和动态协商方式，在锐捷的端口聚合组中，前者称为静态聚合模式，后者称为动态聚合模式。

1. 静态聚合模式

为聚合端口配置静态聚合模式就像配置静态路由，以及在本地设置端口速率一样，都是一种将功能设置本地化、静态化的操作方式。说得具体一些，就是网络管理员在一台设备上，根据自己的需求，将连接同一台交换机的多个端口都添加到这个聚合端口中，然后在对端交换机上执行对应的操作。因此，对于采用静态聚合模式的聚合端口，设备之间无须交互信息，只需按照网络管理员的操作进行链路聚合，然后采用负载均衡的方式，通过聚合的链路发送数据。

如果采用静态聚合模式的聚合端口中有一条链路发生了故障，那么双方设备都可以检测到，并且不再使用那条故障链路，继续使用仍然正常的链路发送数据，如图 20-3 所示。尽管因为链路故障导致一部分带宽无法使用，但通信的效果仍然可以得到保障。

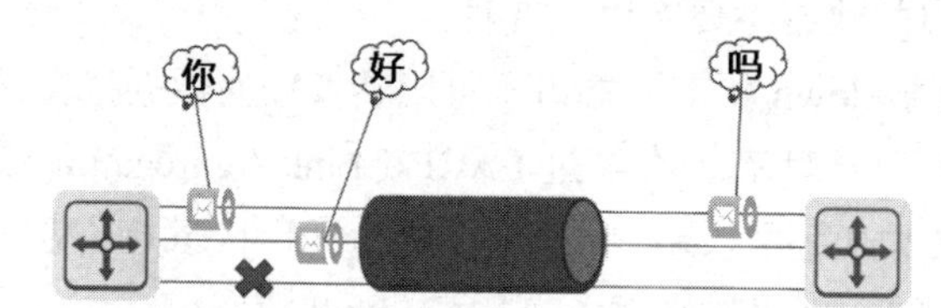

图 20-3　采用静态聚合模式的聚合端口使用正常的链路发送数据

2. 动态聚合模式

LACP 主要用于为建立链路聚合的设备提供协商和维护这条动态链路聚合的标准。网络管理员在为聚合端口配置动态聚合模式时，首先需要在两边的设备上创建聚合端口（逻辑端口），然后让该聚合端口采用动态聚合模式，最后将需要聚合的物理端口添加到该聚合端口中。

在聚合端口环境中，有时存在以下需求：对于聚合端口中的链路，有时希望两台设备只将其中的 M 条链路作为主用链路，用于实现流量负载均衡，在主用链路发生故障时，使用另外的 N 条链路进行替换。这种需求可以通过动态聚合模式提供的 $M:N$ 备份链路机制实现。下面介绍两台设备是如何协商建立并采用动态聚合模式的聚合端口的。

在网络管理员完成 LACP 配置后，两台设备会分别开始向对端发送 LACP 数据单元（简称 LACPDU），在双方交换的 LACPDU 中，包含一个称为系统优先级的参数。在完成 LACPDU 交换后，双方交换机会通过系统优先级判断由谁充当二者中的 LACP 主动端。如果双方的系统优先级相同，则会将 MAC 地址较小的交换机作为 LACP 主动端。

在确定 LACP 主动端后，双方会依次比较 LACP 主动端设备中各个端口的 LACP 优先级。端口优先级包含在各个端口发出的 LACPDU 中，其中，端口优先级最高（端口优先级的数值越小，表示优先级越高）的 N 个端口会与对端建立聚合端口的主用链路，其他端口会与对端建立聚合端口的备用链路，示例如图 20-4 所示。因为交换机 SW1 的系统优先级高于交换机 SW2 的系统优先级，所以将交换机 SW1 作为 LACP 主动端。因为网络管理员将主用链路的数量设置为两条，而交换机 SW1 的端口 1、3 的系统优先级最高，所以将聚合端口中的端口 1、3 连接的链路作为主用链路，将端口 2 连接的链路作为备用链路。虽然在交换机 SW2 上，端口 2 的系统优先级最高，但它无法成为主用链路，因为主用链路和备用链路的选举只由 LACP 主动端的交换机根据自身端口的系统优先级决定。

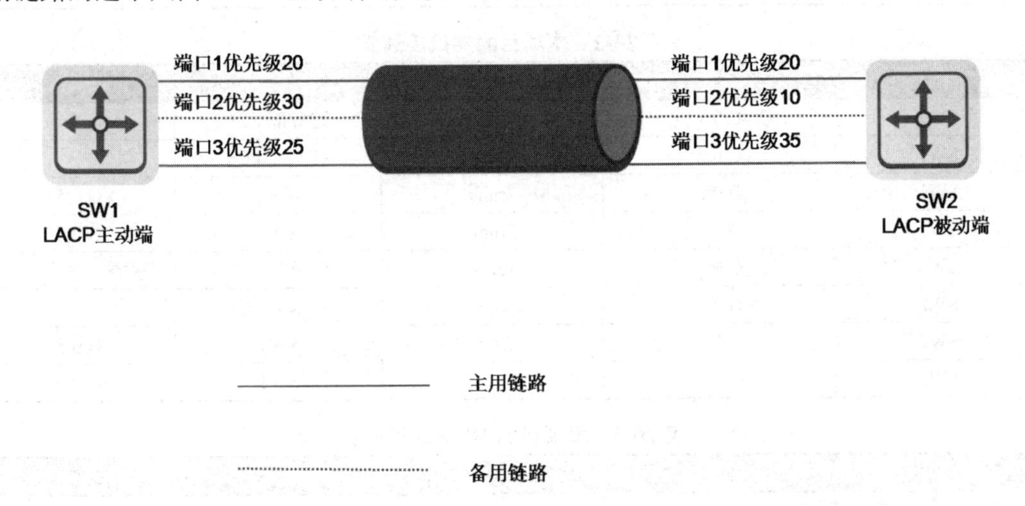

图 20-4　采用动态聚合模式的聚合端口的主用链路和备用链路示例

在图 20-4 中，如果交换机 SW1 的端口 1 或端口 3 无法通信，那么端口 2 连接的链路会被激活，并且开始承担流量负载，这就是动态聚合模式提供的 $M:N$ 备份链路机制。

如果在聚合端口的 LACP 主动端上有一个比主用链路端口优先级更高的端口被添加进来，或者故障端口恢复正常，那么这个端口连接的链路是否会作为主用链路被添加到聚合端口中，取决于聚合端口是否配置了抢占模式。顾名思义，如果网络管理员没有配置抢占模式，那么即使新加入或恢复的端口的优先级比当前主用链路所连端口的优先级更高，这些端口所在的链路也不会成为主用链路。

项目规划

两台交换机使用 G 0/1 端口和 G 0/2 端口进行互连，采用链路聚合的方式提高传输带宽和冗余能力。此外，因为公司中不同部门的 VLAN 之间存在跨交换机通信的情况，所以应该将该聚合链路配置为 Trunk 类型。

具体的配置步骤如下。

（1）创建 VLAN 并将端口划分到相应的 VLAN 中。

（2）配置交换机的聚合链路。

（3）配置各部门计算机的 IP 地址。

本项目的 VLAN 规划表如表 20-1 所示，端口规划表如表 20-2 所示，IP 地址规划表如表 20-3 所示。

表 20-1　本项目的 VLAN 规划表

VLAN ID	IP 地址段	用途
VLAN 10	10.0.1.1～10.0.1.10/24	财务部 IP
VLAN 20	10.0.1.11～10.0.1.20/24	技术部 IP

表 20-2　本项目的端口规划表

本端设备	本端端口	端口类型	对端设备	对端端口
SW1	G 0/1	Access	财务部 PC1	—
SW1	G 0/2	Access	技术部 PC3	—
SW1	G 0/5	Trunk	SW2	G 0/5
SW1	G 0/6	Trunk	SW2	G 0/6
SW2	G 0/1	Access	财务部 PC2	—
SW2	G 0/2	Access	技术部 PC4	—
SW2	G 0/5	Trunk	SW1	G 0/5
SW2	G 0/6	Trunk	SW1	G 0/6

表 20-3　本项目的 IP 地址规划表

设备	IP 地址
财务部 PC1	10.0.1.1/24
财务部 PC2	10.0.1.2/24
技术部 PC3	10.0.1.11/24
技术部 PC4	10.0.1.12/24

项目实施

任务 20-1　创建 VLAN 并将端口划分到相应的 VLAN 中

▶ 任务描述

根据本项目的 VLAN 规划表，在交换机上为各部门创建 VLAN，并且将端口划分到相应的 VLAN 中。

▶ 任务实施

（1）在交换机 SW1 上为各部门创建 VLAN，将端口划分到相应的 VLAN 中，配置命令如下。

```
Ruijie>enable                                           //进入特权模式
Ruijie#config                                           //进入全局模式
Ruijie(config)#hostname SW1                             //将交换机名称修改为 SW1
SW1(config)#vlan 10                                     //创建 VLAN 10
SW1(config-vlan)#exit
SW1(config)#vlan 20
SW1(config-vlan)#exit
SW1(config)#interface gigabitEthernet 0/1               //进入 G 0/1 端口
SW1(config-if-GigabitEthernet 0/1)#switchport access vlan 10
                                                        //将该端口划分到 VLAN 10 中
SW1(config)#interface gigabitEthernet 0/2
SW1(config-if-GigabitEthernet 0/2)#switchport access vlan 20
```

（2）在交换机 SW2 上为各部门创建 VLAN，并且将端口划分到相应的 VLAN 中，配置命令如下。

```
Ruijie>enable
Ruijie#config
Ruijie(config)#hostname SW2
SW2(config)#vlan 10
SW2(config-vlan)#exit
SW2(config)#vlan 20
SW2(config-vlan)#exit
SW2(config)#interface gigabitEthernet 0/1
SW2(config-if-GigabitEthernet 0/1)#switchport access vlan 10
SW2(config-if-GigabitEthernet 0/1)#exit
SW2(config)#interface gigabitEthernet 0/2
SW2(config-if-GigabitEthernet 0/2)#switchport access vlan 20
SW2(config-if-GigabitEthernet 0/2)#exit
```

▶ 任务验证

（1）在交换机 SW1 上执行命令“show vlan”，查看 VLAN 的配置信息，配置命令如下。

```
SW1(config)#show vlan
VLAN      Name                                Status   Ports
------- -------------------------- -------- -------------------------
1         VLAN0001                            STATIC   Gi0/0, Gi0/3, Gi0/4, Gi0/5
                                                       Gi0/6, Gi0/7, Gi0/8
10        VLAN0010                            STATIC   Gi0/1
20        VLAN0020                            STATIC   Gi0/2
```

可以看到，已经将交换机 SW1 中的端口划分到了相应的 VLAN 中。

（2）在交换机 SW2 上执行命令“show vlan”，查看 VLAN 的配置信息，配置命令如下。

```
SW2(config)#show vlan
VLAN      Name                                Status   Ports
------- -------------------------- -------- -------------------------
1         VLAN0001                            STATIC   Gi0/0, Gi0/3, Gi0/4, Gi0/5
                                                       Gi0/6, Gi0/7, Gi0/8
10        VLAN0010                            STATIC   Gi0/1
20        VLAN0020                            STATIC   Gi0/2
```

可以看到，已经将交换机 SW2 中的端口划分到了相应的 VLAN 中。

任务 20-2　配置交换机的聚合链路

▶ 任务描述

根据项目规划设计，在两台交换机上创建聚合链路，并且对其进行配置。

▶ 任务实施

（1）对交换机 SW1 进行配置，创建 AG1 聚合端口，该聚合端口默认采用手工负载分担模式，将交换机 SW1 的端口加入 AG1 聚合端口。

“*interface aggregateport <number>*”：全局模式命令，主要用于创建并进入 AG1 聚合端口，可以指定 AG1 聚合端口的编号，其取值范围取决于相应的设备类型，一般为 0～32。

“port-group *<number>*”：在接口视图下使用该命令，可以将当前接口加入聚合端口 *<number>*。

具体的配置命令如下。

```
SW1(config)#interface aggregateport 1              //创建并进入 AG1 聚合端口
SW1(config-if-AggregatePort 1)#exit
SW1(config)#interface GigabitEthernet 0/5
```

```
SW1(config-if-GigabitEthernet 0/5)#port-group 1
SW1(config-if-GigabitEthernet 0/5)#exit
SW1(config)#interface GigabitEthernet 0/6
SW1(config-if-GigabitEthernet 0/6)#port-group 1
SW1(config-if-GigabitEthernet 0/6)#exit
```

（2）在交换机 SW2 上创建 AG 1 聚合端口，该聚合端口默认采用手动负载分担模式，将交换机 SW2 的端口加入 AG1 聚合端口，配置命令如下。

```
SW2(config)#interface aggregateport 1
SW2(config-if-AggregatePort 1)#exit
SW2(config)#interface GigabitEthernet 0/5
SW2(config-if-GigabitEthernet 0/5)#port-group 1
SW2(config-if-GigabitEthernet 0/5)#exit
SW2(config)#interface GigabitEthernet 0/6
SW2(config-if-GigabitEthernet 0/6)#port-group 1
SW2(config-if-GigabitEthernet 0/6)#exit
```

（3）在交换机 SW1 上，将 AG 1 聚合端口配置为 Trunk 端口，允许 VLAN 10 和 VLAN 20 通过该端口，配置命令如下。

```
SW1(config)#interface aggregateport 1
SW1(config-if-AggregatePort 1)#switchport mode trunk  //将端口类型转换为 Trunk
SW1(config-if-AggregatePort 1)#switchport trunk allowed vlan only 10,20
                    // 允许 VLAN 10 和 VLAN 20 通过该端口
```

（4）在交换机 SW2 上，将 AG 1 聚合端口配置为 Trunk 端口，允许 VLAN 10 和 VLAN 20 通过该端口，配置命令如下。

```
SW2(config)#interface aggregateport 1
SW2(config-if-AggregatePort 1)#switchport mode trunk
SW2(config-if-AggregatePort 1)#switchport trunk allowed vlan only 10,20
```

▶ 任务验证

（1）在交换机 SW1 上执行命令“show aggregateport 1 summary”，查看 AG1 聚合端口的状态，配置命令如下。

```
SW1(config)#show aggregateport 1 summary
AggregatePort MaxPorts SwitchPort Mode   Ports
------------- -------- ---------- ------ ----------------------------------
Ag1           16       Enabled    TRUNK  Gi0/5,Gi0/6
```

可以看到，G 0/1 端口和 G 0/2 端口已经被加入了 AG1 聚合端口。AG1 聚合端口的总带宽是 G 0/1 端口和 G 0/2 端口的带宽之和。

（2）在交换机 SW2 上执行命令“show aggregateport 1 summary”，查看 AG1 聚合端

口的状态，配置命令如下。

```
SW2(config)#show aggregateport 1 summary
AggregatePort MaxPorts SwitchPort Mode   Ports
------------- -------- ---------- ------ ------------------------------
Ag1           16       Enabled    TRUNK  Gi0/5,Gi0/6
```

可以看到，G 0/1 端口和 G 0/2 端口已经被加入了 AG1 聚合端口。

任务 20-3　配置各部门计算机的 IP 地址

▶ 任务描述

根据本项目的 IP 地址规划表，为各部门的计算机配置 IP 地址。

▶ 任务实施

财务部 PC1 的 IP 地址配置如图 20-5 所示，同理，完成其他计算机的 IP 地址配置。

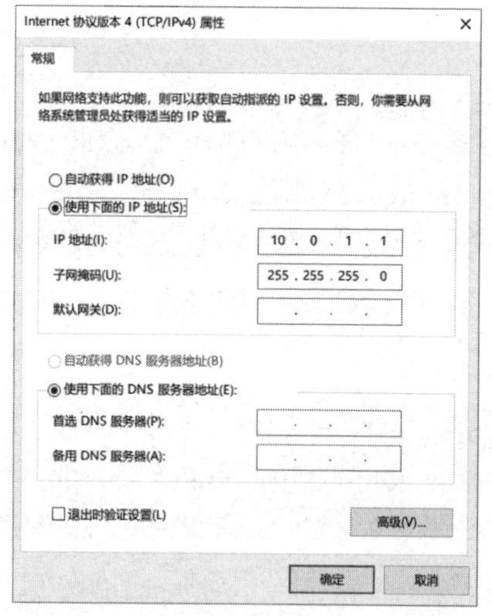

图 20-5　财务部 PC1 的 IP 地址配置

▶ 任务验证

（1）在财务部 PC1 上执行命令“ipconfig”，查看其 IP 地址的配置信息，配置命令如下。

```
C:\Users\Administrator>ipconfig      //显示本机 IP 地址的配置信息

本地连接：

   连接特定的 DNS 后缀 ...............:
   IPv4 地址 .......................: 10.0.1.1(首选)
```

```
子网掩码 . . . . . . . . . . . . . . . . . . . . . . . : 255.255.255.0
默认网关 . . . . . . . . . . . . . . . . . . . . . . . :
```

可以看到，已经为财务部 PC1 正确配置了 IP 地址。

（2）在其他计算机上执行命令“ipconfig”，查看其 IP 地址的配置信息，确认是否已经为其正确配置了 IP 地址。

扫一扫 看微课

项目验证

（1）使用 Ping 命令，测试各部门内部的通信情况，配置命令如下。

使用财务部 PC1 Ping 财务部 PC2，并且在 Ping 的过程中断开任意一条交换机互联链路，通信都不会中断，命令运行过程如下。

```
C:\Users\Administrator>ping 10.0.1.2 -t

正在 Ping 10.0.1.2 具有 32 字节的数据:
来自 10.0.1.2 的回复: 字节=32 时间=1ms TTL=64
来自 10.0.1.2 的回复: 字节=32 时间=5ms TTL=64
来自 10.0.1.2 的回复: 字节=32 时间=1ms TTL=64
来自 10.0.1.2 的回复: 字节=32 时间=1ms TTL=64
来自 10.0.1.2 的回复: 字节=32 时间=1ms TTL=64
来自 10.0.1.2 的回复: 字节=32 时间=5ms TTL=64
来自 10.0.1.2 的回复: 字节=32 时间=1ms TTL=64
来自 10.0.1.2 的回复: 字节=32 时间=1ms TTL=64

10.0.1.2 的 Ping 统计信息:
    数据包: 已发送 = 8，已接收 = 8，丢失 = 0 (0% 丢失)，
往返行程的估计时间(以毫秒为单位):
    最短 = 1ms，最长 = 5ms，平均 = 2ms
```

可以看到，财务部 PC1 在中断任意一条交换机互联链路后，仍然可以和财务部 PC2 进行通信。

（2）使用 Ping 命令，测试不同部门之间的通信情况。

使用财务部 PC1 Ping 技术部 PC4，配置命令如下。

```
C:\Users\Administrator>ping 10.0.1.12

正在 Ping 10.0.1.12 具有 32 字节的数据:
来自 10.0.1.1 的回复: 无法访问目标主机。
来自 10.0.1.1 的回复: 无法访问目标主机。
来自 10.0.1.1 的回复: 无法访问目标主机。
来自 10.0.1.1 的回复: 无法访问目标主机。
```

```
10.0.1.12 的 Ping 统计信息:
    数据包: 已发送 = 4, 已接收 = 4, 丢失 = 0 (0% 丢失),
```

可以看到，财务部 PC1 不可以 Ping 通技术部 PC4，说明链路聚合保持交换机之间跨 VLAN 通信的特性（隔离性）。

项目拓展

一、理论题

1. 当两台以太网交换机之间使用链路聚合技术进行互联时，在以下条件中，各个成员端口不需要满足的是（　　）。

A．两端相连的物理端口数量一致　　B．两端相连的物理端口速率一致

C．两端相连的物理端口号一致　　D．两端相连的物理端口的双工模式一致

2. 关于动态聚合模式的链路聚合，以下说法正确的是（　　）。

A．在动态聚合模式下，最多只能有 4 个活动端口

B．在动态聚合模式下，不能设置活动端口的数量

C．在动态聚合模式下，所有活动接口都参与数据的转发，分担负载流量

D．在动态聚合模式下，链路两端的设备可以互相发送 LACP 报文

3. 为了保证同一条数据流在同一条物理链路上进行转发，聚合端口采用的负载分担方式为（　　）。

A．基于流的负载分担　　B．基于包的负载分担

C．基于应用层信息的负载分担　　D．基于数据包入端口的负载分担

4.（多选）以太网链路聚合技术的优点包括（　　）。

A．实现负载分担　　B．增加带宽

C．提高可靠性　　D．提高安全性

二、项目实训题

1. 实训项目描述

Jan16 公司使用两台二层网管交换机组建了公司的局域网，在公司运营一段时间后，两台交换机之间的用户通信经常出现延迟和卡顿现象。为了提高交换机之间的级联带宽，公司要求网络管理员将两台交换机之间的三条千兆链路汇聚，并且将其中一条链路设置为备份链路，从而提高公司网络的传输质量。

本实训项目的网络拓扑图如图 20-6 所示。

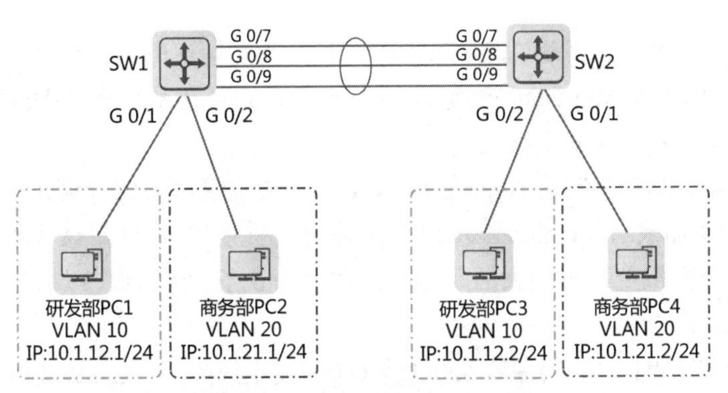

图 20-6　本实训项目的网络拓扑图

2．实训项目规划

根据本实训项目的相关描述和网络拓扑图，完成本实训项目的各个规划表。

（1）完成本实训项目的 VLAN 规划表，如表 20-4 所示。

表 20-4　本实训项目的 VLAN 规划表

VLAN ID	VLAN 命名	IP 地址段	用途

（2）完成本实训项目的端口规划表，如表 20-5 所示。

表 20-5　本实训项目的端口规划表

本端设备	本端端口	端口类型	对端设备	对端端口

（3）完成本实训项目的 IP 地址规划表，如表 20-6 所示。

表 20-6　本实训项目的 IP 地址规划表

设备	IP 地址

3．实训项目要求

（1）根据本实训项目的 VLAN 规划表，在交换机 SW1、SW2 上为各部门创建 VLAN，并且将端口划分到相应的 VLAN 中。

（2）在交换机 SW1 上创建 Aggregate Port 12，指定端口的聚合模式为 LACP，将物理端口 G 0/7～G 0/9 加入 Aggregate Port 12 进行聚合，并且在系统视图中修改系统优先级，将交换机 SW1 设置为 LACP 主动端。

（3）在交换机 SW2 上创建 Aggregate Port 12，指定端口的聚合模式为 LACP，将物理端口 G 0/7～G 0/9 加入 Aggregate Port 12 进行聚合。交换机 SW2 默认为被动端。

（4）在各台交换机上配置最大活跃链路的数量为 2 条，将 G 0/13 端口设置为 Aggregate Port 12 的备份端口。

（5）当交换机 SW1 的活动端口 G 0/7 或 G 0/8 发生故障后，G 0/9 端口会立刻成为活动端口，如果故障端口恢复正常，那么 G 0/9 端口会在延时 10s 后进入备份状态。

（6）根据本实训项目的 IP 地址规划表，为各台计算机配置 IP 地址。

（7）根据以上要求完成配置，执行以下验证命令，并且截图保存相关结果。

步骤 1：在交换机 SW1、SW2 上执行命令“show vlan”，查看 VLAN 的配置信息。

步骤 2：在交换机 SW1、SW2 上执行命令“show aggregateport 1 summary”，查看 Aggregate Port 12 的状态。

步骤 3：在交换机 SW1 上将 G 0/11 端口或 G 0/12 端口断开后，再次执行命令“show aggregateport 1 summary”，查看主用链路和备用链路的状态。

步骤 4：在研发部、商务部的计算机上使用 Ping 命令检测各台计算机之间的通信情况。

扩展项目篇

项目 21　自动配置部门计算机的 IP 地址

项目描述

Jan16 公司的资料部、财务部和技术部新招聘了一批员工，需要为他们配置网络连接。这是一个烦琐的任务，需要花费大量的时间和精力。DHCP（Dynamic Host Configuration Protocol，动态主机配置协议）服务器可以为网络中的设备自动分配 IP 地址。网络管理员小蔡决定部署一个 DHCP 服务器，用于减轻自己的工作负担。因此，小蔡需要了解 DHCP 服务器的基础配置。

本项目的网络拓扑图如图 21-1 所示。

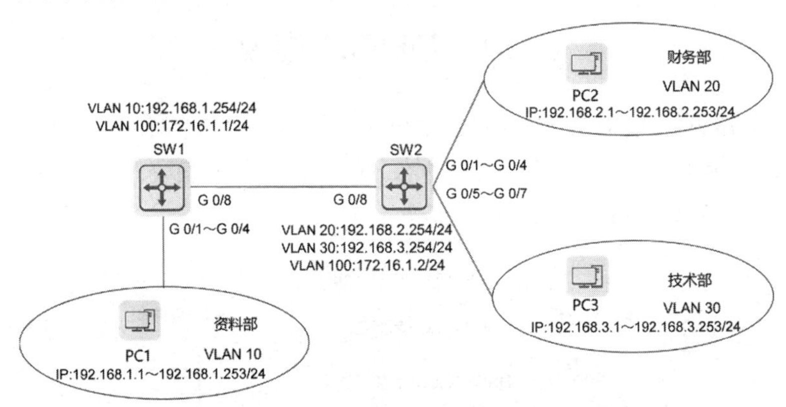

图 21-1　本项目的网络拓扑图

本项目的具体要求如下。

（1）在交换机 SW1 上开启 DHCP 服务，配置 DHCP 地址池（DHCP 分配的 IP 地址池）。

（2）在交换机 SW2 上开启 DHCP 中继服务。

相关知识

21.1　DHCP 原理

DHCP 通常应用于大型的局域网环境中，定义在 RFC2131 中，主要用于集中地管理、分配 IP 地址，使网络环境中的主机动态获得 IP 地址、子网掩码、网关地址、DNS 服务器地址等信息，并且提高这些信息的使用率，如图 21-2 所示。

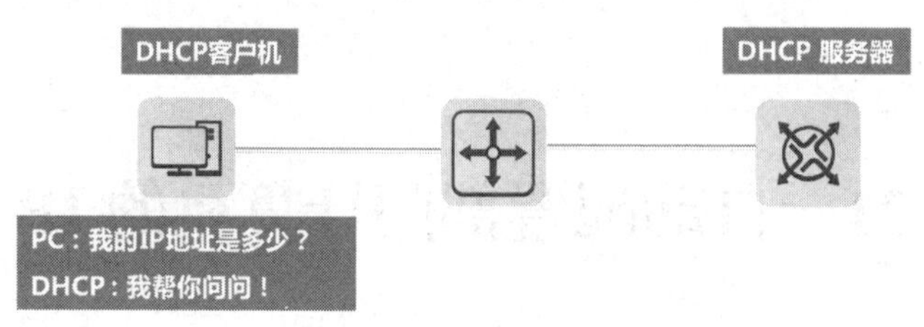

图 21-2　DHCP 原理

DHCP 客户机是指用户使用的、需要接入网络的终端设备，包括手机、计算机、打印机等。

DHCP 服务器可以为 DHCP 客户机分配网络参数、管理地址池。DHCP 通常应用于局域网（LAN）环境中，如家庭、办公室和校园网络。DHCP 服务器负责管理 IP 地址池，当 DHCP 客户机（如计算机、手机等设备）连接网络时，DHCP 服务器会自动为其分配一个 IP 地址。此外，DHCP 服务器还可以提供其他网络配置信息，如子网掩码、网关地址和 DNS 服务器地址等。

21.2　DHCP 报文

DHCP 服务器可以为需要动态配置的主机提供网络配置信息（如 IP 地址、网关地址、DNS 服务器地址等）。DHCP 被广泛用于动态分配可重用的网络资源，如 IP 地址。

DHCP 报文的发送流程如图 21-3 所示。

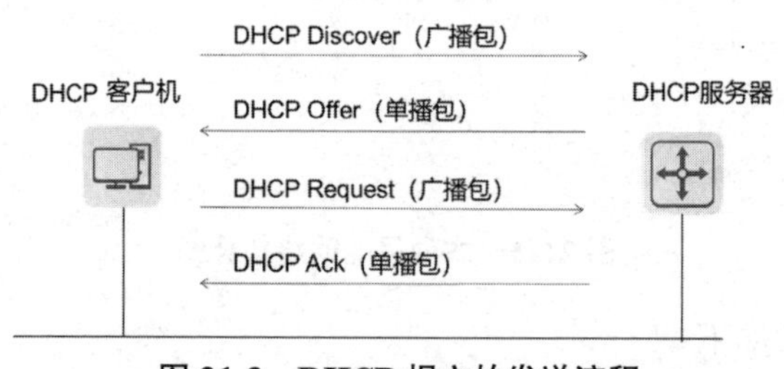

图 21-3　DHCP 报文的发送流程

（1）DHCP 客户机向 DHCP 服务器发送 DHCP Discover 报文。

（2）DHCP 服务器在收到 DHCP Discover 报文后，会根据指定的策略为 DHCP 客户机分配资源（如 IP 地址），并且向 DHCP 客户机发送 DHCP Offer 报文。

（3）DHCP 客户机在收到 DHCP Offer 报文后，会验证资源是否可用，如果资源可用，则会向 DHCP 服务器发送 DHCP Request 报文；如果资源不可用，则会重新向 DHCP 服务器发送 DHCP Discover 报文。

（4）DHCP 服务器在收到 DHCP Request 报文后，会验证 IP 地址资源（或其他有限资源）是否可以分配，如果可以分配，则会向 DHCP 客户机发送 DHCP Ack 报文；如果不可以分配，则会向 DHCP 客户机发送 DHCP Nak 报文。

（5）DHCP 客户机在收到 DHCP Ack 报文后，会开始使用 DHCP 服务器分配的资源；在收到 DHCP Nak 报文后，需要重新发送 DHCP Discover 报文。

DHCP 的报文类型及其用途如表 21-1 所示。

表 21-1　DHCP 的报文类型及其用途

报文类型	用途
DHCP Discover	DHCP 客户机寻找 DHCP 服务器，请求分配 IP 地址等网络配置信息
DHCP Offer	DHCP 服务器回应 DHCP 客户机的请求，为其提供可被租用的网络配置信息
DHCP Request	DHCP 客户机选择租用网络中某台 DHCP 服务器分配的网络配置信息
DHCP Ack	DHCP 服务机对 DHCP 客户端的租用选择进行确认
DHCP Decline	DHCP 客户机在发现地址被使用时，通知 DHCP 服务器
DHCP Release	DHCP 客户机在释放地址时，通知 DHCP 服务器
DHCP Inform	DHCP 客户机已有 IP 地址，请求更详细的网络配置信息
DHCP Nak	DHCP 服务器告诉 DHCP 客户机，IP 地址请求不正确或租期已过期

21.3　DHCP 中继

DHCP 中继通常应用于大型网络中，用户的网关设备众多，分布零散，需要通过 DHCP 动态获取 IP 地址，并且为每台设备终端分配 IP 地址。网络管理员不想为每台网关设备（通常是三层交换机或路由器）都配置 DHCP 服务，他希望在网络中心的服务器区部署一台专门的 DHCP 服务器，用于统一分配与维护 IP 地址。此时，需要在针对用户网关的各台三层交换机上配置 DHCP 中继服务，实现设备终端与 DHCP 服务器之间的 DHCP 报文的代理交互。

DHCP 请求报文的目标 IP 地址为 255.255.255.255，这种报文的转发局限于子网内。为了实现跨网段的动态 IP 地址分配，DHCP 中继就产生了。DHCP 中继可以将接收到的 DHCP 请求报文以单播方式转发给 DHCP 服务器端，并且将收到的 DHCP 响应报文转发给 DHCP 客户端。DHCP 中继相当于一个转发站，负责沟通位于不同网段的 DHCP 客户端和 DHCP 服务器端，即转发 DHCP 客户端的请求报文、转发 DHCP 服务器端的应答报文。这样，只要安装一个 DHCP 服务器，就可以实现对多个网段的动态 IP 地址管理，即实现“DHCP 客户端—DHCP 中继代理—DHCP 服务器端”模式的动态 IP 地址管理。DHCP 中继代理的报文转发过程如图 21-4 所示。

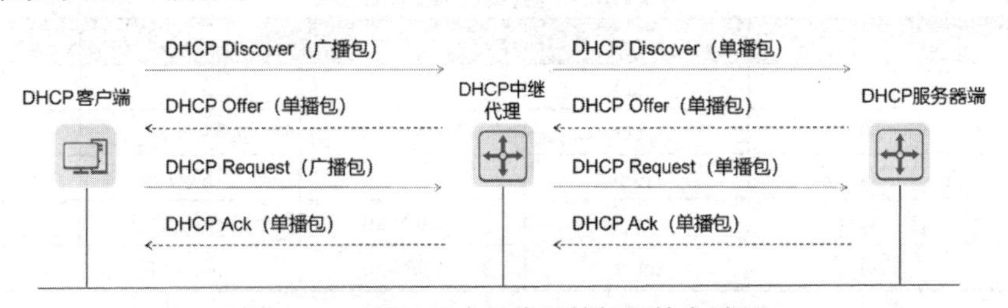

图 21-4　DHCP 中继代理的报文转发过程

DHCP 中继代理的数据转发与常见的路由转发是不同的。与 DHCP 中继代理的数据转发相比，常见的路由转发是透明传输的，设备一般不会修改 IP 数据包中的内容。而 DHCP 中继代理在接收到 DHCP 报文后，会修改源 IP 地址、目标 IP 地址、源 MAC 地址、目标 MAC 地址，生成一个新的 DHCP 报文，然后将其转发出去。

项目规划

本项目首先需要为每个 VLAN 都分配一个 IP 地址段，以便在该 VLAN 内的主机可以通过 DHCP 获取正确的 IP 地址和其他网络配置信息。然后，需要在交换机 SW1 上配置 DHCP 地址池，在 DHCP 地址池内配置各个网段的 IP 地址分配范围、网关地址及 DNS 地址等信息。因为资料部的计算机与交换机 SW1 直接连接，所以可以直接获取 DHCP 地址池分配的 IP 地址和其他网络信息。最后，需要配置交换机 SW2 的 DHCP 中继服务，将 DHCP 请求中继到交换机 SW1 上的 DHCP 服务器，以便财务部和技术部的计算机获取 DHCP 地址池分配的 IP 地址和其他网络信息。

具体的配置步骤如下。

（1）创建 VLAN 并将端口划分到相应的 VLAN 中，实现各部门网络的划分。

（2）配置交换机 SW1 和 SW2 的 VLAN 的网关地址，将其作为各部门的网关地址。

（3）配置交换机 SW1 的 DHCP 服务，使资料部的计算机可以自动获取 IP 地址。

（4）配置交换机 SW2 的 DHCP 中继服务，使财务部和技术部的计算机可以自动获取 IP 地址。

本项目的 VLAN 规划表如表 21-2 所示，端口规划表如表 21-3 所示，IP 地址规划表如表 21-4 所示，DHCP 规划如表 21-5 所示。

表 21-2　本项目的 VLAN 规划表

VLAN ID	IP 地址段	命名	用途
VLAN 10	192.168.1.0/24	Data	资料部
VLAN 20	192.168.2.0/24	Financial	财务部
VLAN 30	192.168.3.0/24	Technology	技术部
VLAN 100	172.16.1.0/24	Management	管理部

表 21-3　本项目的端口规划表

本端设备	本端端口	端口类型	所属 VLAN	对端设备	对端端口
SW1	G 0/8	Trunk	—	SW2	G 0/8
SW1	G 0/1	Access	VLAN 10	资料部 PC1	—
SW2	G 0/8	Trunk	—	SW1	G 0/8
SW2	G 0/1	Access	VLAN 20	财务部 PC2	—
SW2	G 0/5	Access	VLAN 30	技术部 PC3	—

表 21-4　本项目的 IP 地址规划表

设备	端口	IP 地址
PC1	—	DHCP 地址池分配的 IP 地址
PC2	—	DHCP 地址池分配的 IP 地址
PC3	—	DHCP 地址池分配的 IP 地址
SW1	VLAN 10	192.168.1.254/24
SW1	VLAN 100	172.16.1.1/24
SW2	VLAN 20	192.168.2.254/24
SW2	VLAN 30	192.168.3.254/24
SW2	VLAN 100	172.16.1.2/24

表 21-5　本项目的 DHCP 规划表

地址池名称	分配网段	默认网关	DNS 服务器	租约时间	排除地址
Data	192.168.1.0/24	192.168.1.254	114.114.114.114; 8.8.8.8	3 天	192.168.1.200～ 192.168.1.254
Financial	192.168.2.0/24	192.168.2.254	114.114.114.114; 8.8.8.8	3 天	192.168.2.200～ 192.168.2.254
Technology	192.168.3.0/24	192.168.3.254	114.114.114.114; 8.8.8.8	3 天	192.168.3.200～ 192.168.3.254

扫一扫 看微课

任务 21-1　创建 VLAN 并将端口划分到相应的 VLAN 中

▶ 任务描述

根据本项目的 VLAN 规划表，首先在交换机上为各部门创建相应的 VLAN 并配置 VLAN 的名称，然后转换连接计算机的端口类型，最后将端口划分到相应的 VLAN 中。

▶ 任务实施

（1）在交换机 SW1 上创建 VLAN 并配置 VLAN 的名称，配置命令如下。

```
Ruijie>enable                       //进入特权模式
Ruijie#configure                    //进入全局模式
Ruijie(config)#hostname SW1         //将交换机名称修改为 SW1
SW1(config)#vlan 10                 //创建 VLAN 10
SW1(config-vlan)#name Data          //配置 VLAN 10 的名称为 Data
SW1(config-vlan)#exit
SW1(config)#vlan 100
```

```
SW1(config-vlan)#name  Management
SW1(config-vlan)#exit
```

（2）在交换机 SW2 上创建 VLAN 并配置 VLAN 的名称，配置命令如下。

```
Switch>enable
Switch#configure
Enter configuration commands, one per line.  End with CNTL/Z.
Switch(config)#hostname SW2
SW2(config)#vlan 20
SW2(config-vlan)#name Financial
SW2(config-vlan)#exit
SW2(config)#vlan 30
SW2(config-vlan)#name Technology
SW2(config-vlan)#exit
SW2(config)#vlan 100
SW2(config-vlan)#name  Management
SW2(config-vlan)#exit
```

（3）在交换机 SW1 上对各部门计算机使用的端口进行类型转换，并且将端口划分到相应的 VLAN 中，配置命令如下。

```
SW1(config)#interface range gigabitEthernet 0/1-4  //批量进入G 0/1～G 0/4端口
SW1(config-if-range)#switchport mode access    //将端口类型转换为Access
SW1(config-if-range)#switchport access vlan 10   //配置端口的默认VALN为VLAN 10
SW1(config-if-range)#exit
SW1(config)#interface gigabitethernet 0/8
SW1(config-if-GigabitEthernet 0/8)#switchport mode trunk
                                            //将端口类型转换为Trunk
SW1(config-if-GigabitEthernet 0/8)#switchport trunk allowed vlan only 100
                                            //配置Trunk端口仅允许VLAN列表中的VLAN 100通过
SW1(config-if-GigabitEthernet 0/8)#exit
```

（4）在交换机 SW2 上对各部门计算机使用的端口进行类型转换，并且将端口划分到相应的 VLAN 中，配置命令如下。

```
SW2(config)#interface gigabitEthernet 0/8
SW2(config-if-GigabitEthernet 0/8)#switchport mode trunk
SW2(config-if-GigabitEthernet 0/8)#switchport trunk allowed vlan only 100
SW2(config-if-GigabitEthernet 0/8)#exit
SW2(config)#interface range gigabitEthernet 0/1-4
SW2(config-if-range)#switchport mode access
SW2(config-if-range)#switchport access vlan 20
SW2(config-if-range)#exit
SW2(config)#interface range gigabitEthernet 0/5-7
```

```
SW2(config-if-range)#switchport mode access
SW2(config-if-range)#switchport access vlan 30
SW2(config-if-range)#exit
```

▶ 任务验证

（1）在交换机 SW1 上执行命令“show vlan”，检查 VLAN 的配置信息，配置命令如下。

```
SW1(config-if-GigabitEthernet 0/8)#show vlan
VLAN       Name                             Status   Ports
------- ---------------------------- -------- -------------------------
1         VLAN0001                         STATIC  Gi0/0, Gi0/5, Gi0/6, Gi0/7
10        Data                             STATIC  Gi0/1, Gi0/2, Gi0/3, Gi0/4
                                                   Gi0/8
100        Management                      STATIC  Gi0/8
```

可以看到，VLAN 10 和 VLAN 100 已经创建。

（2）在交换机 SW2 上执行命令“show vlan”，检查 VLAN 的配置信息，配置命令如下。

```
SW2(config-if-range)#show vlan
VLAN       Name                             Status   Ports
------- ---------------------------- -------- -------------------------
1         VLAN0001                         STATIC  Gi0/0
20        Financial                        STATIC  Gi0/1, Gi0/2, Gi0/3, Gi0/4
                                                   Gi0/8
30        Technology                       STATIC  Gi0/5, Gi0/6, Gi0/7, Gi0/8
100       Management                       STATIC     Gi0/8
```

可以看到，VLAN 20、VLAN 30 和 VLAN 100 已经创建。

（3）在交换机 SW1 上执行命令“show interfaces switchport”，检查端口的配置信息，配置命令如下。

```
SW1(config-if-GigabitEthernet 0/8)#show interfaces switchport
Interface             Switchport Mode   Access  Native  Protected  VLAN lists
-------------------- ---------- ------    -----  ------   ---------- ------
GigabitEthernet 0/0  enabled    ACCESS   1      1        Disabled   ALL
GigabitEthernet 0/1  enabled    ACCESS   10     1        Disabled   ALL
GigabitEthernet 0/2  enabled    ACCESS   10     1        Disabled   ALL
GigabitEthernet 0/3  enabled    ACCESS   10     1        Disabled   ALL
GigabitEthernet 0/4  enabled    ACCESS   10     1        Disabled   ALL
GigabitEthernet 0/5  enabled    ACCESS   1      1        Disabled   ALL
GigabitEthernet 0/6  enabled    ACCESS   1      1        Disabled   ALL
GigabitEthernet 0/7  enabled    ACCESS   1      1        Disabled   ALL
GigabitEthernet 0/8  enabled    TRUNK    1      1        Disabled   100
```

可以看到，G 0/1～G 0/4 端口的类型为 Access，将其划分到 VLAN 10 中；G 0/8 端口

的类型为 Trunk，该端口仅允许 VLAN 列表中的 VLAN 100 通过。

（4）在交换机 SW2 上执行命令“show interfaces switchport”，检查端口的配置信息，配置命令如下。

```
SW2(config-if-range)#show interfaces switchport
Interface           Switchport Mode    Access Native Protected VLAN lists
------------------- --------- ------  ----- ------ ---------- ------
GigabitEthernet 0/0  enabled   ACCESS   1     1      Disabled   ALL
GigabitEthernet 0/1  enabled   ACCESS   20    1      Disabled   ALL
GigabitEthernet 0/2  enabled   ACCESS   20    1      Disabled   ALL
GigabitEthernet 0/3  enabled   ACCESS   20    1      Disabled   ALL
GigabitEthernet 0/4  enabled   ACCESS   20    1      Disabled   ALL
GigabitEthernet 0/5  enabled   ACCESS   30    1      Disabled   ALL
GigabitEthernet 0/6  enabled   ACCESS   30    1      Disabled   ALL
GigabitEthernet 0/7  enabled   ACCESS   30    1      Disabled   ALL
GigabitEthernet 0/8  enabled   TRUNK    1     1      Disabled   100
```

可以看到，G 0/1～G 0/4 端口的类型为 Access，将其划分到 VLAN 20 中；G 0/5～G 0/7 端口的类型为 Access，将其划分到 VLAN 30 中；G 0/8 端口的类型为 Trunk，该端口仅允许 VLAN 列表中的 VLAN 100 通过。

任务 21-2　配置交换机 SW1 和 SW2 的 VLAN 的网关地址

▶ 任务描述

扫一扫 看微课

根据本项目的 IP 地址规划表，在交换机上创建逻辑 VLAN 接口并为其配置 IP 地址。

▶ 任务实施

（1）在交换机 SW1 上配置 VLAN 接口的 IP 地址，并且将其作为各部门的网关地址，配置命令如下。

```
SW1(config)#interface vlan 10                              //进入 VLAN 10 接口
SW1(config-if-VLAN 10)#ip address 192.168.1.254 24
                    //配置 VLAN 10 的 IP 地址为 192.168.1.254、子网掩码为 24 位
SW1(config-if-VLAN 10)#exit
SW1(config)#interface vlan 100
SW1(config-if-VLAN 100)#ip address 172.16.1.1 24
```

（2）在交换机 SW2 上配置 VLAN 接口的 IP 地址，并且将其作为各部门的网关地址。配置命令如下。

```
SW2(config)#interface vlan 20
```

```
SW2(config-if-VLAN 20)#ip address 192.168.2.254 24
SW2(config-if-VLAN 20)#exit
SW2(config)#interface vlan 30
SW2(config-if-VLAN 30)#ip address 192.168.3.254 24
SW2(config-if-VLAN 30)#exit
SW2(config)#interface vlan 100
SW2(config-if-VLAN 100)#ip address 172.16.1.2 24
```

▶ **任务验证**

（1）在交换机 SW1 上执行“show ip interface brief ”命令，查看其 VLAN 接口的 IP 地址配置信息，配置命令如下。

```
SW1(config-if-VLAN 100)#show ip interface brief
Interface       IP-Address(Pri)      IP-Address(Sec)       Status        Protocol
VLAN 10         192.168.1.254/24     no address            down          down
VLAN 100        172.16.1.1/24        no address            down          down
```

可以看到，已经为 VLAN 10 和 VLAN 100 正确配置了 IP 地址。

（2）在交换机 SW2 上执行“show ip interface brief ”命令，查看其 VLAN 接口的 IP 地址配置信息，配置命令如下。

```
SW2(config-if-VLAN 100)#show ip interface brief
Interface       IP-Address(Pri)      IP-Address(Sec)       Status        Protocol
VLAN 20         192.168.2.254/24     no address            down          down
VLAN 30         192.168.3.254/24     no address            down          down
VLAN 100        172.16.1.2/24        no address            down          down
```

可以看到，已经为 VLAN 20、VLAN 30 和 VLAN 100 正确配置了 IP 地址。

任务 21-3　配置交换机 SW1 的 DHCP 服务

▶ **任务描述**

扫一扫 看微课

在三层核心交换机上开启 DHCP 服务，并且为各部门配置 DHCP 地址池。

▶ **任务实施**

（1）命令“ip dhcp pool *poolname*”主要用于创建 DHCP 地址池，并且进入 IP 地址池配置模式。在 IP 地址配置模式下，使用命令“network *ip_address netmask*”可以配置全局地址池下可分配的 IP 网段，使用命令“default-router *gateway*”可以配置 DHCP 分配的网关信息，使用命令“lease *day hour minute*”可以配置租约的时间。

在三层核心交换机 SW1 上开启 DHCP 服务，为资料部配置 DHCP 地址池，配置命令如下。

```
SW1(config)#service dhcp                //开启 DHCP 服务
SW1(config)#ip dhcp pool Data           //设置 DHCP 地址池的名称为 Data
SW1(dhcp-config)#network 192.168.1.0 255.255.255.0
          //配置 DHCP 地址池分配的 IP 地址为 192.168.1.0、子网掩码为 255.255.255.0
SW1(dhcp-config)#default-router 192.168.1.254
          //配置 DHCP 地址池分配的网关地址为 192.168.1.254
SW1(dhcp-config)#dns-server 114.114.114.114 8.8.8.8
          //配置 DHCP 地址池分配的 DNS 服务器地址为 114.144.144.114 和 8.8.8.8
SW1(dhcp-config)#lease 3 0 0            //配置 DHCP 地址池分配的地址有效期为 3 天
SW1(dhcp-config)#exit
SW1(config)#ip dhcp excluded-address 192.168.1.200 192.168.1.254  //地址池
```

（2）在三层核心交换机 SW1 上开启 DHCP 服务，为财务部配置 DHCP 地址池，配置命令如下。

```
SW1(config)#ip dhcp pool Financial
SW1(dhcp-config)#network 192.168.2.0 255.255.255.0
SW1(dhcp-config)#default-router 192.168.2.254
SW1(dhcp-config)#dns-server 114.114.114.114 8.8.8.8
SW1(dhcp-config)#lease 3 0 0
SW1(dhcp-config)#exit
SW1(config)#ip dhcp excluded-address 192.168.2.200 192.168.2.254
```

（3）在三层核心交换机 SW1 上开启 DHCP 服务，为技术部配置 DHCP 地址池，配置命令如下。

```
SW1(config)#ip dhcp pool Technology
SW1(dhcp-config)#network 192.168.3.0 255.255.255.0
SW1(dhcp-config)#default-router 192.168.3.254
SW1(dhcp-config)#dns-server 114.114.114.114 8.8.8.8
SW1(dhcp-config)#lease 3 0 0
SW1(dhcp-config)#exit
SW1(config)#ip dhcp excluded-address 192.168.3.200 192.168.3.254
```

▶ 任务验证

扫一扫 看微课

在 PC1 上执行命令“ipconfig /all”，查看当前计算机的所有网络配置，确认获取的 DHCP 地址池分配的 IP 地址是否正确，配置命令如下。

```
C:\Users\Administrator>ipconfig /all
以太网适配器 Ethernet0:

   连接特定的 DNS 后缀 . . . . . . . . . . :
   描述 . . . . . . . . . . . . . . . . . . . . . : Intel(R) 82574L Gigabit Network Connection
   物理地址 . . . . . . . . . . . . . . . . . . : 00-0C-29-F2-56-36
```

```
DHCP 已启用 ..................: 是
自动配置已启用................: 是
本地链接 IPv6 地址............: fe80::9c41:cf8:88ed:4d05%12(首选)
IPv4 地址 ....................: 192.168.1.1(首选)
子网掩码......................: 255.255.255.0
获得租约的时间................: 2024 年 1 月 2 日 11:34:59
租约过期的时间................: 2024 年 1 月 5 日 11:34:59
默认网关......................: 192.168.1.254
DHCP 服务器 ..................: 192.168.1.254
DHCPv6 IAID ..................: 100666409
DHCPv6 客户端 DUID ...........: 00-01-00-01-2D-03-81-17-00-0C-29-F2-56-36
DNS 服务器 ...................: 114.114.114.114
                                8.8.8.8
TCPIP 上的 NetBIOS ...........: 已启用
```

可以看到，PC1 获取到了 IP 地址，并且 DHCP 服务器的 IP 地址为 192.168.1.254。

任务 21-4　配置交换机 SW2 的 DHCP 中继服务

▶ 任务描述

扫一扫 看微课

在 DHCP 服务器和 DHCP 中继服务器上均需要开启 DHCP 服务，否则终端无法获取 IP 地址；在 DHCP 服务器上需要配置指向 DHCP 中继服务器的默认路由。

▶ 任务实施

（1）在交换机 SW1 上配置去往交换机 SW2 的 VLAN 20、VLAN 30 网段的路由，配置命令如下。

```
SW1(config)#ip route 192.168.2.0 255.255.255.0 172.16.1.2
                                        //配置静态路由，指定下一跳的 IP 地址为 172.16.1.2
SW1(config)#ip route 192.168.3.0 255.255.255.0 172.16.1.2
```

（2）在交换机 SW2 上配置默认路由，配置命令如下。

```
SW2(config)#ip route 0.0.0.0 0.0.0.0 172.16.1.1
                                        //配置默认路由，指定下一跳的 IP 地址为 172.16.1.1
```

（3）在交换机 SW2 上开启 DHCP 服务，配置 DHCP 中继服务，配置命令如下。

```
SW2(config)#service dhcp
SW2(config)#interface vlan 20
SW2(config-if-VLAN 20)#ip helper-address 172.16.1.1
                                        //配置 DHCP 中继的 DHCP 服务器地址
```

```
SW2(config-if-VLAN 20)#exit
SW2(config)#interface vlan 30
SW2(config-if-VLAN 30)#ip helper-address 172.16.1.1
```

▶ 任务验证

（1）在 PC2 上执行命令“ipconfig /all”，查看当前计算机的所有网络配置，确认获取的 DHCP 地址池分配的 IP 地址是否正确，配置命令如下。

```
C:\Users\Administrator>ipconfig /all
Windows IP 配置

   主机名 ........................ : WIN-K96QURVGGEA
   主 DNS 后缀.................. :
   节点类型...................... : 混合
   IP 路由已启用 ................ : 否
   WINS 代理已启用 .............. : 否

以太网适配器 Ethernet0:

   连接特定的 DNS 后缀 ........... :
   描述......................... : Intel(R) 82574L Gigabit Network Connection
   物理地址..................... : 00-0C-29-D2-7E-EA
   DHCP 已启用 ................. : 是
   自动配置已启用................ : 是
   本地链接 IPv6 地址............ : fe80::687c:ee80:969a:9ce1%12(首选)
   IPv4 地址 ................... : 192.168.2.1(首选)
   子网掩码..................... : 255.255.255.0
   获得租约的时间................ : 2024 年 1 月 2 日 11:35:12
   租约过期的时间................ : 2024 年 1 月 5 日 11:35:12
   默认网关..................... : 192.168.2.254
   DHCP 服务器 ................. : 172.16.1.1
   DHCPv6 IAID ................ : 100666409
   DHCPv6 客户端 DUID........... : 00-01-00-01-2D-03-81-1A-00-0C-29-D2-7E-EA
   DNS 服务器 .................. : 114.114.114.114
                                   8.8.8.8
   TCPIP 上的 NetBIOS .......... : 已启用
```

可以看到，PC2 获取到了 IP 地址，并且 DHCP 服务器的 IP 地址为 172.16.1.1。

（2）在 PC3 上执行命令“ipconfig /all”，查看当前计算机的所有网络配置，确认获取的 DHCP 地址池分配的 IP 地址是否正确，配置命令如下。

```
C:\Users\Administrator>ipconfig /all
```

```
Windows IP 配置

   主机名 ......................: WIN-K96QURVGGEA
   主 DNS 后缀..................:
   节点类型.....................: 混合
   IP 路由已启用 ...............: 否
   WINS 代理已启用 .............: 否

以太网适配器 Ethernet0:

   连接特定的 DNS 后缀 ..........:
   描述 ........................: Intel(R) 82574L Gigabit Network Connection
   物理地址.....................: 00-0C-29-89-AD-B3
   DHCP 已启用 .................: 是
   自动配置已启用...............: 是
   本地链接 IPv6 地址...........: fe80::ac73:7209:5eab:f02f%12(首选)
   IPv4 地址 ...................: 192.168.3.1(首选)
   子网掩码.....................: 255.255.255.0
   获得租约的时间...............: 2024 年 1 月 2 日 11:35:25
   租约过期的时间...............: 2024 年 1 月 5 日 11:35:25
   默认网关.....................: 192.168.3.254
   DHCP 服务器 .................: 172.16.1.1
   DHCPv6 IAID .................: 100666409
   DHCPv6 客户端 DUID...........: 00-01-00-01-2D-03-7F-1F-00-0C-29-89-AD-B3
   DNS 服务器 ..................: 114.114.114.114
                                  8.8.8.8
   TCPIP 上的 NetBIOS ..........: 已启用
```

可以看到，PC3 获取到了 IP 地址，并且 DHCP 服务器的 IP 地址为 172.16.1.1。

项目验证

在交换机 SW1 上执行命令“show ip dhcp binding”，查看 DHCP binding 表项，配置命令如下。

```
SW1(config)#show ip dhcp binding

Total number of clients   : 3
Expired clients          : 0
Running clients          : 3

IP address    Hardware address    Lease expiration              Type
```

```
192.168.1.1   000c.29f2.5636     002 days 23 hours 59 mins   Automatic
192.168.3.1   000c.2989.adb3     002 days 23 hours 59 mins   Automatic
192.168.2.1   000c.29d2.7eea     002 days 23 hours 59 mins   Automatic
```

可以看到，PC1、PC2、PC3 都获取了符合预期的 IP 地址。计算机获取的 IP 地址是自动获取的。

项目拓展

一、理论题

1. 如果在本地网络中使用 DHCP 服务器自动分配的 IP 地址，那么下列网络 ID 中最好的选择是（　　）。

A．24.x.x.x　　B．172.16.x.x

C．194.150.x.x　　D．206.100.x.x

2. 当 DHCP 服务器不在当前 IP 网段中时，自动获取 IP 地址的方法是（　　）。

A．使用 DHCP 中继代理　　B．使用 WINS 代理

C．无法解决　　D．去掉路由器

3. 在大型网络中部署 DHCP 服务器后，每个子网都会设置一台设备作为 DHCP（　　）。

A．代理服务器　　B．中继代理

C．路由器　　D．服务器

4. BOOTP 和 DHCP 都使用（　　）端口监听和接收客户请求信息。

A．UDP 67　　B．TCP/IP

C．UDP 21　　D．UDP

5. DHCP 客户端可以从 DHCP 服务器中获得（　　）。

A．DHCP 服务器的地址和 Web 服务器的地址

B．DNS 服务器的地址和 DHCP 服务器的地址

C．客户端的地址和邮件服务器的地址

D．默认网关的地址和邮件服务器的地址

二、项目实训题

1．实训项目描述

Jan16 公司网络中的部门和计算机数量众多，为计算机手动配置 IP 地址的工作量非常大且容易出错。因此，可以部署一个 DHCP 服务器，为各部门分配 IP 地址。

本实训项目的网络拓扑图如图 21-5 所示。

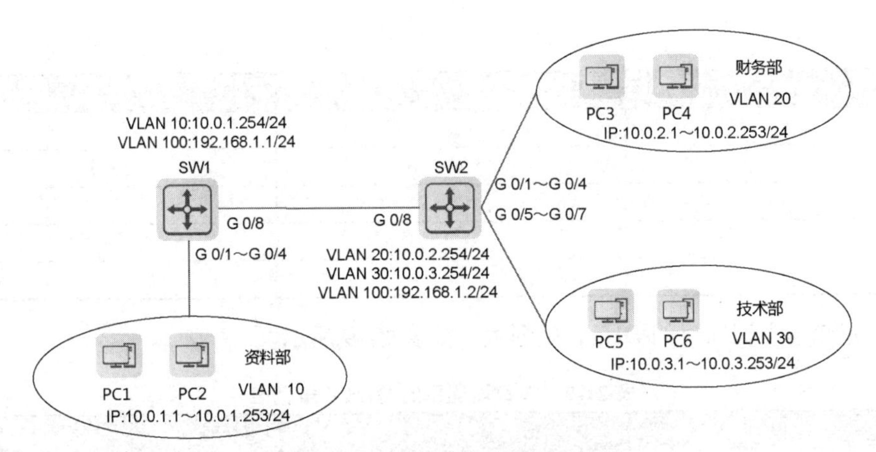

图 21-5　本实训项目的网络拓扑图

2．实训项目规划

根据本实训项目的相关描述和网络拓扑图，完成本实训项目的各个规划表。

（1）完成本实训项目的 VLAN 规划表，如表 21-6 所示。

表 21-6　本实训项目的 VLAN 规划表

VLAN ID	IP 地址段	命名	用途

（2）完成本实训项目的端口规划表，如表 21-7 所示。

表 21-7　本实训项目的端口规划表

本端设备	本端端口	端口类型	所属 VLAN	对端设备	对端端口

（3）完成本实训项目的 IP 地址规划表，如表 21-8 所示。

表 21-8　本实训项目的 IP 地址规划表

设备	端口	IP 地址

续表

设备	端口	IP 地址

（4）完成本实训项目的 DHCP 规划表，如表 21-9 所示。

表 21-9　本实训项目的 DHCP 规划表

地址池名称	分配网段	默认网关	DNS 服务器	租约时间	排除地址

3．实训项目要求

（1）根据本实训项目的 VLAN 规划表，在交换机 SW1、SW2 上创建 VLAN，并且将端口划分到相应的 VLAN 中。

（2）根据本实训项目的 IP 地址规划表，在交换机 SW1、SW2 上创建逻辑 VLAN 接口并为其配置 IP 地址信息。

（3）配置交换机 SW1 的 DHCP 服务，为资料部、财务部、技术部配置 DHCP 地址池，设置网关地址为 114.114.114.114，设置 DNS 服务器地址为 8.8.8.8。

（4）配置交换机 SW2 的 DHCP 中继服务。

（5）根据以上要求完成配置，执行以下验证命令，并且截图保存相关结果。

步骤 1：在交换机 SW1、SW2 上执行命令“show vlan”，检查 VLAN 的配置信息。

步骤 2：在交换机 SW1、SW2 上执行命令“show interfaces switchport”，检查端口的配置信息。

步骤 3：在交换机 SW1、SW2 上执行命令“show ip interface brief ”，查看其接口的 IP 地址配置信息。

步骤 4：在各台计算机上执行命令“ipconfig /all”，查看其获取的所有网络配置，确认获取的 DHCP 地址池分配的 IP 地址是否正确。

步骤 5：在交换机 SW1 上执行命令“show ip dhcp binding”，查看 DHCP binding 表项。

项目 22　基于 802.11 的公司无线局域网搭建

项目描述

Jan16 公司深圳分公司已经通过二层交换机和出口路由器建立了内部有线网络，部门之间采用 VLAN 进行隔离。目前，公司中的大部分员工开始使用笔记本式计算机，来访客户也有接入无线网络的需求。因此，公司会在已有的有线网络中部署无线网络，以便接入移动设备。此外，为了保障网络的安全，需要配置相应的无线网络安全策略。

本项目的网络拓扑图如图 22-1 所示。

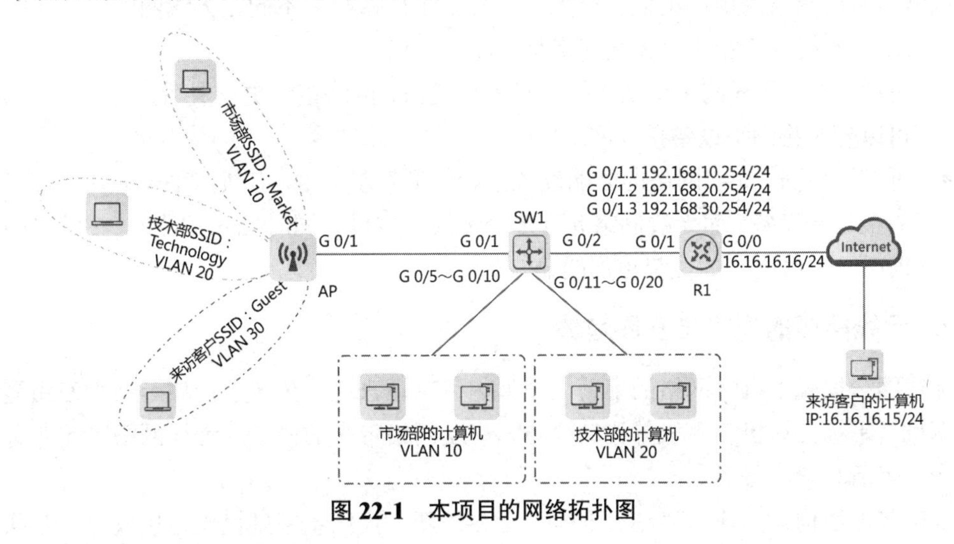

图 22-1　本项目的网络拓扑图

本项目的具体要求如下。

（1）公司使用一台路由器 R1 连接交换机 SW1，并且通过路由器 R1 的单臂路由功能实现各部门与来访客户的网络通信。

（2）为路由器 R1 配置 DHCP 服务，为各部门计算机及来访客户分配 IP 地址，市场部计算机使用 192.168.10.0/24 网段，技术部计算机使用 192.168.20.0/24 网段，来访客户计算机使用 192.168.30.0/24 网段。

（3）为无线 AP 配置 3 个无线网络，分别用于接入市场部计算机、技术部计算机及来访客户计算机，分别使用 Market、Technology、Guest 作为 SSID。

（4）配置无线网络的安全策略。市场部计算机和技术部计算机使用 WPA/WPA2 加密，用于保障内部数据的安全。

（5）计算机、路由器的 IP 地址和接口信息可以参考本项目的网络拓扑图。

无线通信技术以其可移动、使用方便等优点越来越受人们的欢迎。为了更好地掌握无线通信技术，我们需要先了解无线通信技术的基础知识。

22.1　无线网络的应用概况

1. 无线网络的概念

无线网络是采用无线通信技术实现的网络。无线网络既涉及允许用户建立远距离无线连接的全球语音和数据网络，又涉及对近距离无线连接进行优化的红外线技术及射频技术。无线网络与有线网络的用途类似，最大的不同在于传输媒介不同，无线网络使用无线信号取代网线。与有线网络相比，无线网络具有以下特点。

- 灵活性高。无线网络使用无线信号进行通信，网络接入更加灵活，在有信号的地方可以随时将网络设备接入网络。
- 可扩展性强。无线网络的终端设备接入数量限制更少。有线网络中的一个接口对应一个终端设备，而无线网络允许多个无线终端设备同时接入。因此，在升级网络规模时，无线网络的优势更加明显。

2. 无线网络的现状与发展趋势

无线网络摆脱了有线网络的束缚，使人们可以在家里、公园、商城等地点使用笔记本式计算机、平板计算机、手机等移动设备，享受网络带来的便捷。无线网络正改变着人们的工作、生活和学习习惯。

我国将加快构建高速、移动、安全、泛在的新一代信息基础设施，形成万物互联、人机交互、天地一体的网络空间。

3. 无线局域网的概念

无线局域网（Wireless Local Area Network，WLAN）是指以无线信道为传输媒介的计算机局域网。

计算机的无线联网方式是有线联网方式的一种补充，它是在有线联网方式的基础上发展起来的。采用无线联网方式的计算机具有可移动性，可以快速、方便地解决有线联网方式不易实现的网络接入问题。

IEEE 802.11 协议簇是由 IEEE 定义的无线网络通信的标准。无线局域网基于 IEEE 802.11 协议工作。

如果询问一般用户什么是 802.11 无线网络，那么他们可能会感到困惑，因为大部分人习惯将这项技术称为 Wi-Fi。Wi-Fi 是一个市场术语，世界各地的人们使用 Wi-Fi 作为 801.11 无线网络的代名词。

22.2　无线协议标准

IEEE 802.11 目前是无线局域网的通用标准，它包含多个子协议标准，下面介绍常见的子协议标准。

1. IEEE 802.11a

IEEE 802.11a 为 IEEE 无线网络标准，可以指定最高 54Mbit/s 的数据传输速率和 5GHz 的工作频段。IEEE 802.11a 的传输技术为多载波调制技术。IEEE 802.11a 是已经在办公室、家庭、宾馆、机场等场合得到广泛应用的 IEEE 802.11b 无线联网标准的后续标准，它工作在 5GHz 频段，物理层的数据传输速率可以达到 54Mbit/s，传输层的数据传输速率可以达到 25Mbit/s，可以提供 25Mbit/s 的无线 ATM 接口和 10Mbit/s 的以太网无线帧结构接口，支持语音、数据、图像业务，每个扇区都可以接入多个用户，每个用户都可以带多个用户终端设备。

当 AP 工作在 5GHz 频段时，中国 WLAN 工作的频率范围是 5.15～5.35GHz、5.725～5.850GHz。

2. IEEE 802.11b

IEEE 802.11b 的运作模式基本分为两种：点对点模式（Ad-Hoc Mode）和基本模式（Infrastructure Mode）。点对点模式是指站点（如无线网卡）和站点之间的通信方式，它采用扩展的直接序列扩频（Direct Sequence Spread Spectrum，DSSS）技术，使用标准的补码键控（Complementary Code Keying，CCK）调制，工作频率为 2.4GHz，支持 13 个信道，其中有 3 个不重叠信道（1、6、11），可以提供 1Mbit/s、2 Mbit/s、5.5 Mbit/s 和 11Mbit/s 的数据传输速率。

3. IEEE 802.11g

近年来，IEEE 802.11 工作组开始定义新的物理层标准 IEEE 802.11g。与以前的 IEEE 802.11 协议标准相比，IEEE 802.11g 草案在 2.4GHz 频段使用正交频分复用（OFDM）技术，可以使数据传输速率提高到 20Mbit/s 以上。

4. IEEE 802.11n

IEEE 802.11n 是在 IEEE 802.11g 和 IEEE 802.11a 的基础上发展起来的一项技术，其数据传输速率在理论上最高可以达到 600Mbit/s。IEEE 802.11n 可以工作在 2.4GHz 频段和 5GHz 频段，可以向下兼容 IEEE 802.11a、IEEE 802.11b、IEEE 802.11g。

5. IEEE 802.11ac

IEEE 802.11ac 是 IEEE 802.11n 的继承者，它采用并扩展了源自 IEEE 802.11n 的空中接口（Air Interface），包括更宽的 RF 带宽（提升至 160MHz）、更多的 MIMO 空间流（增加到 8 条）、多用户的 MIMO、更高阶的调制（达到 256QAM）。

6. IEEE 802.11ax

IEEE 802.11ax 又称为高效无线网络（High-Efficiency Wireless，HEW），它可以通过一系列系统特性和多种机制增加系统容量，通过提高覆盖一致性和减少空中接口拥塞改善 Wi-Fi 的工作方式，使用户获得最佳体验。在用户密集的环境中，IEEE 802 11ax 可以为更多的用户提供一致和可靠的数据吞吐量，从而将用户的平均吞吐量提高至少 4 倍。也就是说，基于 IEEE 802.11ax 的 Wi-Fi 具有前所未有的高容量和高效率。

IEEE 802.11ax 标准在物理层有多项大幅度变更，但它依旧可以向下兼容 IEEE 802.11a、IEEE 802.11b、IEEE 802.11g、IEEE 802.11n、IEEE 802.11ac。因此，IEEE 802.11ax STA 可以与原有的 STA 进行数据传输，原有的客户端也能解调和译码 IEEE 802.11ax 封包表头（虽然不是整个 IEEE 802.11ax 封包），并且在 IEEE 802.11ax STA 传输期间进行轮询。

IEEE 802.11 协议的兼容性、频率和理论最高数据传输速率如表 22-1 所示。

表 22-1　IEEE 802.11 协议的兼容性、频率和理论最高数据传输速率

协议	兼容性	频率	理论最高数据传输速率
IEEE 802.11a	—	5GHz	54Mbit/s
IEEE 802.11b	—	2.4GHz	11Mbit/s
IEEE 802.11g	兼容 IEEE 802.11b	2.4GHz	54Mbit/s
IEEE 802.11n	兼容 IEEE 802.11a/b/g	2.4GHz 或 5GHz	600Mbit/s
IEEE 802.11ac	兼容 IEEE 802.11a/n	5GHz	6.9Gbit/s
IEEE 802.11ax	兼容 IEEE 802.11a/b/g/n/ac	2.4GHz 或 5GHz	9.6Gbit/s

22.3　无线射频与 AP 天线

1. 2.4GHz 和 5GHz 无线射频、频段与信道

1）2.4GHz 频段

当 AP 工作在 2.4GHz 频段时，AP 工作的频率范围是 2.4～2.4835GHz，在该频率范围内可以划分 13 个信道，每个信道的中心频率都相隔 5MHz，每个信道可供占用的带宽都为 22MHz，如图 22-2 所示。其中，Channel 1 的中心频率为 2.412GHz，Channel 6 的中心频率为 2.437GHz，Channel 11 的中心频率为 2.462GHz，3 个信道在理论上是互不干扰的。

2）5GHz 频段

当 AP 工作在 5GHz 频段时，中国 WLAN 工作的频率范围是 5.15～5.35GHz、5.725～5.850GHz，在该频率范围内可以划分 13 个信道，每个信道的中心频率都相隔 20MHz，如图 22-3 所示。

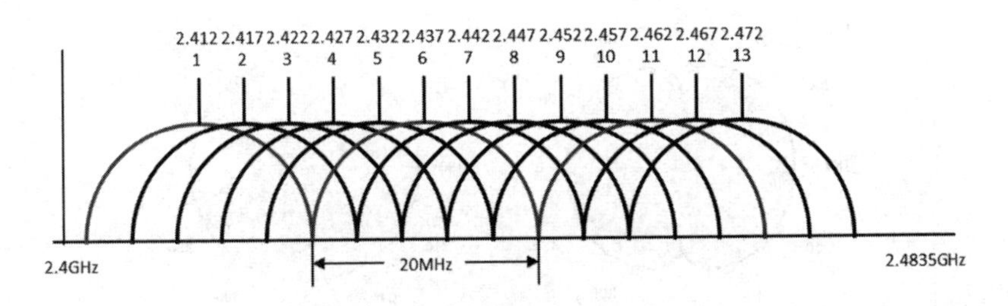

图 22-2　2.4GHz 频段的各信道频率范围

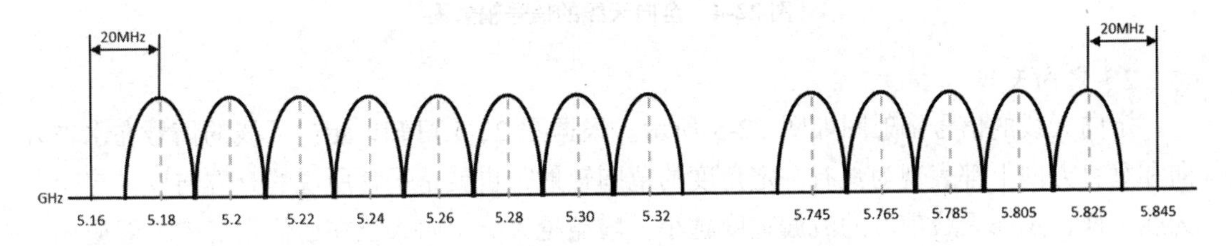

图 22-3　5GHz 频段的各信道频率范围

在 5GHz 频段，信道编号 n=（信道中心频率−5GHz）×1000÷5（信道中心频率的单位为 GHz）。因此，5GHz 频段的 13 个信道编号分别为 36、40、44、48、52、56、60、64、149、153、157、161、165，如表 22-2 所示。

表 22-2　5GHz 频段的信道与频率表

信道编号	频率
36	5.18GHz
40	5.2GHz
44	5.22GHz
48	5.24GHz
52	5.26GHz
56	5.28GHz
60	5.3GHz
64	5.32GHz
149	5.745GHz
153	5.765GHz
157	5.785GHz
161	5.805GHz
165	5.825GHz

2. AP 天线的类型

1）全向天线

全向天线的信号辐射图如图 22-4 所示。根据图 22-4 可知，全向天线的信号在水平方向上表现为 360° 均匀辐射，也就是平常所说的无方向性；在垂直方向上表现为有一定宽度的波束。在一般情况下，全向天线信号的波瓣宽度越小，增益越大。全向天线在移动通信系统中一般应用于郊县大区制的站型中，覆盖范围大。

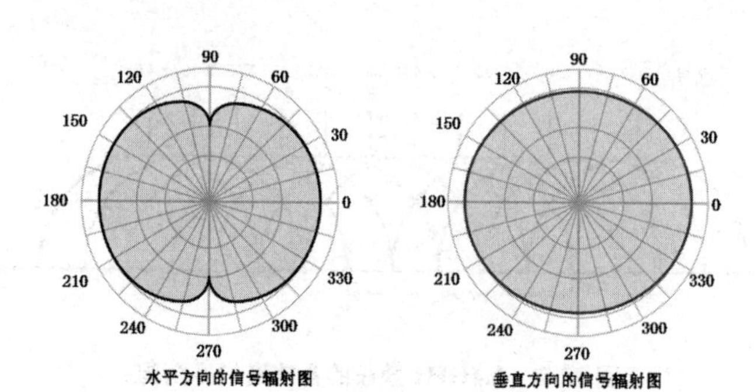

图 22-4　全向天线的信号辐射图

2）定向天线

定向天线的信号辐射图如图 22-5 所示。根据图 22-5 可知，定向天线的信号在水平方向和垂直方向上都表现为具有一定角度的范围辐射，也就是平常所说的有方向性。与全向天线一样，定向天线信号的波瓣宽度越小，增益越大。定向天线在通信系统中一般应用于通信距离远、覆盖范围小、目标密度大、频率利用率高的环境中。定向天线信号的主要辐射范围像一个倒立的不太完整的圆锥。

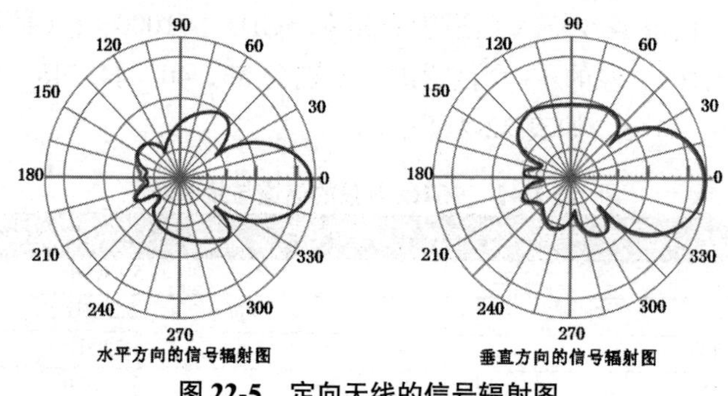

图 22-5　定向天线的信号辐射图

3）室内吸顶天线

室内吸顶天线通常采用美化造型，适合吊顶安装，其外观如图 22-6 所示。室内吸顶天线通常是全向天线，其功率较低。

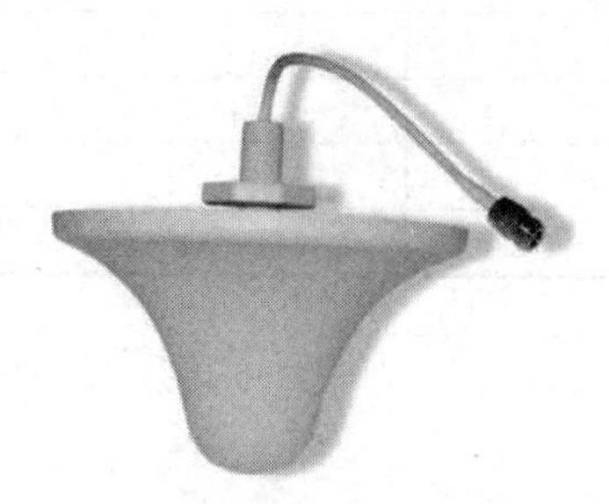

图 22-6　室内吸顶天线的外观

4）室外全向天线

2.4GHz 和 5GHz 室外全向天线的外观分别如图 22-7 和图 22-8 所示，参考参数分别如表 22-3 和表 22-4 所示。

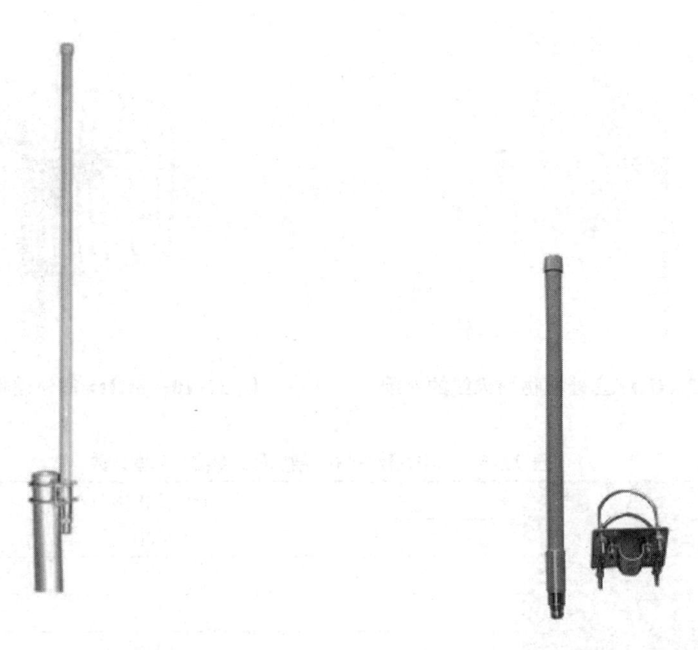

图 22-7　2.4GHz 室外全向天线的外观　　图 22-8　5GHz 室外全向天线的外观

表 22-3　2.4GHz 室外全向天线的参考参数

频率范围	2400～2483MHz
增益	12dB
垂直面波瓣宽度	7
驻波比	<1.5
极化方式	垂直
接头型号	N-K
支撑杆直径	40～50mm

表 22-4　5GHz 室外全向天线的参考参数

频率范围	5100～5850MHz
增益	12dB
垂直面波瓣宽度	7
驻波比	<2.0
极化方式	垂直
接头型号	N-K
支撑杆直径	40～50mm

5）抛物面天线

由抛物面反射器和位于其焦点处的照射器（馈源）组成的面状天线称为抛物面天线。抛物面天线的主要优势是它的强方向性，其功能类似于一个探照灯或手电筒反射器，可以将无线电波向一个特定的方向汇聚成狭窄的波束，或者从一个特定的方向接收无线电波。2.4GHz 和 5GHz 室外抛物面天线的外观分别如图 22-9 和图 22-10 所示，参考参数分别如表 22-5 和表 22-6 所示。

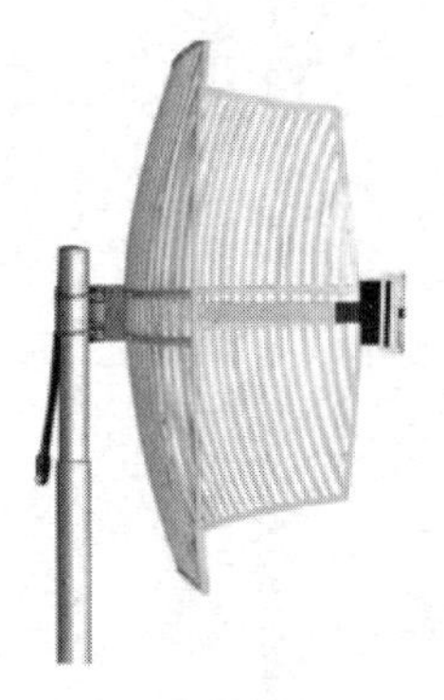

图 22-9　2.4GHz 室外抛物面天线的外观

图 22-10　5GHz 室外抛物面天线的外观

表 22-5　2.4GHz 室外抛物面天线的参考参数

频率范围	2400～2483MHz
增益	24dB
垂直面波瓣宽度	14
水平面波瓣宽度	10
前后比	31
驻波比	<1.5
极化方式	垂直
接头型号	N-K
支撑杆直径	40～50mm

表 22-6　5GHz 室外抛物面天线的参考参数

频率范围	5725～5850MHz
增益	24dB
垂直面波瓣宽度	12
水平面波瓣宽度	9
前后比	20
驻波比	<1.5
极化方式	垂直
接头型号	N-K
支撑杆直径	40～50mm

项目规划

公司的内部网络通过路由器 R1 连接互联网，并且为内网计算机提供 DHCP 服务。路由器通过单臂路由功能可以实现 VLAN 之间的通信，其中，VLAN 10 使用 192.168.10.0/24 网段，VLAN 20 使用 192.168.20.0/24 网段，VLAN 30 使用 192.168.30.0/24 网段，分别用于接入市场部的计算机、技术部的计算机及来访客户的计算机。将无线 AP 连接到 SW 的 G 0/1 接口上，并且将该接口配置为 Trunk 类型，以便转发多个 VLAN 的数据。

为无线 AP 配置 3 个无线网络，分别用于接入市场部的计算机、技术部的计算机和来访客户的计算机，分别使用 Market、Technology、Guest 作为 SSID。为了保证内部网络的安全，市场部和技术部的无线网络采用 WPA2+PSK+AES 加密方式，密码分别为 Jan16Market 和 Jan16Technology。

具体的配置步骤如下。

（1）创建 VLAN 并将端口划分到相应的 VLAN 中。

（2）路由器的单臂路由配置。

（3）路由器的 DHCP 配置。

（4）配置 AP 的无线网络。

本项目的 IP 地址规划表如表 22-7 所示，端口规划表如表 22-8 所示，VLAN 规划表如表 22-9 所示，SSID 规划表如表 22-10 所示。

表 22-7　本项目的 IP 地址规划表

设备	接口	IP 地址
R1	G 0/0	16.16.16.16/24
R1	G 0/1.1	192.168.10.254/24
R1	G 0/1.2	192.168.20.254/24
R1	G 0/1.3	192.168.30.254/24
Internet	—	16.16.16.15/24

表 22-8　本项目的端口规划表

本端设备	本端端口	对端设备	对端端口
R1	G 0/0	Internet	—
R1	G 0/1	SW1	G 0/2
SW1	G 0/1	AP	G 0/1
SW1	G 0/2	R1	G 0/1
SW1	G 0/5	市场部的计算机	—
SW1	G 0/11	技术部的计算机	—
市场部的计算机	—	SW1	G 0/5
技术部的计算机	—	SW1	G 0/11

表 22-9　本项目的 VLAN 规划表

VLAN ID	IP 地址段	用途
VLAN 10	192.168.10.1～192.168.10.253/24	市场部
VLAN 20	192.168.20.1～192.168.20.253/24	技术部
VLAN 30	192.168.30.1～192.168.30.253/24	来访客户

表 22-10　本项目的 SSID 规划表

SSID	加密方式	密码	WLANID	VLANID	用途
Market	WPA2+PSK+AES	Jan16Market	1	VLAN 10	市场部
Technology	WPA2+PSK+AES	Jan16Technology	2	VLAN 20	技术部
Guest	开放式	—	3	VLAN 30	来访客户

项目实施

任务 22-1 创建 VLAN 并将端口划分到相应的 VLAN 中

▶ 任务描述

根据本项目的 VLAN 规划表，在交换机 SW1 上为各部门创建 VLAN，并且将端口划分到相应的 VLAN 中。

▶ 任务实施

在交换机 SW1 上为各部门创建相应的 VLAN，并且将端口划分到相应的 VLAN 中，配置命令如下。

```
Ruijie>enable                                      //进入特权模式
Ruijie#config                                      //进入全局模式
Enter configuration commands, one per line.  End with CNTL/Z.
Ruijie(config)#hostname SW1                        //将交换机名称修改为 SW1
SW1(config)#vlan range 10,20,30            //批量创建 VLAN 10、VLAN 20、VLAN 30
SW1(config-vlan-range)#exit
SW1(config)#interface range gigabitEthernet 0/5-10  //批量进入 G 0/5~G 0/10 端口
SW1(config-if-range)#switchport mode access        //将端口类型转换为 Access
SW1(config-if-range)#switchport access vlan 10  //配置端口的默认 VALN 为 VLAN 10
SW1(config-if-range)#exit                          //退出
SW1(config)#interface range gigabitEthernet 0/11-20
SW1(config-if-range)#switchport mode access
SW1(config-if-range)#switchport access vlan 20
SW1(config-if-range)#interface GigabitEthernet 0/1
SW1(config-if-GigabitEthernet 0/1)# switchport mode trunk
                                           //将端口类型修改为 Trunk
SW1(config-if-GigabitEthernet 0/1)#switchport trunk allowed vlan only
10,20,30          //Trunk 允许在 VLAN 列表中添加 VLAN 10、VLAN 20 和 VLAN 30
SW1(config-if-GigabitEthernet 0/1)#exit
SW1(config)#interface GigabitEthernet 0/2
SW1(config-if-GigabitEthernet 0/2)# switchport mode trunk
SW1(config-if-GigabitEthernet 0/2)#switchport trunk allowed vlan only
10,20,30
SW1(config-if-GigabitEthernet 0/2)#exit
```

▶ 任务验证

在交换机 SW1 上执行命令“show vlan”，查看 VLAN 的配置信息，配置命令如下。

```
SW1(config)#show vlan
VLAN      Name                        Status   Ports
------- ------------------------ -------- ------------------------------
1         VLAN0001                    STATIC   Gi0/3, Gi0/4, Gi0/21, Gi0/22
                                               Gi0/23, Gi0/24, Te0/25, Te0/22
                                               Te0/27, Te0/28
10        VLAN0010                    STATIC   Gi0/1, Gi0/2, Gi0/5, Gi0/6
                                               Gi0/7, Gi0/8, Gi0/9, Gi0/10
20        VLAN0020                    STATIC   Gi0/1, Gi0/2, Gi0/11, Gi0/12
                                               Gi0/13, Gi0/14, Gi0/15, Gi0/16
                                               Gi0/17, Gi0/18, Gi0/19, Gi0/20
30        VLAN0030                    STATIC   Gi0/1, Gi0/2
SW1(config)#show interfaces switchport
Interface                 Switchport Mode  Access  Native  Protected VLAN lists
------------------- ---------- ------ --------- ------ ------ ---------
GigabitEthernet 0/1         enabled TRUNK    1    1    Disabled   10,20,30
GigabitEthernet 0/2         enabled TRUNK    1    1    Disabled   10,20,30
GigabitEthernet 0/3         enabled ACCESS   1    1    Disabled   ALL
GigabitEthernet 0/4         enabled ACCESS   1    1    Disabled   ALL
GigabitEthernet 0/5         enabled ACCESS   10   1    Disabled   ALL
GigabitEthernet 0/6         enabled ACCESS   10   1    Disabled   ALL
GigabitEthernet 0/7         enabled ACCESS   10   1    Disabled   ALL
GigabitEthernet 0/8         enabled ACCESS   10   1    Disabled   ALL
GigabitEthernet 0/9         enabled ACCESS   10   1    Disabled   ALL
GigabitEthernet 0/10        enabled ACCESS   10   1    Disabled   ALL
GigabitEthernet 0/11        enabled ACCESS   20   1    Disabled   ALL
GigabitEthernet 0/12        enabled ACCESS   20   1    Disabled   ALL
GigabitEthernet 0/13        enabled ACCESS   20   1    Disabled   ALL
GigabitEthernet 0/14        enabled ACCESS   20   1    Disabled   ALL
GigabitEthernet 0/15        enabled ACCESS   20   1    Disabled   ALL
GigabitEthernet 0/16        enabled ACCESS   20   1    Disabled   ALL
GigabitEthernet 0/17        enabled ACCESS   20   1    Disabled   ALL
GigabitEthernet 0/18        enabled ACCESS   20   1    Disabled   ALL
GigabitEthernet 0/19        enabled ACCESS   20   1    Disabled   ALL
GigabitEthernet 0/20        enabled ACCESS   20   1    Disabled   ALL
GigabitEthernet 0/21        enabled ACCESS   1    1    Disabled   ALL
GigabitEthernet 0/22        enabled ACCESS   1    1    Disabled   ALL
GigabitEthernet 0/23        enabled ACCESS   1    1    Disabled   ALL
GigabitEthernet 0/24        enabled ACCESS   1    1    Disabled   ALL
TenGigabitEthernet 0/25  enabled ACCESS   1    1    Disabled   ALL
TenGigabitEthernet 0/22  enabled ACCESS   1    1    Disabled   ALL
TenGigabitEthernet 0/27  enabled ACCESS   1    1    Disabled   ALL
TenGigabitEthernet 0/28  enabled ACCESS   1    1    Disabled   ALL
```

可以看到，已经在交换机 SW1 上创建了 VLAN 10、VLAN 20 和 VLAN 30，并且将端口划分到了相应的 VLAN 中。

任务 22-2　路由器的单臂路由配置

▶ 任务描述

扫一扫 看微课

根据本项目的 IP 地址规划表，为路由器 R1 的相应接口配置 IP 地址，完成路由器 R1 的单臂路由配置。

▶ 任务实施

在路由器 R1 的以太网接口上创建子接口，为子接口配置 IP 地址和子网掩码，将其作为该网段的网关，配置命令如下。

```
Ruijie>enable
Ruijie#config
Enter configuration commands, one per line.  End with CNTL/Z.
Ruijie(config)#hostname R1
R1(config)#interface gigabitEthernet 0/1.1  //创建并进入 G 0/1.1 子接口
R1(config-if-GigabitEthernet 0/1.1)#encapsulation dot1q 10
                    //配置封装方式为 dot1q，通过的报文外层 Tag 为 10
R1(config-if-GigabitEthernet 0/1.1)#ip address 192.168.10.254 255.255.255.0
                    //配置 IP 地址为 192.168.10.254、子网掩码为 24 位
R1(config-if-GigabitEthernet 0/1.1)#exit
R1(config)#interface gigabitEthernet 0/1.2
R1(config-if-GigabitEthernet 0/1.2)#encapsulation dot1q 20
R1(config-if-GigabitEthernet 0/1.2)#ip address 192.168.20.254 255.255.255.0
R1(config-if-GigabitEthernet 0/1.2)#exit
R1(config)#interface gigabitEthernet  0/1.3
R1(config-if-GigabitEthernet 0/1.3)#encapsulation dot1q 30
R1(config-if-GigabitEthernet 0/1.3)#ip address 192.168.30.254 255.255.255.0
R1(config-if-GigabitEthernet 0/1.3)#exit
R1(config)#interface gigabitEthernet 0/0
R1(config-if-GigabitEthernet 0/0)#ip address 16.16.16.16 255.255.255.0
R1(config-if-GigabitEthernet 0/0)#exit
```

▶ 任务验证

在路由器 R1 上执行命令“show ip interface brief”，查看其子接口的 IP 地址配置信息，配置命令如下。

```
R1(config-if-GigabitEthernet 0/0)#show ip interface brief
```

```
    Interface                    IP-Address(Pri)        IP-Address(Sec)      Status
Protocol  Description
    GigabitEthernet 0/0     16.16.16.16/24          no address           up
up
    GigabitEthernet 0/1.3   192.168.30.254/24       no address           up
up
    GigabitEthernet 0/1.2   192.168.20.254/24       no address           up
up
    GigabitEthernet 0/1.1   192.168.10.254/24       no address           up
up
    GigabitEthernet 0/1     no address              no address           up
down
    GigabitEthernet 0/2      no address             no address           down
down
    GigabitEthernet 0/3      no address             no address           down
down
    VLAN 1                   192.168.1.1/24         no address           up
up
```

可以看到，G 0/1.1、G 0/1.2 和 G 0/1.3 子接口均正确配置了 IP 地址。

任务 22-3　路由器的 DHCP 配置

扫一扫 看微课

▶ 任务描述

在路由器 R1 上进行 DHCP 配置。

▶ 任务实施

（1）在路由器 R1 上配置 DHCP 地址池。

在路由器 R1 上配置 DHCP 服务，为各部门的计算机及来访客户的计算机分配 IP 地址，市场部的计算机使用 192.168.10.0/24 网段，技术部的计算机使用 192.168.20.0/24 网段，来访客户的计算机使用 192.168.30.0/24 网段，配置命令如下。

```
    R1(config)#ip dhcp pool VLAN10                       //创建全局地址池 VLAN 10
    R1(dhcp-config)#network 192.168.10.0 255.255.255.0
                                                  //配置全局地址池中可分配的 IP 网段
    R1(dhcp-config)#default-router 192.168.10.254 //配置网关地址为 192.168.10.254
    R1(dhcp-config)#lease 0 3 0                          //配置地址有效期为 3 小时
    R1(dhcp-config)#exit
    R1(config)#ip dhcp pool VLAN20
    R1(dhcp-config)#network 192.168.20.0 255.255.255.0
    R1(dhcp-config)#default-router 192.168.20.254
```

```
R1(dhcp-config)#lease 0 3 0
R1(dhcp-config)#exit
R1(config)#ip dhcp pool VLAN30
R1(dhcp-config)#network 192.168.30.0 255.255.255.0
R1(dhcp-config)#default-router 192.168.30.254
R1(dhcp-config)#lease 0 3 0
R1(dhcp-config)#exit
```

（2）开启 DHCP 服务。

执行命令“service dhcp”，在全局启用 DHCP 服务，配置命令如下。

```
R1(config)#service dhcp                    //开启 DHCP 服务
```

▶ 任务验证

在路由器 R1 上执行命令“show running-config”，查看 DHCP 地址池的配置信息，配置命令如下。

```
R1(config)#show running-config
…                                          //省略部分内容
service dhcp
!
!
!
ip dhcp pool VLAN10
 lease 0 3 0
 network 192.168.10.0 255.255.255.0
 default-router 192.168.10.254
!
ip dhcp pool VLAN20
 lease 0 3 0
 network 192.168.20.0 255.255.255.0
 default-router 192.168.20.254
!
ip dhcp pool VLAN30
 lease 0 3 0
 network 192.168.30.0 255.255.255.0
 default-router 192.168.30.254
!

 --More--
```

可以看到，已经在路由器 R1 上创建了 3 个 DHCP 地址池。

任务 22-4　配置 AP 的无线网络

▶ 任务描述

根据本项目的 SSID 规划表，在 AP 上配置无线网络。

▶ 任务实施

（1）在 AP 上创建 VLAN，配置接口封装相应的 VLAN，配置命令如下。

```
Ruijie>enable
Ruijie#configure
Enter configuration commands, one per line.  End with CNTL/Z.
Ruijie(config)#hostname AP
AP(config)#vlan range 10,20,30
AP(config-vlan-range)#interface BVI 10          //进入 BVI 接口模式
AP(config-if-BVI 10)# ip address dhcp           //该接口使用 DHCP 的方式获取地址
AP(config-if-BVI 10)#exit
AP(config)#interface BVI 20
AP(config-if-BVI 20)# ip address dhcp
AP(config-if-BVI 20)#exit
AP(config)#interface BVI 30
AP(config-if-BVI 30)# ip address dhcp
AP(config-if-BVI 30)#exit
AP(config)#interface gigabitEthernet 0/1.1   //进入 G 0/1.1 接口配置模式
AP(config-subif-GigabitEthernet 0/1.1)#encapsulation dot1q 10
                                   //配置封装方式为 dot1q，通过的报文外层 Tag 为 10
AP(config-subif-GigabitEthernet 0/1.1)#exit
AP(config)#interface gigabitEthernet 0/1.2
AP(config-subif-GigabitEthernet 0/1.2)#encapsulation dot1q 20
AP(config-subif-GigabitEthernet 0/1.2)#exit
AP(config)#interface gigabitEthernet 0/1.3
AP(config-subif-GigabitEthernet 0/1.3)#encapsulation dot1q 30
AP(config-subif-GigabitEthernet 0/1.3)#exit
```

（2）为 AP 配置 WLAN 参数。

执行命令“dot11 wlan *wlan-num*”，进入 WLAN 模式并创建相应编号的 WLAN；执行命令“ssid *SSID*”，创建相应 WLAN 的 SSID，配置命令如下。

```
AP(config)#dot11 wlan 1                  //进入 WLAN 模式并创建 WLAN 1
AP(dot11-wlan-config)#ssid Market        //创建 WLAN 1 的 SSID 并将其命名为 Market
AP(dot11-wlan-config)#exit               //退出
```

```
AP(config)#dot11 wlan 2
AP(dot11-wlan-config)#ssid Technology
AP(dot11-wlan-config)#exit
AP(config-wlansec)#exit
AP(config)#dot11 wlan 3
AP(dot11-wlan-config)#ssid Guest
AP(dot11-wlan-config)#exit
```

执行命令“wlansec *wlan-num*”，进入 WLAN 的安全配置模式，为市场部和技术部的 WLAN 网络启用 WPA2 加密协议中的 AES 加密功能，设置预共享密钥，配置命令如下。

```
AP(config)#wlansec 1  //进入 WLAN1 的安全配置模式（仅对 WLAN1 生效）
AP(config-wlansec)#security rsn enable                  //启用无线加密功能
AP(config-wlansec)#security rsn ciphers aes enable      //启用 AES 加密功能
AP(config-wlansec)#security rsn akm psk enable          //启用共享密钥认证方式
AP(config-wlansec)#security rsn akm psk set-key ascii Jan16Marker
                                                        //配置无线密码
AP(config-wlansec)#exit
AP(config)#wlansec 2
AP(config-wlansec)#security rsn enable
AP(config-wlansec)#security rsn ciphers aes enable
AP(config-wlansec)#security rsn akm psk enable
AP(config-wlansec)#security rsn akm psk set-key ascii Jan16Technology
```

（3）应用 WLAN 参数到无线射频卡。

AP 一般有两个 dot11radio 接口，分别是 dot11radio 1/0 和 dot11radio 2/0。进入 dot11radio 接口模式，执行命令“encapsulation dot1q *vlan-num*”，可以封装 VLAN；执行命令“wlan-id *wlan-num*”，可以对 SSID 和射频卡进行关联，从而让无线网络生效。具体的配置命令如下。

```
AP(config)#inter dot11radio 1/0.1              //进入射频卡 1/0.1
AP(config-subif-Dot11radio 1/0.1)#encapsulation dot1q 10
                  //必须封装 VLAN，配置封装方式为 dot1q，通过的报文外层 Tag 为 10
AP(config-subif-Dot11radio 1/0.1)#wlan-id 1 //对 SSID 和射频卡进行关联
AP(config-subif-Dot11radio 1/0.1)#exit
AP(config)#inter dot11radio 1/0.2
AP(config-subif-Dot11radio 1/0.2)#encapsulation dot1q 20
AP(config-subif-Dot11radio 1/0.2)#wlan-id 2
AP(config-subif-Dot11radio 1/0.2)#exit
AP(config)#inter dot11radio 1/0.3
AP(config-subif-Dot11radio 1/0.3)#encapsulation dot1q 30
AP(config-subif-Dot11radio 1/0.3)#wlan-id 3
AP(config-subif-Dot11radio 1/0.3)#exit
AP(config)#inter dot11radio 2/0.1
```

```
AP(config-subif-Dot11radio 2/0.1)#encapsulation dot1q 10
AP(config-subif-Dot11radio 2/0.1)#wlan-id 1
AP(config-subif-Dot11radio 2/0.1)#exit
AP(config)#inter dot11radio 2/0.2
AP(config-subif-Dot11radio 2/0.2)#encapsulation dot1q 20
AP(config-subif-Dot11radio 2/0.2)#wlan-id 2
AP(config-subif-Dot11radio 2/0.2)#exit
AP(config)#inter dot11radio 2/0.3
AP(config-subif-Dot11radio 2/0.3)#encapsulation dot1q 30
AP(config-subif-Dot11radio 2/0.3)#wlan-id 3
AP(config-subif-Dot11radio 2/0.3)#exit
```

▶ 任务验证

在 AP 上执行命令"show dot mbssid"，查看无线 AP 信号的 BSSID，配置命令如下。

```
AP(config)#show dot mbssid
    name: Dot11radio 1/0.1
wlan id: 1
    ssid: Market
   bssid: 0605.880c.5773

    name: Dot11radio 1/0.2
wlan id: 2
    ssid: Technology
   bssid: 0a05.880c.5773

    name: Dot11radio 1/0.3
wlan id: 3
    ssid: Guest
   bssid: 0e05.880c.5773

    name: Dot11radio 2/0.1
wlan id: 1
    ssid: Market
   bssid: 0605.880c.5774

    name: Dot11radio 2/0.2
wlan id: 2
    ssid: Technology
   bssid: 0a05.880c.5774

    name: Dot11radio 2/0.3
wlan id: 3
```

```
  ssid: Guest
 bssid: 0e05.880c.5774
```

可以看到无线射频卡发出的 SSID 信号。

项目验证

（1）在计算机上查找无线信号 Market，如图 22-11 所示。

图 22-11　在计算机上查找无线信号 Market

（2）输入密码并连接无线信号 Market，如图 22-12 所示。

图 22-12　输入密码并连接无线信号 Market

（3）在连接成功后，执行命令“ipconfig /all”，查看当前计算机的所有网络配置（包括 IP 地址配置），然后使用 Ping 命令测试连通性，配置命令如下。

```
C:\Users\admin>ipconfig /all
Windows IP 配置
无线局域网适配器 WLAN:
   连接特定的 DNS 后缀 ...........:
   IPv4 地址 ...................: 192.168.10.2(首选)
   子网掩码.....................: 255.255.255.0
   获得租约的时间...............: 2023 年 12 月 27 日 9:32:27
   租约过期的时间...............: 2023 年 12 月 27 日 12:32:27
   默认网关.....................: 192.168.10.254
   DHCP 服务器 .................: 192.168.10.254
   DHCPv6 IAID ................: 103855222
   DHCPv6 客户端 DUID...........: 00-01-00-01-27-DC-FC-2D-A4-AE-12-7F-EA-59
   DNS 服务器 ..................: fec0:0:0:ffff::1%1
                                  fec0:0:0:ffff::2%1
                                  fec0:0:0:ffff::3%1
```

```
    TCPIP 上的 NetBIOS ..........: 已启用

C:\Users\Administrator>ping 16.16.16.15

正在 Ping 16.16.16.15 具有 32 字节的数据:
来自 16.16.16.15 的回复: 字节=32 时间=1ms TTL=63
来自 16.16.16.15 的回复: 字节=32 时间=5ms TTL=63
来自 16.16.16.15 的回复: 字节=32 时间=1ms TTL=63
来自 16.16.16.15 的回复: 字节=32 时间=1ms TTL=63

16.16.16.15 的 Ping 统计信息:
    数据包: 已发送 = 4, 已接收 = 4, 丢失 = 0 (0% 丢失),
往返行程的估计时间(以毫秒为单位):
    最短 = 1ms, 最长 = 5ms, 平均 = 2ms

C:\Users\Administrator>
```

可以看到，计算机可以 Ping 通 16.16.16.15。

（4）在计算机上查找无线信号 Technology，如图 22-13 所示。

图 22-13　在计算机上查找无线信号 Technology

（5）输入密码并连接无线信号 Technology，如图 22-14 所示。

图 22-14　输入密码并连接无线信号 Technology

（6）在连接成功后，执行命令“ipconfig /all”，查看当前计算机的所有网络配置（包括 IP 地址配置），使用 Ping 命令测试连通性，配置命令如下。

```
C:\Users\admin>ipconfig /all
Windows IP 配置
无线局域网适配器 WLAN:
    连接特定的 DNS 后缀 ..........:
    IPv4 地址 ...................: 192.168.10.2(首选)
    子网掩码.....................: 255.255.255.0
```

```
   获得租约的时间................: 2023年12月27日 9:32:27
   租约过期的时间................: 2023年12月27日 12:32:27
   默认网关.....................: 192.168.10.254
   DHCP 服务器 .................: 192.168.10.254
   DHCPv6 IAID ................: 103855222
   DHCPv6 客户端 DUID...........: 00-01-00-01-27-DC-FC-2D-A4-AE-12-7F-EA-59
   DNS 服务器 ..................: fec0:0:0:ffff::1%1
                                  fec0:0:0:ffff::2%1
                                  fec0:0:0:ffff::3%1
   TCPIP 上的 NetBIOS ..........: 已启用

C:\Users\Administrator>ping 16.16.16.15

正在 Ping 16.16.16.15 具有 32 字节的数据:
来自 16.16.16.15 的回复: 字节=32 时间=1ms TTL=63
来自 16.16.16.15 的回复: 字节=32 时间=5ms TTL=63
来自 16.16.16.15 的回复: 字节=32 时间=1ms TTL=63
来自 16.16.16.15 的回复: 字节=32 时间=1ms TTL=63

16.16.16.15 的 Ping 统计信息:
    数据包: 已发送 = 4，已接收 = 4，丢失 = 0 (0% 丢失)，
往返行程的估计时间(以毫秒为单位):
    最短 = 1ms，最长 = 5ms，平均 = 2ms
```

可以看到，计算机可以 Ping 通 16.16.16.15。

（7）在计算机上查找无线信号 Guest，如图 22-15 所示。该无线信号可以直接连接，无须输入密码。

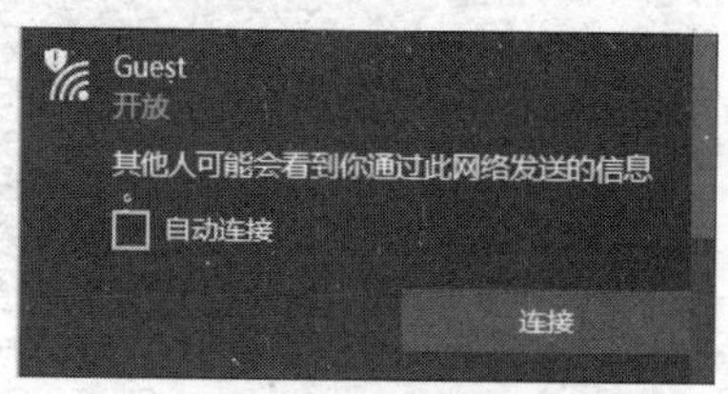

图 22-15　在计算机上查找无线信号 Guest

（8）在连接成功后，执行命令“ipconfig /all”，查看当前计算机的所有网络配置（包括 IP 地址配置），使用 Ping 命令测试连通性，配置命令如下。

```
C:\Users\admin>ipconfig /all
Windows IP 配置
无线局域网适配器 WLAN:
   连接特定的 DNS 后缀 ...........:
   本地链接 IPv6 地址............: fe80::d21:952d:e9de:aba6%17(首选)
```

```
   IPv4 地址 . . . . . . . . . . . . . . . . : 192.168.30.3(首选)
   子网掩码 . . . . . . . . . . . . . . . . : 255.255.255.0
   获得租约的时间 . . . . . . . . . . . . . : 2023年12月27日 9:35:34
   租约过期的时间 . . . . . . . . . . . . . : 2023年12月27日 12:35:33
   默认网关 . . . . . . . . . . . . . . . . : 192.168.30.254
   DHCP 服务器 . . . . . . . . . . . . . . : 192.168.30.254
   DHCPv6 IAID . . . . . . . . . . . . . . : 103855222
   DHCPv6 客户端 DUID . . . . . . . . . . . : 00-01-00-01-27-DC-FC-2D-A4-AE-12-7F-EA-59
   DNS 服务器 . . . . . . . . . . . . . . . : fec0:0:0:ffff::1%1
                                          fec0:0:0:ffff::2%1
                                          fec0:0:0:ffff::3%1
   TCPIP 上的 NetBIOS . . . . . . . . . . : 已启用

C:\Users\Administrator>ping 16.16.16.15

正在 Ping 16.16.16.15 具有 32 字节的数据:
来自 16.16.16.15 的回复: 字节=32 时间=1ms TTL=63
来自 16.16.16.15 的回复: 字节=32 时间=1ms TTL=63
来自 16.16.16.15 的回复: 字节=32 时间=1ms TTL=63
来自 16.16.16.15 的回复: 字节=32 时间=7ms TTL=63

16.16.16.15 的 Ping 统计信息:
    数据包: 已发送 = 4，已接收 = 4，丢失 = 0 (0% 丢失)，
往返行程的估计时间(以毫秒为单位):
    最短 = 1ms，最长 = 7ms，平均 = 2ms
```

可以看到，计算机可以 Ping 通 16.16.16.15。

项目拓展

一、理论题

1．无线局域网工作的标准是（　　）。

A．IEEE 802.11　　B．IEEE 802.5

C．IEEE 802.3　　D．IEEE8 02.1

2．当 AP 工作在 5GHz 频段时，中国 WLAN 工作的频率范围包括（　　）。

A．5.425GHz～5.650GHz　　B．5.560GHz～5.580GHz

C．5.725GHz～5.850GHz　　D．5.225GHz～5.450GHz

3．IEEE 802.11g 标准使用的 RF 频段是（　　）。

A．5.2GHz　　B．5.4GHz　　C．2.4GHz　　D．800MHz

4．以下不属于无线通信技术的是（　　）。

A．红外线技术　　B．IEEE 802.11ac

C．光纤通信　　D．蓝牙

5．在以下信道规划中，属于不重叠信道的是（　　）。

A．1，6，11　　B．1，6，10

C．2，6，10　　D．1，6，12

二、项目实训题

1．实训项目描述

Jan16 公司广州分公司已经通过二层交换机和出口路由器建立了内部有线网络，部门之间采用 VLAN 进行隔离。目前，公司中的大部分员工开始使用笔记本式计算机，来访客户也有接入无线网络的需求。因此，公司会在已有的有线网络中部署无线网络，以便接入移动设备。此外，为了保障网络的安全，需要配置相应的无线网络安全策略。

本实训项目的网络拓扑图如图 22-16 所示。

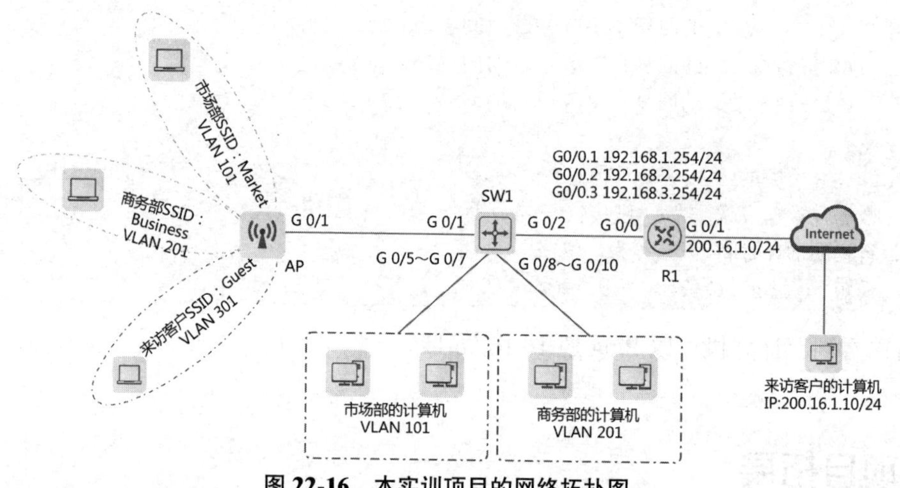

图 22-16　本实训项目的网络拓扑图

2．实训项目规划

根据本实训项目的相关描述和网络拓扑图，完成本实训项目的各个规划表。

（1）完成本实训项目的 IP 地址规划表，如表 22-11 所示。

表 22-11　本实训项目的 IP 地址规划表

设备	接口	IP 地址

（2）完成本实训项目的端口规划表，如表 22-12 所示。

表 22-12　本实训项目的端口规划表

本端设备	本端端口	对端设备	对端端口

（3）完成本实训项目的 VLAN 规划表，如表 22-13 所示。

表 22-13　本实训项目的 VLAN 规划表

VLAN ID	IP 地址段	用途

（4）完成本实训项目的 SSID 规划表，如表 22-14 所示。

表 22-14　本实训项目的 SSID 规划表

SSID	加密方式	密码	WLANID	VLANID	用途

3．实训项目要求

（1）根据本实训项目的 VLAN 规划表，在交换机 SW1 上为各部门创建 VLAN，并且将端口划分到相应的 VLAN 中。

（2）公司使用一台路由器 R1 连接交换机 SW1，并且通过路由器 R1 的单臂路由功能实现市场部的计算机、商务部的计算机和来访客户的计算机之间的网络通信。在路由器 R1 的以太网接口上创建子接口，为子接口配置 IP 地址和子网掩码，将其作为该网段的网关。

（3）在路由器 R1 上配置 DHCP 服务，为各部门的计算机及来访客户的计算机分配 IP 地址，市场部的计算机使用 192.168.1.0/24 网段，商务部的计算机使用 192.168.2.0/24 网段，来访客户的计算机使用 192.168.3.0/24 网段。

（4）根据本实训项目的 SSID 规划表，为无线 AP 配置 3 个无线网络，分别用于接入市场部的计算机、商务部的计算机及来访客户的计算机，分别使用 Market、Business、Guest 作为 SSID 名称。

（5）在 AP 上配置 VLAN 的安全策略，市场部和商务部的 VLAN 使用 WPA/WPA2 加密方式，保证内部数据安全。

（6）根据本实训项目的 IP 地址规划表，为各部门的计算机配置 IP 地址。

（7）根据以上要求完成配置，执行以下验证命令，并且截图保存相关结果。

步骤 1：在交换机 SW1 上执行命令“show vlan”，查看 VLAN 的配置信息。

步骤 2：在路由器 R1 上执行命令“show ip interface brief”，查看其子接口的 IP 地址配置信息。

步骤 3：在路由器 R1 上执行命令“show running-config”，查看 DHCP 地址池的配置信息。

步骤 4：在 AP 上执行命令“show dot mbssid”，查看无线 AP 信号的 BSSID。

步骤 5：在市场部的计算机上查找市场部的 SSID，连接该 SSID，在连接成功后，使用 ipconfig 命令查看其 IP 地址，使用 Ping 命令测试其连通性。

步骤 6：在商务部的计算机上查找市场部的 SSID，连接该 SSID，在连接成功后，使用 ipconfig 命令查看其 IP 地址，使用 ping 命令测试其连通性。

步骤 7：在来访客户的计算机上查找来访客户的 SSID，连接该 SSID，在连接成功后，使用 ipconfig 命令查看其 IP 地址，使用 Ping 命令测试其连通性。

反侵权盗版声明

举报电话：（010）88254396；（010）88258888

传　　真：（010）88254397

E-mail:　　dbqq@phei.com.cn

通信地址：北京市万寿路 173 信箱

电子工业出版社总编办公室

邮　　编：100036